제2판

다양한 제과제빵 기술 습득을 위한

제과제빵학

핵심이론 + 예상문제 = 필기합격

신태화 · 김종욱 · 이은경 · 이재진
이준열 · 장양순 · 정양식 · 한장호

(주)백산출판사

코로나19 팬데믹 이후 사회 변화에 대한 얘기가 많이 나오고 있습니다. 전문가들은 코로나19 이전의 생활로는 돌아갈 수 없을 거라고 말하고 있으며, 다양한 변화가 예견되는 가운데 포스트 코로나 시대에 수요가 많아질 직업이 다양하게 나오고 있습니다.

최근 제과제빵산업은 코로나로 인해 어려운 시기임에도 불구하고 냉동빵 시장이 빠르게 커지고 있고 베이커리 카페도 호황을 누리고 있습니다. 따라서 제과제빵산업은 앞으로도 성장할 것으로 예상됩니다.

이제 우리나라도 한 끼를 간단하게 해결하는 추세로 빵 과자류는 더 이상 단순한 기호식품이 아니라 식사 대용품으로 인식되고 있습니다. 이에 따라 더 많은 분들이 자격증을 취득하여 많은 기술인을 배출함으로써 제과제빵산업의 지속적인 성장과 발전에 기여할 수 있도록 하고자 합니다. 제과제빵기능사는 나이, 학력, 경력에 상관없이 응시할 수 있으며, 자격증을 취득하여 취업에 도전하는 데 많은 도움을 줄 것으로 기대합니다.

제과제빵 국가검정시험은 1974년부터 실시되어 오늘에 이르는 동안 많은 사람들이 자격증을 소지하게 되었습니다. 오늘날 제과제빵 자격증은 기술 부분이 큰 비중을 차지하게 되었고 오랫동안 남성들만의 일로 인식되던 제과제빵 분야에 여성들도 크게 관심을 가져 현재는 여성 비율이 50~60%를 차지하고 있습니다.

이 책은 실무현장에서의 오랜 경험과 교육현장에서 직접 가르치면서 맞춤형 교재가 필요하다는 것을 느끼고 출간하게 되었습니다. 수험생들이 과목별 핵심 요점정리와 예상문제를 이해하는 데 중점을 두고 집필하였으며, 시험의 중요 항목인 1. 이론요약, 2. 적중문제, 3. 최신 기출문제로 구성하여 이 한 권의 책으로만 공부해도 필기시험에 충분히 합격할 수 있도록 하였습니다. 바쁜 생활 속에서 책 한 권을 다 읽어본다는 것이 그리 쉬운 일은 아니지만 열정이 있고 노력을 한다면 제과제빵기능사 자격증을 충분히 취득할 수 있습니다.

저의 오랜 경험을 바탕으로 열정을 가지고 집필을 하였으나 아직도 부족한 부분이 많이 있는 듯합니다. 저자는 앞으로 더욱 노력하고 최선을 다하여 수정 보완을 계속할 것입니다. 이 책이 제과제빵에 관심을 가지고 공부하는 분들과 제과제빵을 사랑하는 모두에게 도움이 되기를 기원합니다.

끝으로 책이 나오기까지 많은 도움을 주신 ㈜백산출판사 진욱상 사장님과 편집부 선생님들, 그리고 이경희 부장님께 깊은 감사를 드립니다.

2023년 가을에
저자 씀

차례

제과 · 제빵기능사 필기 및 실기시험 안내

1. 제과기능사 자격증 시험과목

① 필기시험: 과자류 재료, 제조 및 위생관리 객관식 4지 택일형 60문항(60분)

② 제과기능사 자격증 실기: 제과 실무

2. 제빵기능사 자격증 시험과목

① 필기시험: 빵류 재료, 제조 및 위생관리 객관식 4지 택일형 60문항(60분)

② 제빵기능사 자격증 실기: 제빵 실무

3. 제과기능사, 제빵기능사 필기시험 변경

종목	변경 전	변경 후
제과기능사	제조이론, 재료과학 영양학, 식품위생학	과자류 재료, 제조 및 위생관리
제빵기능사		빵류 재료, 제조 및 위생관리

4. 상세사항

1) 출제기준 변경에 의거, 제과기능사와 제빵기능사 필기시험이 기존 "완전 공통(상호 면제)"에서 "분리 자격"으로 변경됩니다.

2) 이에 따라 '20년도부터는 제과기능사 자격은 제과 직무 중심의 문제가 출제되며, 제빵기능사 자격은 제빵 직무 중심의 문제가 출제됩니다.

3) 다만, 제과와 제빵의 직무가 동일하거나 유사한 출제기준의 내용은 "일부 공통"으로 출제될 수 있음을 참고하시기 바랍니다(상호 면제는 되지 않음).

세부항목 기준의 "재료준비 및 계량", "제품 냉각 및 포장", "저장 및 유통", "위생 안전관리", "생산작업준비" 등은 제과와 제빵의 직무내용 및 이론지식이 완전 일치 또는 유사함에 따라 문제가 일부 유사하게 출제될 수 있습니다.

예시) 기초재료과학, 재료가 빵 반죽(발효)에 미치는 영향, 케이크에서의 재료의 역할(기능), 빵 제품의 노화 및 냉각, 제과 제품의 변질, 제과제빵 설비 및 기기 등은 제과기능사와 제빵기능사 모두 출제될 수 있음을 참고하시기 바랍니다.

5. 실기 과제목록 및 시험시간

제빵기능사			제과기능사		
과제번호	과제명	시험시간	과제번호	과제명	시험시간
1	빵도넛	3시간	1	초코머핀	1시간 50분
2	소시지빵	3시간 30분	2	버터스펀지케이크(별립법)	1시간 50분
3	식빵(비상스트레이트법)	2시간 40분	3	젤리롤케이크	1시간 30분
4	단팥빵(비상스트레이트법)	3시간	4	소프트롤케이크	1시간 50분
5	그리시니	2시간 30분	5	스펀지케이크(공립법)	1시간 50분
6	밤식빵	3시간 40분	6	마드레느	1시간 50분
7	베이글	3시간 30분	7	쇼트브레드쿠키	2시간
8	스위트롤	3시간 30분	8	슈	2시간
9	우유식빵	3시간 40분	9	브라우니	1시간 50분
10	단과자빵(트위스트형)	3시간 30분	10	과일케이크	2시간 30분
11	단과자빵(크림빵)	3시간 30분	11	파운드케이크	2시간 30분
12	풀만식빵	3시간 40분	12	다쿠와즈	1시간 50분
13	단과자빵(소보로빵)	3시간 30분	13	타르트	2시간 20분
14	쌀식빵	3시간 40분	14	흑미롤케이크	1시간 50분
15	호밀빵	3시간 30분	15	시폰케이크(시폰법)	1시간 40분
16	버터톱식빵	3시간 30분	16	마데라(컵)케이크	2시간
17	옥수수식빵	3시간 40분	17	버터쿠키	2시간
18	모카빵	3시간 30분	18	치즈 케이크	2시간 30분
19	버터롤	3시간 30분	19	호두파이	2시간 30분
20	통밀빵	3시간 30분	20	초코롤케이크	1시간 50분

제과 · 제빵기능사 실기시험 변경사항

- 지급재료는 시험 시작 후 재료계량시간(재료당 1분) 내에 공동재료대에서 수험자가 적정량의 재료를 본인의 작업대로 가지고 가서 저울을 사용하여 재료를 계량합니다.
- 재료 개량 시간이 종료되면 시험시간을 정지한 상태에서 감독위원이 무작위로 확인하여 계량 채점을 하고 잔여 재료를 정리한 후(시험시간 제외) 시험시간을 재개하여 작품제조를 시작합니다.
- 계량 시간 내 계량을 완료하지 못한 경우, 누락된 재료가 있는 경우 등은 채점 기준에 따라 감점하고, 시험시간 재개 후 추가 시간 부여 없이 작품제조 시간을 활용하여 요구사항의 배합표 무게대로 정정 계량하여 제조합니다.
- 제조 중 제품을 잘못 만들어 다시 제조하는 것은 시험의 공정성과 형평성 상 불가하므로, 재료의 재지급, 추가 지급은 불가합니다.

◆ 제과기능사, 제빵기능사 위생규정 변경사항

- 위생 기준에 적합하지 않을 경우 감점 또는 실격처리 되어, 규정에 맞는 복장을 준비하시어 시험에 응시하시기 바랍니다.
- 아울러, 위생 기준은 제품의 위생과 수험자의 안전을 위한 사항임을 참고하여 주시기 바랍니다.
  ※ 주요 사항: 위생복(상 · 하의), 위생모 미착용 시 실격처리 됨에 유의합니다.

◆ 채점기준 명확화

다음 사항은 실격에 해당하여 채점 대상에서 제외됩니다.

수량(미달), 모양을 준수하지 않았을 경우

- 지정된 수량 초과, 과다 생산의 경우는 총점에서 10점을 감점합니다.
- 수량은 시험장 팬의 크기 등에 따라 감독위원이 조정하여 지정할 수 있으며, 잔여 반죽은 감독위원의 지시에 따라 별도로 제출하시오. (단, '○개 이상'으로 표기된 과제는 제외합니다.)
- 반죽 제조법(공립법/별립법/시퐁법 등)을 준수하지 않은 경우는 제조공정에서 반죽 제조 항목(과제별 배점 5~6점 정도)을 0점 처리하고, 총점에서 10점을 추가 감점합니다.

◆ 위생 세부 기준 상세 안내

<table>
<tr><th>순번</th><th>구분</th><th>세부 기준</th></tr>
<tr><td>1</td><td>위생복</td><td>• 기관 및 성명 등의 표식이 없을 것
• 상의 : 「흰색 위생 상의」
– 소매 길이는 팔꿈치가 덮이는 길이 이상의 7부 · 9부 · 긴팔 착용
– 팔꿈치 길이보다 짧은 소매는 작업 안전상 금지, 부적합할 경우 위생점수 전체 0점
– 7부 · 9부 착용 시 수험자 필요에 따라 흰색 팔토시 사용 가능
• 하의 : 「흰색 긴바지 위생복」 또는 「긴바지와 흰색 앞치마」
– 흰색앞치마 착용 시, 앞치마 길이는 무릎 아래까지 덮이는 길이일 것, 바지의 색상 · 재질은 무관하나, '반바지 · 짧은치마 · 폭넓은 바지' 등 안전과 작업에 방해가 되는 경우는 위생점수 전체 0점</td></tr>
<tr><td>2</td><td>위생모</td><td>• 기관 및 성명 등의 표식이 없을 것
• 흰색(흰색 머릿수건으로 대체 가능)
• 일반 제과점에서 통용되는 위생모(모자의 크기 및 길이, 면 또는 부직포, 나일론 등의 재질은 무관)</td></tr>
<tr><td colspan="3">【위생복, 위생모 착용에 대한 채점기준】
① 위생복, 위생모 중 한 가지라도 미착용일 경우 ➜ 실격(채점대상 제외)
② 평상복(흰티셔츠), 패션모자(흰털모자, 비니, 야구모자 등)를 착용한 경우 ➜ 실격(채점대상 제외)
③ 유색의 "위생복, 위생모, 팔토시" 착용한 경우 ➜ 위생점수 전체 0점
④ 테두리, 가장자리 등 일부 유색인 위생복 착용한 경우(청테이프 등으로 표식이 가려지지 않는 경우) ➜ 위생점수 전체 0점
⑤ 제과용 · 식품가공용 위생복이 아니며, 위의 위생복 기준에 적합하지 않은 위생복장인 경우 ➜ 위생점수 전체 0점
* 반드시 특수 표식이나 무늬, 그림이 없는 흰색 위생복 착용</td></tr>
<tr><td>3</td><td>위생화 또는 작업화</td><td>• 기관 및 성명 등의 표식 없을 것
• 색상 무관
• 조리화, 위생화, 작업화, 발등이 덮이는 깨끗한 운동화 등 가능
• 미끄러짐 및 화상의 위험이 있는 슬리퍼류, 작업에 방해가 되는 굽이 높은 구두, 속 굽있는 운동화가 아닐 것</td></tr>
<tr><td>4</td><td>장신구</td><td>• 착용 금지
• 시계, 반지, 귀걸이, 목걸이, 팔찌 등 이물, 교차오염 등의 식품위생 위해 장신구는 착용하지 않을 것</td></tr>
<tr><td>5</td><td>두발</td><td>• 단정하고 청결할 것
• 머리카락이 길 경우, 머리카락이 흘러내리지 않도록 단정히 묶거나 머리망 착용할 것</td></tr>
<tr><td>6</td><td>손톱 · 손씻기</td><td>• 길지 않고 청결해야 하며 매니큐어, 인조손톱부착을 하지 않을 것</td></tr>
</table>

※ 시험장 내 모든 개인물품에는 기관 및 성명 등의 표시가 없어야 합니다.

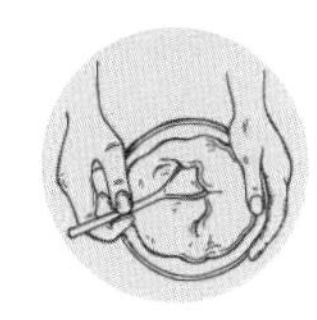
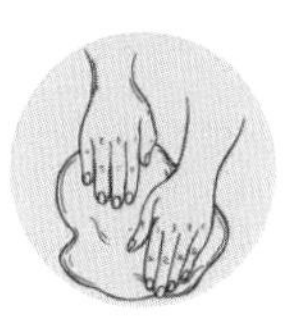

1
CHAPTER

제과 · 제빵 재료이론

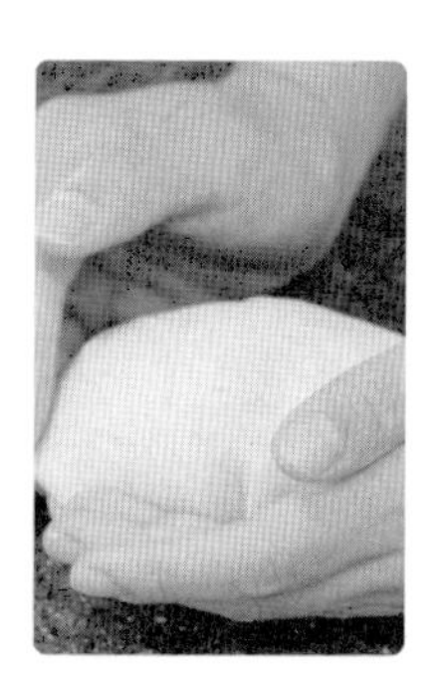

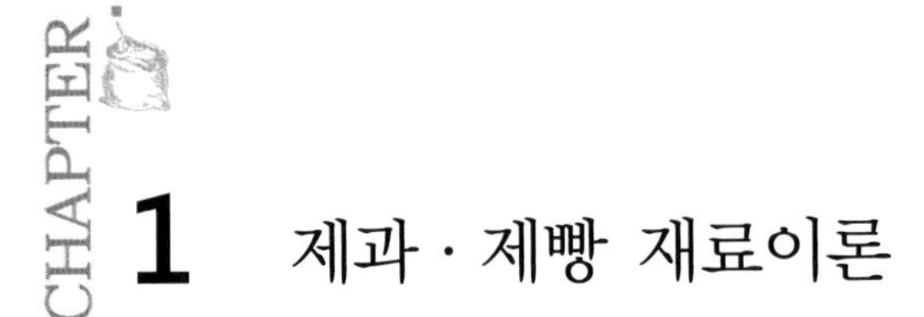

CHAPTER 1 제과 · 제빵 재료이론

1. 밀가루(Flour)

밀알의 구조는 배아, 내배유, 외피의 세 부분으로 구성된다.

1) **배아**(Germ): 밀알 중 2~3%로 9.4%의 지방 함유, 밀의 눈 부분으로 상당량의 지방을 함유하고 있어 저장성이 나쁘고 단백질, 지방, 비타민 등이 포함되어 있다. 배아의 기름은 식용과 약용으로 상용되고 있다.

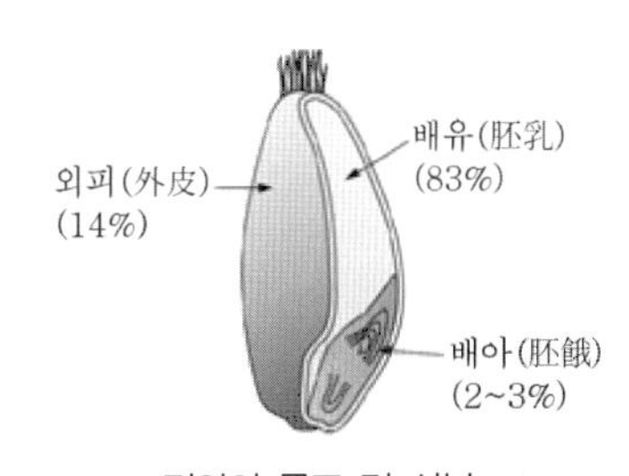

밀알의 구조 및 성분

2) **외피**(껍질, Bran Layers): 전체 밀의 14%를 차지하며, 단백질의 함량은 19%이다(글루텐을 형성하지 못함). 제분 시 밀기울로 분리되어 동물의 사료로 주로 사용되고 있다.

3) **내배유**(Endosperm): 전체 밀의 83%를 차지하며, 단백질의 함량은 73%이다. 내배유는 밀가루가 되는 부분이며, 내배유에 들어있는 단백질은 호분층(내배유 중 껍질에 가까운 쪽)에 가까울수록 양은 많으나 품질은 떨어지고 중심부로 갈수록 양은 적으나 품질이 좋다.

2. 밀가루의 종류와 용도

밀가루는 제빵 생산 과정에서 가장 중요한 재료이므로 단백질의 함량과 질은 매우 중요한 선택이 될 수 있다. 일반적으로 밀가루는 단백질을 포함하는 정도에 따라서 크게 강력분, 중력분, 박력분으로 나눈다.

1) **제빵용 밀가루**: 단백질 함량은 12~14.5%로 최소 10.5% 이상이며 회분 함량 0.35~0.45%가 적정하다.

2) **제과용 밀가루**: 단백질 함량은 6.5~8.5%, 회분 함량 0.3~0.4% 이하(흡수율이 낮음)

3) 밀가루의 색상은 회분 함량이 많으면 색상이 어둡고, 입자가 고울수록 밝은 색을 나타낸다.

〈표 1-1〉 밀가루의 분류별 용도 및 특성

구분	경도	단백질 함량	용도	특성
강력분	경질	12.0 ~ 14.5	제빵용	흡수율이 높고 반죽의 힘이 강하며, 빵의 볼륨을 높인다.
준강력분	반경질	11.0 내외	프랑스 빵, 데니시 페이스트리	강력분에 비하여 다소 부드러우나 반죽의 힘이 있다.
중력분	연질	9.0 ~ 10.0	다목적용으로 제면용	중력분은 질이 좋아 다목적용으로 폭넓게 사용한다.
박력분		6.5 ~ 8.5 내외	제과용, 스낵류, 케이크류	반죽의 힘이 약하기 때문에 부드러우며, 잘 부서진다.

3. 밀의 제분(Milling of Wheat)

1) 제분율

① 밀에 대한 밀가루의 백분율로 표시한 것을 말한다.

② 전밀가루 100%, 전시용 밀가루 80%, 일반용 밀가루 72%

③ 제분율이 낮을수록 껍질부위가 적으며, 고급 밀가루가 된다.

④ 제분율이 높을수록 증가하는 성분으로 껍질 부분에는 회분, 단백질 함량이 비교적 많다.

2) 분리율

① 밀을 분리했을 때 보통 밀가루를 100으로 했을 때 특정 밀가루의 백분율을 말한다.

② 낮을수록 입자가 곱고 내배유의 중심부위가 많은 밀가루이다.

③ 제분율과 분리율이 낮을수록 껍질부위가 적다.

3) 밀 제분의 목적

① 밀의 껍질과 배아 부위를 내배유 부분과 분리한다.

② 밀의 내배유 전분을 손상시키지 않고 가능한 고운 밀가루를 생산하는 데 있다.

4. 밀(소맥)의 종류와 밀가루

1) 경질소맥

① 경질소맥은 제빵용으로 사용되며, 입자가 거칠고 강력분을 만든다.

② 낟알의 크기가 작고 배유의 조직이 조밀하며, 흡수율이 높다.

③ 단백질의 함량이 높으며, 수분함량이 적어서 반죽 속에서 흡수율이 높고 글루텐의 질이 좋다.

2) 연질소맥

① 연질소맥은 제과용으로 사용되며, 입자가 곱고 박력분을 만든다.

② 낟알이 크고 배유 조직이 조밀하지 못하며, 흡수율이 낮다.

③ 단백질의 함량이 낮고 전분과 수분함량이 많으며, 글루텐의 질이 낮아 빵에는 사용하지 않는다.

5. 밀과 밀가루

① 밀가루는 제분에 따라 밀가루의 종류가 정해지는 것이 아니라 밀의 종류에 따라 이미 밀가루의 질이 정해지는 것이다.

② 박력분은 강력분에 비하여 입자가 곱고 부드러워 손으로 잡았을 때 촉촉한 느낌이 있고 흐트러지지 않기 때문에 관심을 가진다면 쉽게 구분할 수 있다.

③ 박력분은 강력분과 다르게 반죽과 발효에 내구성이 작아서 이스트 발효에 의한 제빵에는 사용하지 않으며, 주로 제과에 사용된다.

④ 밀가루의 질을 판단하는 기준이 되는 것은 단백질이며, 밀가루의 등급을 판단하는 기준이 되는 것은 회분이다.
⑤ 밀가루의 색을 지배하는 요소는 입자크기, 껍질 입자, 카로틴색소 물질 등 입자가 작을수록 밝은 색을 나타내며, 껍질 입자가 다량 포함될수록 어두운 색을 나타낸다.
⑥ 껍질 색소물질은 표백제에 의해 영향을 받지 않고, 내배유에 존재하는 황색 카로틴 색소물질은 표백제에 의해 탈색된다.
⑦ 포장된 밀가루의 숙성조건 온도는 24~27℃에서 3~4주 정도이며, 연 숙성은 2~3개월이다.
⑧ 밀가루 개량제: 표백과 숙성(브롬산칼륨, 비타민 C, 아조다이카본아마이드 등)이다.

6. 밀가루의 물리적 특성과 측정방법

글루텐 형성은 밀가루 단백질이 글루테닌, 글리아딘의 형태로 존재해 물과 결합하여 반죽했을 때 엷은 반투명막이 생기는데 이것이 글루텐이다.

1) 반죽의 물리적 실험방법

① 패리노 그래프(Farino Graph)

- 밀가루에 물을 넣고 반죽을 할 때 필요한 힘을 자동으로 기록하는 장치
- 반죽의 되기(Consistency) 변화를 측정하여 밀가루의 품질을 평가하고 반죽의 일정 되기 유지에 필요한 흡수율, 믹싱내구성, 믹싱 시간 등을 분석한다.
- 흡수율 측정하는 방법은 보통 300g의 밀가루를 30℃로 보온한 믹스에 넣고 반죽의 경도가 Brabender 단위(B.U) 500이 될 때까지 30℃의 증류수를 넣으면서 혼합한다. 이때 넣은 물의 양을 원료 밀가루에 대한 %로 나타낸 것을 말한다.(도달하는 시간, 떠나는 시간 등으로 밀가루 특성 파악)

② 익스텐소 그래프(Extenso Graph)

- 반죽을 잡아당겨 신장력과 신장 저항을 측정하는 장치

- 밀가루 반죽이 갖는 에너지의 크기와 시간적 변화를 측정하여 2차 가공 시 발효조작의 기준을 판정하는 데 활용한다.
- 신장력 측정하는 방법은 밀가루에 물을 넣고 만든 반죽을 동일한 무게로 3등분하여 45분, 90분, 135분 동안 발효시킨 후 발효시간별로 반죽을 만들어 그 중심부분이 끊어질 때까지 잡아당겨서 반죽의 신장성과 신장에 대한 저항성을 측정한다.

③ 아밀로 그래프(Amylo Graph)

- 회전 점도계의 일종으로 밀가루와 물의 현탁액을 일정한 속도로 가열 또는 냉각시키면서 페이스트의 점도 변화를 측정하는 장치(분당 1.5℃ 상승할 때 점도 변화 측정)
- 제빵 특성에 큰 역할을 하는 α-아밀라아제의 효소 활성을 측정한다.
- 제빵 적성에 가장 좋은 범위의 곡선 높이는 400~600B.U
- 곡선이 높으면 완제품의 속이 건조하고 노화가 지속되며, 낮으면 끈적거리고 속이 축축하다.

④ 믹소 그래프(Mixo Graph)

- 온도와 습도 조절장치가 부착된 고속기록 장치가 있는 믹서
- 반죽의 형성 정도 및 글루텐 발달 정도를 기록한다.
- 밀가루의 단백질 함량과 흡수의 관계를 기록한다.
- 반죽 혼합시간과 믹싱의 내구성을 판단할 수 있다.

⑤ 믹사 트론(Mixa Tron)

- 새로운 밀가루에 대한 정확한 흡수와 혼합시간을 신속히 측정한다.
- 종류와 등급이 다른 밀가루의 반죽 강도 및 흡수의 사전 조정과 혼합 요구시간 등을 측정한다.
- 재료계량 및 혼합시간의 오판 등 사람의 잘못으로 일어나는 사항과 계량기의 부정확 또는 믹서의 작동 부실 등 기계의 잘못을 계속적으로 확인한다.

7. 밀가루의 성분(Ingredient of Wheat Flour)

1) 단백질(Protein)

① 밀 단백질은 불용성인 글리아딘(Gliadin)과 글루테닌(Glutenin)이 약 80%이며, 물과 결합하여 글루텐(Gluten)을 만든다.

② 수용성인 프로테오스(Proteose), 메소닌(Mesonin), 알부민(Albumin), 글로불린(Globulin) 등이 20%이다.

③ 배아 속에는 주로 수용성인 알부민과 염수용성인 글로불린이 있으며, 글루텐을 만들지 못한다.

④ 내배유에 함유된 단백질은 전체 밀 단백질의 75%이며, 글루텐 형성 단백질인 글리아딘과 글루테닌 등은 전체 단백질의 각각 40% 정도를 차지한다.

2) 전분(탄수화물)

① 밀가루 함량의 70%가 전분의 형태로 존재하며, 그중에서 아밀로오스(Amylose) 함량이 약 25%이다.

② 전분 분자는 포도당이 여러 개 축합되어 이루어진 중합체로 아밀로오스와 아밀로펙틴(Amylopectin)으로 구성되어 있다.

③ 전분은 굽기 중 호화(Gelatinization) 현상으로 인해 빵의 구조에 중요한 역할을 하게 된다. 단백질은 열에 의해 변성이 시작되며, 수분은 방출과 동시에 수분을 흡수하여 60~80℃에서 호화되기 시작하고 전분의 형태가 붕괴되면서 표면적이 커져 반투명한 점조성이 있는 풀이 된다. 이러한 현상을 전분의 호화(α화)라 한다.

④ 전분의 가열온도가 높을수록, 전분 입자크기가 작을수록, 가열 시 첨가하는 물의 양이 많을수록, 가열하기 전 물에 담그는 시간이 길수록, 도정률이 높을수록, 물의 pH가 높을수록 전분의 호화가 잘 일어난다.

⑤ 적은 양으로 설탕(Sucrose), 포도당(Glucose), 과당(Fructose), 삼당류인 라피노오스(Raffinose) 등의 당류와 셀룰로오스(Cellulose), 펜토산(Pentosan) 등으로 존재한다.

3) 펜토산

① 5탄당(Pentose)의 중합체(다당류)이며, 밀가루에 약 2% 정도 함유되어 있다.

② 이 중 0.8~1.5%가 물에 녹는 수용성 펜토산이며, 나머지는 불용성 펜토산이라고 한다.

③ 제빵에서 펜토산은 자기 무게의 약 15배 정도의 흡수율을 가지고 있으며, 제빵에서 손상 전분과 함께 반죽의 물성에 중요한 역할을 한다. 수용성 펜토산은 빵의 부피를 증가시키고 노화를 억제하는 효과가 있다.

4) 지방

① 제분 전의 밀에는 2~4%, 배아에는 8~15%, 껍질에는 6% 정도의 지방이 존재하며, 제분된 밀가루에는 약 1~2%의 지방이 있다.

② 유리 지방: 에스테르(Ester), 사염화탄소와 같은 용매로 추출되는 지방을 말하며, 밀가루 지방의 60~80%가 유리지방이다.

③ 결합지방: 용매로 추출되지 않고 글루테닌 등의 단백질과 결합하여 지단백질을 형성하는 지방을 말한다.

5) 광물질

① 밀은 회분을 내배유에 0.28%, 껍질에 5.5~8.0% 정도 보유하는데 밀가루에는 회분이 3.5% 정도 함유되어 있으며, 껍질이 많이 포함된 밀가루일수록 회분 함량이 높다.

② 밀가루의 회분은 밀의 정제도를 나타내며, 제분율에 정비례하고 강력분일수록 회분 함량이 높고 빵의 질과는 무관하다.

③ 밀가루에는 펜토산이 2%, 적은 양의 비타민 B_1, B_2, E 등이 존재한다.

6) 효소

① 밀의 효소로 아밀라아제(Amylase), 포스파타아제(Phosphatase), 리파아제 (Lipase), 프로테아제(Protease) 등이 있다.

② 티로시나아제(Tyrosinase)는 티로신(Tyrosine)을 산화시켜 밀가루의 빛깔을 나쁘게 한다.

8. 밀가루 보관 시 주의사항

① 밀가루 수분함량이 15% 이상이 되면 곰팡이 활동이 가능해진다. 또한 12% 이하가 되면 밀가루 중의 지방 성분이 산화되어 산패(Rancidity)를 일으킬 수도 있다.
② 창고에서 장시간 보관할 경우 받침대 위에 올려놓는다.
③ 통풍이 잘되고 서늘한 곳에 보관해야 하며, 가급적 저온, 저습 상태에서 저장한다.
④ 2단으로 깔판을 적재할 경우 압력에 의해 굳어지므로 주의한다.
⑤ 밀가루를 사용하고자 할 때는 먼저 들어온 것부터 사용한다(선입선출).
⑥ 보관창고는 항상 청결하게 유지되도록 하고, 쥐와 해충의 침입에 유의해야 하며, 소독을 정기적으로 해야 한다.

9. 기타 가루

1) 호밀가루(Rye Flour)

(1) 호밀가루의 특징

호밀가루에는 글루텐 형성 단백질인 프롤라민과 글루텔린이 밀가루의 약 30% 정도이며, 글루텐 구조를 형성할 수 있는 능력이 부족하기 때문에 빵이 잘 부풀지 않는다. 호밀가루만 사용하여 빵을 만들면 아주 치밀한 조직과 단단한 식감의 빵이 만들어지고, 밀가루에 일부를 첨가하여 빵을 만들 경우 빵은 부피에 대한 억제 효과가 나타나게 된다.

(2) 호밀가루의 구성성분

호밀가루의 탄수화물은 당, 전분, 덱스트린, 펜토산, 섬유소와 헤미셀룰로오스로 구성되어 있으며, 펜토산으로 이루어진 검(Gum)이 밀보다 호밀에 더 많이 들어있어 반죽을 끈적거리게 하는 특성이 있다.

(3) 호밀가루의 성분

① 글루텐을 형성할 수 있는 단백질이 밀가루보다 적다.
② 펜토산의 함량이 높아 반죽을 끈적거리게 하고 글루텐의 형성을 방해한다.

③ 사워(Sour) 반죽에 의한 호밀빵이어야 우수한 품질을 생산할 수 있다.

④ 호밀가루에는 지방이 0.65~2.25% 정도 들어있어 함량이 높을수록 저장성이 떨어진다.

⑤ 호밀은 당질이 70%, 단백질이 11%, 지방질 2%, 섬유소 1%이고 비타민 B군도 풍부하다.

⑥ 단백질은 프롤라민(Prolamin)과 글루텔린(Glutelin)이 각각 40%를 차지하고 있으나 밀가루 단백질과 달라서 글루텐이 형성되지 않아 빵의 볼륨감이 부족하고 색도 검어서 흑빵이라고 한다.

2) 대두분(Soybean Flour)

(1) 대두분의 종류

대두분은 탈지대두분, 전지대두분의 2가지 형태로 제빵에 적용된다. 미세하게 분쇄된 대두분은 흡수량과 반죽 시간을 증가시키고 산화제의 첨가가 필요하며, 다소 거친 입자의 대두분으로 만든 빵은 부피, 기공의 상태와 색상이 더 양호한 것으로 알려져 있다. 밀가루 반죽에 대두분을 첨가하면 글루텐과의 결합력을 강하게 하여 신장성에 저항을 준다.

(2) 대두분의 특징

① 필수아미노산인 라이신(Lysine), 루신(Leucine)이 많아 밀가루 영양의 보강제로 쓰인다.

② 밀가루 단백질과는 화학적 구성과 물리적 특성이 다르며, 신장성이 결여된다.

③ 제과에 쓰이는 이유는 영양을 높이고 물리적 특성에 영향을 주기 때문이다.

④ 빵 속의 수분 증발 속도를 감소시키며, 전분의 겔과 글루텐 사이에 물의 상호변화를 늦추어 빵의 저장성을 증가시킨다.

⑤ 빵 속의 조직을 개선한다.

⑥ 토스트 할 때 황금 갈색을 띤 고운 조직의 빵이 된다.

⑦ 대두분은 단백질 함량이 52~60% 정도로 밀가루 단백질보다 4배 정도 높은 함량을 가지고 있다.

⑧ 대두 단백질은 밀 글루텐과 달리 탄력성이 결핍되어 있으나 반죽에서 강한 단백질 결합 작용을 발휘한다. 단백질의 영양적 가치는 전밀 빵 수준 이상이다.

⑨ 대두분을 사용하지 않는 것은 제빵의 기능성이 나쁘기 때문이다.

3) 면실분

① 단백질이 높은 생물가를 가지고 있으며, 광물질과 비타민이 풍부하다.

② 영양을 강화시킬 수 있는 재료로 사용되며, 밀가루 대비 5% 이하로 사용된다.

4) 감자가루(Potatoes Flour)

건조된 상태에서 감자는 80%의 전분과 약 8%의 단백질을 함유하고 있으며, 고형분은 전체적인 성분에서 밀가루와 비교될 수 있으나 기능적인 면에서 보면 크게 떨어진다. 반면 제빵에 사용할 경우 최종 제품에 부여하는 독특한 맛의 생성, 밀가루의 풍미 증가, 수분보유능력을 통한 식감 개선 및 저장성 개선 등이 있다.

5) 이스트(Yeast)

(1) 생이스트(Fresh Yeast)

① 생이스트 또는 압착 효모(Compressed Yeast)라 하며, 중량의 65~75% 정도 수분으로 구성되어 있다.

② 보존성이 낮고 자기 소화(Autolysis)를 일으키기 때문에 0~5℃의 냉장고에 보관해서 사용해야 한다.

③ 이스트는 소금이나 설탕과 함께 계량하면 활성에 장애를 받거나 미리 활성되어서 가스 발생이 현저하게 감소되므로 따로 계량한다.

(2) 건조 이스트

① 생이스트 제조공정과 비슷하나 마지막 공정에서 분말화 시킨다.

② 빵 반죽하기 전에 40~43℃의 물에 수화를 시켜서 사용한다(5~10분).

③ 빵의 풍미가 개선되기 때문에 하드계열 빵류 제조 시 주로 사용한다.

④ 사용량은 일반적으로 생이스트 사용량의 1/2 정도이다(생이스트의 45~50%).

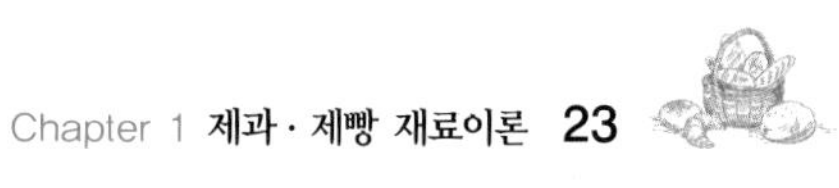

(3) 인스턴트 이스트

① 활성건조 이스트의 일종이며, 다시 수화하는 번거로움과 활성 감소를 줄이기 위해 개발된 제품이다.

② 진공포장 상태에서 1년 정도 보관이 가능하지만 개봉 후에는 공기 중의 산소와 수분을 흡수하기 때문에 가급적 빨리 사용하는 것이 좋다.

③ 사용량은 일반적으로 생이스트 사용량의 33~40% 정도이다.

(4) 불활성건조 이스트

① 과자 제품의 영양제로 사용된다.

② 우유와 달걀의 단백질과 영양가 같으며 라이신이 풍부하다.

(5) 이스트의 기능과 역할

이스트는 발효 중 탄산가스를 생성하여 반죽을 팽창시키고 발효에 의해 알코올, 유기산, 에스테르 등을 생성하여 빵의 풍미를 향상시킨다.

① 발효작용에 따른 탄산가스의 생성으로 반죽을 팽창시킨다.

② 발효에 의해 알코올, 유기산, 에스테르를 생성하여 빵의 풍미와 맛에 관여한다.

③ 반죽의 글루텐 숙성과 반죽의 물성 변화에 영향을 준다.

④ 생지의 산화를 촉진시켜 가스 보유력을 향상시킨다.

⑤ 생지를 부드럽고 신전성 있는 물성으로 변화시킨다.

(6) 이스트에 존재하는 효소의 역할

① 인벌타아제는 자당을 가수분해하여 포도당과 과당으로 생성 · 분해한다.

② 말타아제는 맥아당을 가수분해하여 포도당 2분자를 생성한다.

③ 치마아제는 단당류(포도당, 과당, 갈락토오스)를 분해해서 탄산가스(CO_2)와 알코올 및 유기산 등을 생성한다.

④ 프로테아제는 단백질을, 리파아제는 지방을 가수분해한다.

(7) 빵 반죽 제조 시 이스트 사용량을 증가해야 하는 경우

① 우유, 분유 사용량이 많을 경우

② 소금 사용량이 많을 경우

③ 설탕 사용량이 많을 경우

④ 발효시간을 감소시키고자 할 경우

⑤ 빵의 제조시간을 단축시키고 빠른 생산을 해야 할 경우

(8) 이스트 사용량을 감소해야 하는 경우

① 수작업 공정이 많을 경우

② 제조해야 할 작업량이 많을 경우

③ 여름이나 실내온도가 높을 경우

④ 반죽의 발효시간을 길게 주고자 할 경우

(9) 빵 반죽에서 이스트(효모) 작용

① 발효 최종산물 이산화탄소, 알코올 등이 향미 발달 및 pH를 조절한다.

② 발효 중 CO_2(이산화탄소) 가스를 적당하게 보유할 수 있도록 글루텐을 조절한다(글루텐은 산성에서 탄력성과 신장성이 증가한다).

③ 포도당, 과당, 자당 등을 발효성 탄수화물로 이용하나 유당을 발효시키지 못한다.

6) 이스트 푸드(Yeast Food)

이스트 푸드는 "이스트의 먹이"라는 뜻으로 빵의 제조공정에서 물속 무기질 특히 칼슘의 양을 조절하여 물을 아경수로 만들어 제빵 물성을 좋게 하는 목적으로 개발되었다. 제빵에서 이스트 푸드는 발효시간을 단축시키고 글루텐의 숙성이 촉진되어 반죽을 팽창하는 데 중요한 역할을 하며, 유효가스의 포집력을 증가시켜 빵의 품질과 부피에도 큰 영향을 준다. 이스트의 성장과 작용에 필요한 발효성 탄수화물, 아미노산, 광물질 등을 공급하여 이스트 활성을 돕고 산화제, 효소제, pH조절제, 무기염 등을 혼합하여 만든 것으로 빵류 제품에 적합하도록 사용한다.

(1) 이스트 푸드의 주요 기능과 역할

① 물 조절제: 칼슘염(황산칼슘, 인산칼슘, 과산화칼슘)

② 이스트의 영양 공급: 암모늄염(염화암모늄, 황산암모늄, 인산암모늄)

③ 반죽 조절제: 브롬산칼륨, 요오드칼륨, 과산화칼슘, 비타민 C, 아조다이카본아마이드 등

10. 제빵개량제(Dough Conditioners)

1) 제빵개량제의 정의

제빵개량제는 질소 공급원, 효소제, 물 조절제, 산화제, 환원제, 유화제 등의 성분으로 구성되어 있고 최종적으로 반죽을 개량할 목적으로 사용한다(밀가루 기준으로 1.0~2.0%를 사용). 믹싱이나 발효공정에서 안정성을 부여하고 탄산가스 발생을 촉진시켜 제품의 부피를 크게 한다.

2) 제빵개량제의 사용 목적

① 빵 맛을 개선하고, 촉촉한 속결을 제공한다.
② 완제품의 껍질색상과 바삭한 껍질을 형성한다.
③ 제품의 좋은 풍미와 향, 식감, 부피를 개선한다.
④ 빵의 노화를 방지하여 제품의 수명연장에 도움을 준다.

11. 소금(Salt)

소금(영 Salt, 프 Sel, 독 Salz) 화학명은 염화나트륨(Nacl), 나트륨과 염소의 화합물이다.

식염이라고도 한다. 제빵에 적합한 소금은 기본적으로 염화나트륨 함유량이 95% 이상인 정제염을 사용하는 것이 좋다. 소금은 빵의 제조 및 과자 제조 시 제품에 풍미를 부여하여 발효 속도를 조절한다. 또한 글루텐을 경화시켜 반죽을 단단하고 질기게 하며, 유지와 결합하면 고소한 맛을 증가시키고 설탕과 결합하면 감미도를 높여준다.

1) 소금의 역할

① 빵에 독특한 짠맛과 설탕, 유지, 달걀 등의 맛을 더 향상시킨다.
② 반죽의 발효 속도를 느리게 하고 결이 고운 빵을 만든다.

③ 젖산균의 번식을 억제하여 빵 맛이 시큼해지지 않도록 한다.

④ 반죽의 글루텐을 강화시켜 탄력 있는 빵을 만든다.

⑤ 반죽 속의 당 분해를 줄여 껍질 색이 잘 나게 한다.

⑥ 삼투압에 의해 세균 등의 번식을 방지하여 빵의 향을 증가시켜 자연스러운 풍미를 갖게 한다.

⑦ 제과에서는 다른 재료의 맛을 나게 하고 설탕의 단맛을 순화시키며, 열에 의한 설탕의 캐러멜화 온도를 낮춘다.

12. 물(Water)

제빵에서 사용하는 물은 많은 비용문제가 발생하기 때문에 기본적으로 수돗물을 사용하고 있다. 물은 산소와 수소의 화합물로 무색, 무취, 무취의 액체이며, 100℃에서 증기가 되고 0℃ 이하에서 얼음이 된다. 물은 생물이 생존하는 데 없어서는 안 되는 것이며, 빵을 반죽하는 데 꼭 필요한 재료이므로 좋은 품질의 빵을 만들기 위해서는 물의 경도별 제빵의 특성을 정확히 파악하고 사용해야 한다. 제빵에 적합한 물의 경도는 120~180ppm으로 아경수이다.

1) 제빵에서 물의 기능

① 다른 건조 재료를 젖게 해주며, 재료를 균등하게 분산시킨다.

② 반죽의 온도 및 되기를 조절한다.

③ 경수에 함유된 다량의 광물질로 글루텐을 강화시키고 발효시간을 길게 한다.

④ 전분을 수화시키고 팽윤시킨다.

⑤ 반죽 내 효소에 활성화를 준다.

⑥ 밀의 단백질이 결합하여 글루텐을 형성하는 것을 돕는다.

(1) 물의 경도

① 칼슘염과 마그네슘염이 녹아 있는 정도에 따라 연수와 경수로 구분한다.

② 칼슘염과 마그네슘염을 탄산칼슘으로 환산한 양을 ppm으로 표시한다.

(2) 물의 종류와 특징

① 연수(60ppm 이하): 증류수, 빗물로 글루텐을 약화시켜 연하고 반죽이 끈적거리며, 축 처진다.

② 아연수(60~120ppm): 반죽을 끈적거리게 하여 다루기 어렵기 때문에 이스트 푸드 사용량을 증가시키고 흡수율을 약 2% 감소시킨다.

③ 아경수(120~180ppm): 제빵에 가장 적합한 물로서 글루텐을 강화시키고 이스트의 영양물질이 된다.

④ 경수(180ppm 이상): 바닷물, 광천수, 온천수, 글루텐이 강화되어 발효시간이 길어진다.

(3) 물 사용 시 조치사항

① 경수는 발효를 지연시키므로 사용 시 다음과 같이 조치한다.

- 이스트의 사용량을 증가시킨다.
- 맥아 첨가로 효소를 공급한다.
- 이스트 푸드를 감소시킨다.

② 연수 사용 시 조치사항

- 반죽이 연하고 끈적거리므로 2% 정도의 흡수율을 낮춘다.
- 가스 보유력이 부족하므로 이스트 푸드와 소금을 증가시킨다.

③ 산성 물: 발효를 촉진시키나 지나치면 글루텐을 용해시켜 반죽이 찢어진다.

④ 알칼리성 물: 반죽을 부드럽게 하지만, 지나치면 탄력성이 떨어지고 이스트의 발효를 방해한다.

13. 유지류(Oils and Fats)

글리세린과 지방산이 에스테르 결합한 화합물이 주성분인 단순지질의 하나이다. 상온에서 액체 상태인 기름(油, Oil)과 고체상태인 지방(脂, Fat)으로 분류한다. 유지는 하드계열의 빵에는 사용하지 않는 경우가 많아서 빵의 필수 재료는 아니지만, 버터나 마가린 등의 향이나 맛은 빵에 직접적인 영향을 미치고 빵 반죽의 신장성, 빵 내부의 조직 개량, 부피의 증가 등 제빵에서 중요한 기능을 한다.

1) 유지의 특징

① 효과적인 열량원으로 같은 양의 당질이나 단백질보다 2.2배 많은 열량을 공급한다.

② 지방 즉 글리세롤과 지방산 에스테르의 형태로 동·식물에 존재한다.

③ 지방산에는 이중결합이 없는 포화지방산과 이중결합이 있는 불포화지방산이 있다.

④ 자연에 존재하는 각종 유지의 원료를 압착·추출·분리하여 지방으로 식용할 수 있는 성분만으로 만든 것이 식용유지이고 가공유지이다.

⑤ 유지에 수소를 첨가하여 경화유를 만들 수 있다.

⑥ 유지를 공기 중에 방치하면 산패할 수 있으며, 특히 천연유지의 특징과 화학적인 변화를 알 수 있는 것이 산가, 비누화값 같은 유지의 특성가이다.

⑦ 유지의 종류에는 상온 15℃ 내외에서 액체 상태인 기름과 고체 상태인 지방이 있다. 각각의 원료에 따라 동물성과 식물성으로 나뉘며, 그 밖에는 가공유지가 있다.

2) 유지의 성질

(1) 쇼트닝성(Shortness)

① 유지가 반죽 조직에 층상으로 얇은 막을 형성하여 구워낸 제품이 바삭한 성질이 있다. 쿠키, 비스킷, 크래커는 유지의 쇼트닝성 때문에 바삭한 느낌을 준다.

② 쇼트닝성 있는 유지는 반죽 중에 엷은 막으로 펼쳐져 밀가루의 글루텐이 엉기는 것을 억제해 제품이 바삭하게 부서지기 쉽게 한다.

③ 파이 반죽에서 반죽 밀가루와 유지가 차례로 얇은 종이를 쌓은 듯이 만들어 굽는 방법도 유지의 쇼트닝성에 의하여 바삭하게 만드는 것이다.

(2) 가소성(Plasticity)

① 점토와 같이 모양을 자유롭게 변화시킬 수 있는 성질, 온도에 따라 굳기 때문에 데니시 페이스트리, 퍼프 페이스트리 등의 제품에 충전용(Roll-In) 유지로 사용된다. 온도 범위가 넓은 것이 좋다.

② 유지의 종류에 따라 강도를 유지하는 온도 범위에 차이가 있고 온도 범위가

넓은 것이 좋으며, 그 범위를 가연성 범위라 한다.

③ 쇼트닝은 가소성 범위가 넓고 온도가 조금 변해도 강도는 변하지 않는다. 이러한 성질은 밀어서 접어 펴는 반죽에 적합하다.

④ 코코아버터는 온도변화에 민감하고 가소성 범위가 좁은 성질을 가지고 있다.

(3) 크림성(Creaming)

① 반죽에 분산해 있는 유지가 거품의 형태로 공기를 포함하고 있는 버터크림처럼 유지 반죽의 혼합과정에서 유지의 기포를 포집하는 성질을 유지의 크림성이라 한다.

② 유지의 크림성을 이용한 제품은 반죽형 반죽법으로 만드는 거의 대부분의 제품이다.

(4) 유화성(Emulsifiability)

달걀, 설탕, 밀가루 등이 잘 섞이게 하는 성질로 버터케이크, 슈 껍질 등에 이용한다.

(5) 튀김성

일정 온도에서 식품을 익힐 수 있는 성질을 가지고 있다.

(6) 식감, 저장성

① 유지는 수분 증발을 방지하고 노화를 지연시켜 제품에 맛과 향, 부드러움을 준다.

② 재료 자체보다는 완제품에 의한 미각, 후각, 촉각 등의 식감이 좋다.

③ 유지 자체의 저장성이 제품의 품질에 영향을 미친다.

(7) 안정화

① 반죽 시 형성된 공기 세포가 오븐 열에 의해 글루텐의 구조가 응결되어 튼튼해질 때까지 주저앉는 것을 방지한다.

② 쿠키 등의 저장성이 큰 제품이 산패에 견디는 힘을 말한다.

(8) 신전성(伸展性)

① 외부의 힘에 의해 고체 성질을 그대로 유지시키면서 밀어 펴지는 성질을 말한다.

② 파이 제조 시 반죽 사이에서 밀어 펴지는 현상을 말한다.

3) 유지의 종류

(1) 버터(Butter)

① 우유에서 지방을 분리하여 크림을 만들고 이것을 휘저어 엉기게 하여 굳힌 것으로 버터는 제조 시 유지방 80% 이상, 수분 17% 이하인 것이라고 법령으로 정해져 있다.

② 보통 유지방 81%, 수분 16%, 무기질 2%, 기타 1%으로 되어있다.

③ 버터의 종류에는 젖산균을 넣어 발효시킨 발효 버터(Sour Butter)와 젖산균을 넣지 않고 숙성시킨 감성 버터(Sweet Butter)가 있다.

④ 미국과 유럽에는 발효 버터가 많고, 한국과 일본에는 감성 버터가 대부분이다. 또 소금 첨가 여부에 따라 가염 버터(소금 2% 첨가)와 무염 버터로 나눈다.

⑤ 버터는 비교적 융점이 낮고 가소성(Plasticity) 범위가 좁다. 이것을 보완하기 위해서 만든 것이 컴파운드 버터(Compound Butter)이다.

⑥ 버터는 지방질이 많아 장기간 방치하면 지방이 산화되어 산패를 일으키며, 빛, 공기, 온도, 습도에 민감하기 때문에 냉장온도(0~5℃)에 보관한다. 장기간 보관할 경우에는 냉동 보관하는 것이 좋다.

(2) 마가린(Margarine)

천연 버터의 대용품으로 개발한 제품으로 정제한 동물성 지방과, 식물성 기름 경화유를 알맞은 비율로 배합하고 유화제, 색소, 향료, 소금물, 발효유 등을 더해 유화시킨 뒤 버터 상태로 굳힌 지방성 식품이다.

① 버터와 비교하여 가소성이 좋고 가격이 낮으며, 80~82%의 지방, 수분 15%, 소금 1.5~2%이다.

② 버터와 비슷한 맛을 내기 위해 소금과 색소, 비타민 A와 D를 첨가한다.

③ 마가린은 액체인 식물성 기름을 수소화하는 과정에서 트랜스지방이 생성될 수 있다는 단점이 있다.

(3) 쇼트닝(Shortening)

쇼트닝은 반고체 상태인 가소성 유지제품으로 무색, 무미, 무취이며, 동·식물성

유지에 수소를 첨가하여 경화유로 제조한 것이다.

① 비스킷 등에 바삭함을 주는 쇼트닝성과, 교반했을 때 공기를 포함시키는 크림성이 좋다.
② 수분은 0.5% 이하 지방질이 100%로 구성된 가소성 유지
③ 라드 대용품으로 식빵 등에 가장 일반적으로 사용되는 유지로 보통 융점이 높다.
④ 원료는 마가린과 같아서 식물성 기름을 경화시킨 것이나 정제한 야자유, 팜유 등 식물성 고형유지를 사용
⑤ 4% 정도 사용했을 때 최대 부피의 빵 제품을 얻을 수 있다.
⑥ 케이크 반죽의 유동성, 기공과 조직, 부피, 저장성을 개선시킨다.

(4) 롤인용 유지

① 롤인용 유지는 가소성 범위가 넓고 외부 압력에 견디는 힘이 있어 원래의 형태를 유지할 수 있어야 하며, 온도변화에 따른 경도 즉 단단함의 변화가 크지 않아야 한다.
② 롤인용 마가린은 오븐 속에서 반죽 층 사이에 존재하는 수분이 갑작스럽게 팽창하여 부피가 늘어나기 때문에 반죽을 밀어 펼 때 반죽 속에서 변하지 않고 고르게 밀어 펴질 수 있도록 가소성이 높은 제품이어야 한다.

(5) 튀김용 기름(Frying Fat)

① 튀김과자, 도넛을 튀길 때 쓰는 유지로 상온에서 액체 상태
② 튀김용 기름으로는 발연점이 높아야 한다.
③ 유화제가 들어있지 않는 식물성 기름이 알맞다.
④ 튀김물이 구조를 형성할 수 있게 열전달을 잘해야 한다.
⑤ 불쾌한 냄새가 없어야 한다.
⑥ 설탕의 탈색, 지방의 침투가 없게 식으면서 충분히 응결되어야 한다.
⑦ 튀김용 기름의 4대 적으로는 온도(열), 수분(물), 공기(산소), 이물질이다.

(6) 제빵에서 유지의 기능

① 수분 보유력이 뛰어나서 제품의 노화를 지연시킨다.

② 페이스트리 제품에서 굽기 중 유지의 수분이 증발되어 부피를 형성한다.

③ 반죽 팽창을 위한 윤활 작용으로 가장 중요한 기능이다.

④ 유지의 윤활 작용으로 제품의 부드러움을 들 수 있다.

(7) 제과에서 유지의 기능

① 제품을 부드럽게 하여 식감이 좋으며, 수분보유 효과가 있어 노화를 지연시킨다.

② 믹싱 중 유지가 공기를 포집하여 부드러운 크림이 되는 크림성 기능이 있다.

③ 유지가 공기 중에 장시간 노출되면 공기 중의 산소와 결합하여 산패가 일어나 식품으로의 가치를 저하시키므로 안정화 기능이 있다.

④ 믹싱 중 유지가 포집하는 공기는 작은 공기 세포와 공기방울 형태로 굽기 중 팽창하여 부피, 기공, 조직을 만드는 공기흡입 기능이 있다.

⑤ 유지가 얇은 막을 형성하여 전분과 단백질이 믹싱 중에 단단해지는 것을 막아 제품을 부드럽게 해준다.

(8) 유지의 보관방법

① 유지의 변패를 일으키는 요인으로 열, 빛, 금속(특히 동), 산소가 있다.

② 뚜껑 있는 용기에 담아 21℃ 이하의 건조한 암 · 냉소에 보관한다.

③ 가수분해를 방지하기 위해 물에 적시지 않고 산이나 알칼리를 혼입하지 않는다.

(9) 계면활성제

① 액체의 표면장력을 수정시키는 물체로 부피와 조직을 개선하고 노화를 지연시킨다.

② 친수성(Polysorbate)과 친유성(Monoglyceride)이 있으며, 균형이 11 이하이면 친유성이고 11 이상이면 친수성이다.

③ 주요 계면활성제

가. 레시틴(Lecithin)

- 옥수수유와 대두유로부터 얻으며, 친유성이다.
- 난황 · 콩기름 · 간 · 뇌 등에 다량 존재한다.
- 빵 반죽에 0.25%, 제과에서 쇼트닝의 1~5%가 사용된다.

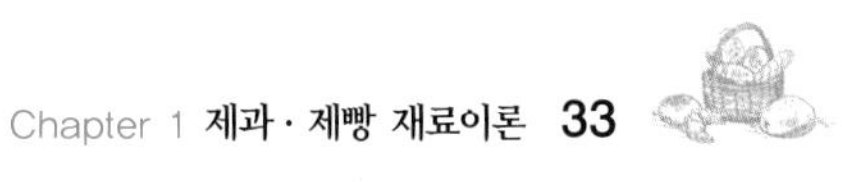

나. 모노글리세라이드(Monoglyceride)

- 유지가 가수 분해될 때의 중간산물로 유지의 6~8%, 빵에 0.375~0.5%를 사용하며, 지방산과 글리세롤을 가열하여 얻는다.

14. 감미제(Sweetener)

감미제는 제과 · 제빵 제품을 만드는 데 중요한 재료이며, 포도당과 과당, 설탕, 맥아당, 유당, 물엿 등이 있다. 제품의 특성에 따라 감미제를 선택하며, 이스트의 영양원 및 안정제, 발효 조절제, 보습제, 제품의 향과 색깔을 내는 기능이 있다.

1) 감미제의 종류

(1) 설탕(Sugar)

수크로우스(Saccharose, 자당)를 주성분으로 하는 감미제로 제과 · 제빵에서 가장 많이 사용하는 이당류로 자당이라고 한다. 인도에서 처음 만들어졌고 원료는 사탕수수나 사탕무로부터 얻어지며, 제법형태에 따라 함밀당과 분밀당이 있다. 그래뉴당(Granulated Sugar)은 현재 가장 많이 사용하는 설탕으로 용도에 따라 다양한 종류의 제품이 생산되고 있다. 또한 그래뉴당을 곱게 갈아 만든 것을 분당(Powdered Sugar)이라고 하며, 저장 중 고화방지를 위하여 전분을 3% 정도 혼합한다.

① 세립당: 일반 백설탕 입자의 1/2 크기로 커피믹스에 주로 사용된다.

② 미립당: 가장 작은 입자의 백설탕으로 도넛에 사용된다.

③ 쌍백당: 설탕 입자의 결정을 크게 만든 것으로 특수한 용도로 사용되는 설탕이며, 주로 사탕 표면이나 제과용으로 사용한다.

④ 정제중백당(갈색 설탕): 정제당과 당밀의 혼합물로 색상이 진할수록 불순물의 양이 많아 기본적으로 완전히 정제되지 않는 당이다. 정제과정에서 1차로 생산되는 백설탕에 원당에 포함되어 있는 탄수화물과 무기질 성분이 남아 있는 설탕이다. 백설탕과 흑설탕의 중간 결정으로 갈색 빛이 나며, 쿠키 종류에 많이 사용된다.

⑤ 정제삼온당(흑설탕): 정제과정 가운데 가장 마지막에 생산되는 설탕으로 갈색

설탕에 캐러멜을 첨가한 것이다. 당도는 백설탕, 갈색 설탕에 비해 낮지만 독특한 맛과 향이 있다. 색을 진하게 하는 호두파이 등에 사용된다.

(2) 포도당(Glucose, Dextrose)

자연계에 널리 분포하고 있는 6탄당의 하나로 식물체에 많이 함유되어 있고 특히 포도즙에 5%나 들어 있어 포도당이라는 이름이 붙었다. 포도당은 감미도가 설탕의 75%이고, 빵의 촉감과 결을 부드럽게 하고 오랫동안 촉촉함을 유지시키며, 빵의 유연성, 탄력성을 높여주기 때문에 빵에 자주 사용되는 당류이다. 무수포도당과 함수포도당이 있으나 제과용은 함수포도당이다. 일반포도당의 발효성 탄수화물(고형질)은 91% 정도이다.

(3) 맥아당(Maltose)

포도당 2개가 결합된 이당류의 하나로 엿당 또는 말토오스라고도 한다. 감미는 설탕의 40%으로 이것은 설탕처럼 녹말의 노화를 방지하는 효과와 보습효과가 있다. 맥아당이나 맥아시럽을 사용하는 목적은 가스 생산을 증가시키고 껍질 색을 개선하며, 제품 내부의 수분을 증가시키고 향을 발생시키기 때문이며, 보통 활성시럽을 0.5% 정도 사용한다.

(4) 과당(Fructose, Levulose)

단 과일에 많이 함유되어있고 꿀 등에 많이 들어있는 6탄당의 하나로 프룩토오스라고도 한다. 과당은 당류 중에서 감미도가 가장 크지만, 가열하면 1/3로 낮아진다. 포도당을 섭취해서는 안 되는 당뇨병 환자에게 감미로서 사용하며, 카스텔라, 스펀지케이크 등에 보습효과를 주는 재료로 사용된다.

(5) 유당(Lactose)

설탕에 비해 감미도가 16 정도로 당류 중 가장 낮고, 용해도가 낮아 결정화가 빠르며, 포유동물의 유즙에 들어있는 당이다. 냉수에 용해되지 않는 환원당으로 단백질의 아미노산 존재하에 갈변반응을 일으켜 껍질 색을 진하게 하며, 빵에서 이스트에 의해 발효되지 않아 잔류당으로 남는다. 우유를 고형질 50%의 농축액으로 만든 후 결정을 유도하여 원심분리, 세척, 재용해, 탈색, 여과, 분무건조 등의 공정을 거쳐 만

들어지며, 조제분유, 유산균음료 등의 유제품에 많이 쓰인다.

(6) 물엿(Corn Syrup)

녹말이 산이나 효소의 작용에 분해되어 만들어진 반유동체의 감미물질이다. 설탕에 비해서 감미도가 낮지만 점조성, 보습성이 높아 감미제로보다는 제품의 조직을 부드럽게 할 목적으로 많이 사용한다. 여러 종류의 빵 · 과자 제품에 사용되는데 롤, 번, 단과자빵류, 파이 충전물, 머랭, 케이크류, 쿠키류, 아이싱에 주로 사용된다.

(7) 당밀(Molasses)

사탕무, 사탕수수에서 얻어지는 결정화 되지 않은 시럽상태의 물질이다. 수분과 비결정 설탕과 무기질을 함유하고 있으며, 색깔은 원료에 따라 다르나 짙은 황색, 적갈색, 검정색 등 3종류로 나눈다. 외국에서는 당밀을 많이 사용하는데, 효과는 특유의 단맛이 생겨나고, 케이크를 오래 촉촉하게 보존하며, 특수 향료와 조화가 잘 이루어지는 것이 특징이다. 사탕수수의 당밀은 사탕무의 당밀보다 풍미가 좋아 식용하고 럼 제조에 사용된다.

(8) 꿀(Honey)

당분이 많이 함유된 식품이다. 전화당의 종류로 꿀벌에 의해서 얻어지며, 수분 보유력이 높고 향이 우수하다.

(9) 전화당(Invert Sugar)

자당을 용해시킨 액체에 산을 가하여 높은 온도로 가열하거나 인베르타아제(분해효소)로 설탕을 가수분해하여 생성된 포도당과 과당의 동량혼합물을 전화당이라 한다. 감미가 강하여 케이크, 퐁당, 아이싱의 원료로 이용하며, 케이크 표면에 색깔이나 광택을 내는 데 사용한다. 또한 수분 보유력이 뛰어나 제품을 신선하고 촉촉하게 하여 저장성을 높여주므로 반죽형 케이크와 각종크림 같은 아이싱 제품에 사용하면 촉촉하고 신선한 제품을 만들 수 있다. 전화당은 꿀에 다량 함유되어 있으며, 흡습성 외에 착색과 제품의 풍미를 개선하는 기능이 있다.

(10) 이성화당

이성화당은 전분을 액화(α-아밀라아제), 당화(글루코아밀라아제)시킨 포도당액을 글루코스 이성화효소(Glucose Isomerase)로 처리하여 이성화된 포도당과 과당이 주성분이 되도록 한 액상 당으로 이성화당의 특징은 설탕에 비하여 감미의 느낌 및 소실이 빠르며, 설탕보다 삼투압이 높아 미생물의 생육억제 효과가 크고 보습성이 강해 설탕과 혼합 사용할 때 제품의 품질을 향상시켜 준다. 감미도는 설탕에 비해서 1.5배 정도 높은 반면 가격이 설탕의 절반 정도이기 때문에 청량음료, 냉과, 통조림 등의 감미료로 많이 사용된다.

(11) 기타 감미제

감미제는 제과 · 제빵 제조에 많은 역할을 하는 중요한 재료이며, 용도와 특성에 따른 종류가 매우 다양하다. 아스파탐, 올리고당, 천연감미료 등이 있다.

① 아스파탐(Aspartame): 아스파르트산과 페닐알라닌을 합성해 만든 아미노산계 인공감미료로 감미도가 설탕의 200배이다.

② 올리고당: 포도당과 갈락토오스, 과당과 같은 단당류가 3~10개 정도 결합한 것으로 설탕과 같은 단맛을 내면서도 칼로리는 설탕의 1/4밖에 안 된다. 체내에서 소화되지 않는 저칼로리이다. 장내 유익균인 비피더스균을 증식하는 역할을 하여 장 건강에 도움을 준다.

③ 천연감미료: 스테비오사이드, 글리실리진, 소마틴, 단풍당 등이 있다.

④ 사카린: 안식향산 계열의 인공감미료이다.

2) 제빵에서 감미제의 기능

① 수분보유력이 있어 노화를 지연시키고 저장성을 늘린다.

② 빵의 속결과 기공을 부드럽게 만든다.

③ 발효하는 동안 이스트의 먹이가 된다.

④ 이스트가 이용하고 남은 당은 갈변반응으로 껍질의 색깔을 낸다.

⑤ 발효가 진행되는 동안에 이스트에 발효성 탄수화물을 공급한다.

⑥ 휘발성 산과 알데히드 같은 화합물의 생성으로 향이 나게 한다.

3) 제과에서 감미제의 기능

① 감미제로 단맛을 내며 독특한 향을 낸다.

② 노화를 지연시키고 신선도를 오래 유지시킨다.

③ 갈변반응과 카라멜화를 통해 껍질의 색깔이 진해진다.

④ 밀가루 단백질을 부드럽게 하는 연화작용을 한다.

⑤ 쿠키제품에서 향과 퍼짐성을 조절한다.

⑥ 감미제의 제품에 따라 독특하고 다양한 향이 나게 한다.

15. 달걀(Egg)

달걀은 크게 보면 껍질, 흰자, 노른자로 구성되어 있다. 비중은 달걀의 크기에 따라서 다르며, 껍질10~12%, 흰자 55~63% 노른자 26~33%이다. 달걀의 크기가 클수록 흰자의 비율이 높다. 달걀은 생달걀과 냉동달걀, 분말달걀 등이 있고 우리나라에서는 보통 생달걀을 많이 사용하며, 다른 나라에서는 냉동달걀과 분말달걀도 사용한다. 달걀에는 12.3%의 단백질과 11.2%의 지방이 포함되어 있고, 비타민 C와 섬유질 이외의 모든 영양소가 들어있다.

1) 달걀의 특성과 기능

(1) 기포성

달걀을 교반하면 흰자의 단백질인 글로불린에 의해서 거품이 일어나는 성질이다. 달걀의 기포성과 포집성이 가장 좋은 온도는 30℃이며, 열 응고성은 60~70℃에서 응고가 일어난다. 달걀의 기포성을 이용하여 만드는 과자류는 머랭, 수플레, 무스, 스펀지케이크, 마시멜로 등 응용 범위가 매우 넓다.

(2) 유화성

달걀노른자 속의 레시틴 작용에 의해서 나타나는 성질이다. 노른자로 만들 수 있는 대표적인 에멀션의 대표적인 제품이 마요네즈이다. 즉 레시틴의 유화력이 식초와 기름을 결합시킨다.

(3) 열 응고성

단백질이 열에 의해서 굳어지는 성질이다. 가열속도나 온도, 재료 배합에 따라서 응고 상태가 다르다.

(4) 구운 색

멜라노이딘 반응에 의해서 생기는 빛깔이다. 빵 반죽 표면에 달걀 물을 칠하여 구우면 당분과 아미노산이 변화하여 갈색을 만든다.

(5) 영향 · 풍미

달걀은 양질의 단백질원이고 제품의 풍미를 좋게 한다.

2) 제빵에서 달걀의 기능

달걀은 많은 종류의 광물질과 비타민을 포함하고 있기 때문에 높은 영양가를 지니고 있다. 흰자의 단백질 작용으로 제품의 골격형성에 도움을 주고 노른자의 영향으로 빵 내상의 색깔, 담백한 맛과 향, 빵의 노화를 지연시킨다.

3) 제과에서 달걀의 기능

달걀은 제과에서 많이 사용하는 재료이고 케이크의 골격을 형성하는 데 도움을 주며, 기포성으로 부피를 형성하고 팽창제 역할을 한다. 또한 제품의 맛과 향, 조직, 식감개선에 중요한 역할을 한다.

4) 신선한 달걀 및 취급

① 생산 날짜를 확인하고 냉장에 진열된 제품 또는 유통과정도 냉장상태로 된 것을 고른다.

② 달걀껍질은 거친 것이 좋으며, 밝은 불에 비추어서 노른자가 선명하고 중심에 자리 잡고 있는 것이 신선하다.

③ 껍질에 묻은 이물질 등은 세척하고 살균하여 사용한다.

④ 식염수(6~10% 소금물 비중 = 1.08)에 가라앉는 상태의 달걀을 선택한다.

⑤ 달걀을 깨었을 때 노른자가 터지지 않고 난황 지수가 높아야 한다.

5) 달걀의 신선도 검사

① 비중법: 소금물(물 100%에 소금 6~10%)에 넣었을 때 가라앉는다(뜨지 않는다).

② 등불검사법: 빛을 통해 볼 때 속이 어둡게 보이지 않는다.

③ 외관법: 껍질이 까칠까칠하다.

④ 진음법: 흔들었을 때 소리(움직임)가 나지 않아야 한다.

⑤ 난황계수법(난백계수법): 달걀을 깨었을 때 노른자(흰자)가 퍼지거나 깨지지 않아야 한다.

16. 우유(Milk)

우유는 영양가가 높은 완전식품으로 주성분은 단백질, 지방, 당질, 무기질, 비타민 등 많은 영양소로 구성되어 달걀과 함께 중요한 식품이다.

① 단백질: 우유 단백질의 주성분은 카세인이고, 산과 레닌 효소의 작용을 받아 응고하며, 유장은 카세인을 뺀 나머지 단백질 락트알부민, 락토글로불린이 여기에 속한다.

② 지방: 우유의 지방은 아주 작은 구상(球狀)인 지방구로서, 콜로이드 상태로 분산해 있다. 우유를 가만히 두면 지방구가 표면에 떠올라서 크림 층을 만든다. 이것을 모은 것이 크림이다.

③ 당질: 우유의 당질은 대부분 젖당이다. 젖당은 갈락토스(Galactose)와 글로코오스(Glucose)가 결합한 이당류이다.

④ 무기질: 우유 속의 인과 칼륨의 비율이 이상적이다.

⑤ 우유의 종류

- 탈지 우유: 우유에서 지방을 제거한 것으로 빵에 첨가하면 풍미를 좋게 하고 노화를 방지한다.
- 가공 우유: 우유에 탈지분유나 비타민 등을 강화한 것이다.
- 연유: 우유 속의 수분을 줄인 농축 우유이다.
- 크림: 우유의 지방을 원심 분리하여 농축한 것이다.
- 분유: 농축 우유를 분무, 건조해 가루를 만든 것이다. 원유를 건조한 전지분유와 탈지유에서 수분을 제거하여 분말화한 탈지분유가 있다.

1) 제빵에서 우유의 기능

① 빵의 속결을 부드럽게 하고 글루텐의 기능을 향상시킨다.
② 맛과 향을 개선하고 흡수율을 증가시킨다.
③ 우유속의 유당이 굽기 중 갈변반응으로 빵의 껍질 색깔을 낸다.
④ 유단백질의 완충작용으로 이스트 발효를 억제한다.

2) 제과에서 우유의 기능

① 제품의 맛과 향을 개선시킨다.
② 굽기 중에 유당의 갈변반응으로 제품의 껍질 색을 낸다.
③ 유당의 수분 보유력으로 제품을 부드럽게 한다.
④ 우유의 단백질은 케이크 구조형성에 도움을 준다.

17. 탈지분유(powdered skim milk)

베이커리에서 많이 사용하는 탈지분유는 우유에서 지방을 분리하여 제거하고 건조해 분말로 만든 것으로 1년 이상 장기간 보관을 할 수 있다. 물을 부으면 다시 우유로 환원되는 환원유로 쓰이고 전지분유보다 고단백 저칼로리이다. 즉 탈지분유는 우유(원유상태)를 가공하여 버터를 만들고 남은 것이다.

1) 탈지분유의 기능

① 글루텐을 강화하여 반죽의 내구성이 향상된다.
② 발효 내구성이 향상된다.
③ 완충작용(약알칼리성)이 있어 반죽이 지나쳐도 잘 회복시킨다.
④ 밀가루 흡수율이 증가한다. (분유 1% 증가하면 물 1% 증가)
⑤ 빵의 부피가 증가한다.
⑥ 분유 속의 유당이 껍질 색을 개선해 준다. (기공과 결이 좋아짐)

2) 스펀지법에서 분유를 스펀지에 첨가하는 이유

① 단백질 함량이 적거나 부드러운 밀가루를 사용할 때 넣는다.

② 아밀라아제 활성이 과도할 때 사용한다.

③ 반죽이 쉽게 지칠 때 사용한다.

④ 장시간에 걸쳐 스펀지 발효를 하고, 본발효 시간을 짧게 하고자 할 때 사용한다.

18. 활성 밀 글루텐(Vital wheat gluten)

활성 밀 글루텐은 밀가루와 물을 혼합하여 반죽으로 만든 후 전분과 수용성 물질을 씻어내고 남은 젖은 글루텐 덩어리를 건조해 만든다. 글루텐은 다른 단백질과 마찬가지로 수분이 존재하면 열에 의하여 쉽게 변성되기 때문에 활성을 보존하기 위해서는 저온에서 진공으로 분무 건조하여 분말로 만들거나, 지나치게 열을 가하지 않고 빠르게 수분을 제거하는 순간건조법(flash drying)을 사용한다.

1) 활성 밀 글루텐 사용량

① 식빵의 복원성과 탄성의 식감 강화: 0~2%

② 곡물 빵의 체적 개선: 2~5%

③ 고식이섬유 빵 또는 저칼로리 빵: 5~12%

2) 효과

활성 밀 글루텐을 1% 첨가하면 밀가루를 기준으로 0.6%의 단백질 증가 효과가 있으며 흡수율은 1.5% 정도 증가한다. 즉 단백질 함량이 10%인 밀가루 1kg에 25g의 활성 밀 글루텐을 첨가하면 단백질 함량은 11.5%로 증가한다.

19. 생크림(Fresh Cream)

생크림은 우유에서 비중이 적은 지방분만을 원심 분리하여 살균 충전한 식품으로 제과 · 제빵에 많이 사용한다.

① 생크림은 크게 동물성 생크림과 식물성 생크림으로 구분하여 사용하고 있다.

② 주성분은 유지방이고 국가에 따라 종류나 그 함량이 다르다.

③ 한국에서 생크림은 유지방 18% 이상인 크림을 말한다.

④ 국내에서 생산되어 사용하고 있는 동물성 생크림은 유지방 36~38%이다.

⑤ 생크림은 냉장 보관이 원칙으로 보통 1~5℃에서 보관한다.

⑥ 생크림은 안정된 좋은 상태로 공기 포집을 위하여 10℃ 이하에서 작업한다.

20. 몰트 액기스

싹이 난 보리를 끓여 추출한 맥아당(이당류)의 농축액기스로 흔히 몰트 시럽이라고 부르기도 한다. 몰트 액기스의 주성분은 맥아당이고 대부분 베타아밀라아제라고 불리는 전분 분해효소 등이 들어 있으며, 프랑스빵, 유럽빵 등 설탕이 들어가지 않는 하드계열 빵에 사용하며, 밀가루 대비 소량(0.2~0.5%)만 첨가한다. 몰트 액기스의 역할은 설탕이 들어가지 않는 반죽을 오븐에서 구울 때 빵의 색깔을 개선하고 이스트의 영양원이 되어 알코올 발효를 촉진시킨다.

21. 안정제(Stabilizer)

물과 기름, 기포, 콜로이드 분산과 같이 상태가 불안정한 혼합물에 더하여 안정시키는 물질이다. 식품에서 점착성을 증가시키고 유화 안전성을 좋게 하고 가공 시 선도유지, 형체보존에 도움을 주며, 미각에 대해서도 점활성을 주어 촉감을 좋게 하고자 식품에 첨가하는 것으로 안정제, 겔화제, 농화제라고 한다. 밀가루 중의 글루텐, 찹쌀 중의 아밀로펙틴, 과일 중의 펙틴, 아라비아검, 트래거캔스검, 카라기난, 해조류의 알긴산, 한천, 우유의 카세인 등이 있다.

1) 안정제의 종류

(1) 젤라틴(Gelatin)

동물의 연골, 힘줄, 가죽 등을 구성하는 단백질인 콜라겐을 더운물로 처리했을 때 얻어지는 유도 단백질의 하나이며, 응고제로 사용하고 찬물에는 팽윤하나 더운물에는 녹는다. 젤라틴은 가공 형태에 따라 판 젤라틴과 가루 젤라틴이 있으며, 흡수량은 보통 젤라틴 중량의 10배이므로 물을 충분히 넣어 덩어리지지 않게 한다. 젤리, 아이스크림, 무스, 햄, 크림, 비스킷, 캐러멜 등에 널리 사용한다.

(2) 한천(Agar)

우뭇가사리를 조려 녹인 뒤 동결 · 해동 · 건조시킨 것으로 찬물에는 녹지 않으나 물에 잘 팽윤되어 20배의 물을 흡수하며, 응고력은 젤라틴의 10배이다. 끓는 물에서 잘 용해되어 0.5%의 저 농도에서도 안정된 겔을 형성한다. 산에 약하여 산성 용액에서 가열하면 당질의 연결이 끊어진다. 따라서 산미가 강한 과즙을 혼합할 때는 한천을 먼저 녹여 뜨거운 상태에서 과즙을 빠르게 혼합하여야 한다. 젤리, 과자류, 유제품, 통조림, 양갱 등에 이용한다.

(3) 알긴산(Alginic Acid)

다시마, 대황, 김 등의 갈조류(褐藻類)에 함유되어있는 다당류의 하나이다. 찬물, 더운물 모두에 잘 녹고 더울 때나 냉각 시 같은 농화력을 가지나 산이 있는 주스 등에서 조리 시 겔 형성 효과가 저하된다. 아이스크림, 유산균 음료 등에 유화 안정제로서, 젤리, 셔벗 · 주스 등에 증점제로 이용된다.

(4) 시엠시(Sodium Carboxy Methyl Cellulose, CMC)

합성호료의 하나. 목재, 펄프를 원료로 하여 셀룰로오스에 아세트산을 작용시켜 만든 화학적 합성물이다. 유도체로 찬물, 더운물 모두에 잘 녹으며, 산에 대한 저항력은 약하고 pH7에서 효과가 가장 좋다. 부패 변질이 없고 매우 안정하다. 아이스크림, 퐁당, 아이스셔벗, 빵, 맥주 등에 안정제로 사용된다.

(5) 아라비아 검(Arabicgum)

콩과의 상록활엽교목인 아라비아 고무나무에서 얻은 점액을 굳힌 것이다. 물에 서서히 녹아 산성을 띠며 점조액이 되며, 제과에서는 아이스크림 · 시럽에 안정제로 사용한다. 또한 파스티아주(검 페이스트)를 만드는 데도 이용된다.

(6) 펙틴(Pectin)

과실, 야채와 같이 고등식물 세포벽에 붙어있는 다당류로 감귤류와 사과에 많다. 응고제로서 잼, 마멀레이드, 과일젤리를 만들 때 젤리상태로 굳히는 성분이다. 펙틴은 메톡실기(OCH_3)가 결합한 구조를 가지고 있는데 이 메톡실기의 양에 따라 펙틴의 성질이 변한다.

2) 제과 · 제빵에서 안정제 사용

① 다양한 젤리, 잼 제조에 사용한다.
② 아이싱 제조 시 끈적거림 방지한다.
③ 머랭의 수분이 나오는 것을 억제시킨다.
④ 크림 토핑물의 거품을 안정시키고 부드러움을 제공한다.
⑤ 파이 충전물의 전분 일부를 검으로 대치하거나 타르트의 농화제로 사용한다.
⑥ 케이크 · 빵에서 흡수율을 증가시키고, 노화를 지연시켜 제품을 부드럽게 한다.
⑦ 제품의 포장성을 개선시킨다.
⑧ 아이싱이 견고하도록 하여 부서지는 것을 방지한다.

22. 화학적 팽창제(Chemical Leavening)

제과류 제품의 반죽제조나 굽는 과정에서 이산화탄소 또는 암모니아가 발생하여 부피를 팽창시키고 부드러움과 가벼운 식감을 주며, 일정한 모양을 갖추도록 특유의 조직을 형성하게 할 목적으로 사용되는 첨가물을 화학적 팽창제라고 한다. 제빵에서는 이스트(효모)를 사용하며, 제과에서는 베이킹파우더, 염화암모늄, 탄산수소나트륨 등이 있다. 베이킹파우더는 이산화탄소와 암모니아가스를 발생시켜 제품을 팽창시키는데 여기에서 생긴 가스는 알칼리성으로 제품의 색을 누렇게 변색시켜 풍미를 떨어지게 할 수 있다. 이때 산성 물질을 첨가한 합성 팽창제를 사용하면 결점이 보완된다. 이렇게 만든 것이 합성팽창제 즉 베이킹파우더이다. 화학적 팽창제가 갖추어야 할 점은 많은 가스를 발생시켜야 하고, 제품 속에 남는 반응물질이 인체에 해로우면 안 되며, 맛과 향이 나서도 안 된다.

1) 베이킹파우더(Baking Powder)

합성 팽창제로 BP로 표기하기도 한다. 베이킹파우더는 팽창제로 사용해 온 중조, 즉 탄산수소나트륨을 주성분으로 하며, 각종 산성제를 배합하고 완충제로서 녹말을 더한 팽창제이다. 이것은 중조와 산성제가 화학반응을 일으켜서 이산화탄소(탄산가스)를 발생시키며, 기포를 만들어 반죽을 팽창시킨다. 베이킹파우더의 반응원리는

탄산수소나트륨이 분해되어서 이산화탄소, 물, 탄산나트륨이 되는 것이며, 베이킹파우더 무게의 12% 이상의 유효 가스(이산화탄소)를 발생시켜야 한다. 베이킹파우더의 종류에는 지효성 · 속효성 · 산성 팽창제, 알칼리성 팽창제 등이 있고 만들고자 하는 제품의 특성에 맞는 것을 찾아 사용한다.

2) 염화암모늄

염화암모늄은 알칼리와 반응하여 이산화탄소, 가스를 발생시키고 제품의 색을 희게 한다.

3) 탄산수소나트륨(중조, 소다)

팽창제의 하나로 분자식은 $NaHCO^2$이며, 무색의 결정성 분말이다. 이것은 20℃ 이상에서 이산화탄소와 물을 발생시킨다. 반죽에 중조를 첨가하면 탄산가스에 의해서 바로 반죽이 팽창하고 탄산나트륨에 의해 제품이 노랗게 되며, 제품에 쓴맛과 좋지 않은 냄새가 난다.

4) 유화제

유화제는 물과 기름처럼 서로 잘 혼합되지 않는 두 물질을 안정시켜 혼합하는 성질이 있는 물질로 식품용 계면활성제이다. 유화제는 물에 용해되기 쉬운 친수성과 물에 용해되기 어렵고 기름에 용해되기 쉬운 친유성을 모두 가진 물질이다. 베이커리 주방에서 스펀지케이크를 만들 때 주로 많이 사용한다. 유화제는 일반적으로 수중유적형(oil in water)과 유중수적형(water in oil)으로 나뉘는데, 수중유적형의 대표적인 식품은 우유, 아이스크림 및 마요네즈가 있으며 유중수적형에는 버터와 마가린이 있다.

23. 향신료

1) 향신료를 사용하는 목적

① 소화기관을 자극하여 식욕증진과 좋은 향기를 부여한다.

② 냄새 제거와 완화작용을 한다.

③ 식욕증진을 위한 맛있는 색상을 부여한다.

2) 향신료의 분류

(1) 식물의 열매(종자)로부터 채취된 것: 후추, 바닐라, 코코아, 겨자, 육두구, 올스파이스 등의 향신료

① 올스파이스: 빵, 케이크에 가장 많이 쓰이는 향신료로 시나몬(계피), 넛메그, 정향(꽃봉오리를 따서 말린 것) 등의 혼합 향을 말한다.

② 넛메그: 육두구 열매의 핵이나 씨앗을 사용하며, 선명한 적색의 껍질이 메이스(케이크, 빵, 푸딩 요리 등에 사용)이고, 껍질을 깬 안의 갈색 종자가 넛메그(쿠키, 빵, 도넛 등에 사용)이다.

(2) 잎에 속하는 것: 월계수 잎, 박하, 파슬리, 오레가노 등이 있다.

3) 제과에서 많이 사용하는 향신료의 종류

① 계피(Cinnamon): 녹나무과에 속하는 상록교목인 생달나무(天竹桂)의 나무껍질로 만든다.

② 넛메그(Nutmeg): 육두구과 열매의 배아를 말린 것이 넛메그(Nutmeg)이고 씨를 둘러싼 빨간 반종피를 건조하여 말린 것이 메이스(Mace)이다. 단맛과 약간의 쓴맛이 난다.

③ 생강(Ginger): 열대성 다년초의 다육질 뿌리로 양념재료로 이용하는 뿌리채소다. 김치를 담글 때 조금 넣어 젓갈의 비린내를 없애는 데 큰 역할을 한다.

④ 정향(Clove): 상록수 꼭대기의 열매, 증류에 의해 정향유를 만든다.

⑤ 올스파이스(Allspice): 복숭아과 식물, 계피, 넛메그의 혼합 향을 낸다.

⑥ 양귀비 씨(Poppy Seed): 양귀비 열매 속에는 3만 2천여 개의 씨앗이 들어있다고 한다. 빵 속에 넣거나 표면에 묻힌다.

⑦ 후추(Black Pepper): 성숙하기 전의 열매를 건조시킨 것을 검은 후추라 하고, 성숙한 열매의 껍질을 벗겨서 건조시킨 것을 흰 후추라 한다. 주로 가루 내어 이용하며, 통으로 이용하기도 한다.

⑧ 캐러웨이(Caraway): 캐러웨이 씨는 필요할 때마다 빻아서 사용한다. 미리 가루로 만들어 놓으면 향이 날아가서 못 쓰게 되는 특징이 있다.

24. 리큐르(Liqueur)

1) 제과 · 제빵과 리큐르

(1) 제과에 리큐르를 사용하는 이유

① 제과류 제품의 맛과 향을 개선시켜 품질을 높여준다.

② 원료가 가지고 있는 나쁜 냄새를 리큐르의 알코올 성분이 휘발하면서 같이 증발되어 좋은 향을 만들 수 있다.

③ 원재료의 다양한 향기를 높이거나 향을 잘 낼 수 있도록 도와준다.

④ 알코올 성분이 세균번식을 막아 제품의 보존성을 높이고, 지방분을 중화하여 제품의 풍미를 좋게 해준다.

(2) 제과용 리큐르 사용하는 방법

① 재료가 가지고 있는 향미, 특히 향기를 돋보이게 할 경우 증류주를 많이 사용한다.

② 양과자의 향기와 맛을 높이는 데에는 양조주, 혼성주를 사용한다.

2) 리큐르의 종류

(1) 럼(Rum)

① 사탕수수로 만드는 당밀을 발효시켜 증류한 증류주이다.

② 향이 높고 열에 강한 성질 때문에 각종 과자를 만들 때 많이 사용한다.

③ 제과에서 사바랭, 버터크림, 과일케이크, 과일전처리, 시럽 등에 많이 사용한다.

④ 쿠바, 자메이카, 서인도제도의 프랑스어권에서 많이 생산된다.

(2) 브랜디(Brandy)

① 와인을 증류한 술을 말한다.

② 원료의 종류에 따라 포도브랜디(Grape Brandy), 사과브랜디(Apple Brandy), 체리브랜디(Cherry Brandy) 등이 있다.

③ 제과에서 다양한 디저트류에 많이 사용하며, 크레프소스, 크레프쉬제트(Crepes Suzette), 사바랭(Savarin), 과일플랑베, 초콜릿 등에 사용한다.

(3) 코냑(Cognac)

① 정식명칭은 오드비 드 뱅 드 코냑(Eau-de-Vie de Vin de Cognac)이고, 프랑스 코냐크지역에서 와인을 증류해 생산되는 브랜디의 일종으로 증류주이다.
② 코냑의 종류에는 헤네시(Hennessy), 카뮈(Camus), 레미 마르탱(Remy Martin), 마르텔(Martell), 비스키(Bisquit) 등이 있다.
③ 제과에서 가나슈, 바바루아, 무스, 초콜릿 등 다양한 곳에 사용되며, 크림류와 소스류에 향을 낼 때에도 사용된다.

(4) 진(Gin)

① 주니퍼 베리(Juniper Berry)로 향을 내는 무색투명한 증류주이다.
② 영국에서 주니퍼는 폴란드산을 말하고, 영국산 진(Gin)은 런던 진이라 부른다.
③ 제과용으로는 레몬시럽(Lemon Syrup), 사바랭(Savarin) 등에 쓰인다.

(5) 위스키(Whisky)

① 위스키란, 곡물을 발효시킨 양조주를 증류하여 얻은 무색투명한 술을 나무통에 넣어 오랫동안 숙성시킨 술을 말한다.
② 영국 스코틀랜드 위스키의 총칭이다.
③ 아이리시위스키(Irish Whisky), 버번위스키(Bourbon Whisky), 콘위스키(Corn Whisky), 산토리위스키(Santory Whisky) 등이 있다.
④ 과일푸딩, 초콜릿, 시럽 등에 사용된다.

(6) 샴페인(Champagne)

① 프랑스 샹파뉴 지방에서 만들어진 천연 발효포도주이다.
② 포도를 발효시키고 당분을 첨가하여 병조림한 후 2~3년간 지하창고에 비스듬하게 거꾸로 세워 저장한다.
③ 셔벗(Sherbet)과 무스케이크 등에 이용된다.

(7) 그랑 마르니에(Grand Marnier)

① 최고급 화주에 오렌지향을 넣은 리큐르로서 오렌지 껍질을 코냑[그랑(Grand), 샹파뉴(Champagne)]에 담근다는 점이 쿠앵트로와 다르다.

② 달콤한 오렌지 향이 초콜릿과 잘 어울려 폭넓게 사용된다.

③ 가나슈, 사바랭, 케이크시럽, 커스터드크림, 초콜릿을 사용한 케이크, 커스터드 푸딩, 초콜릿, 냉수플레, 무스 등 다양하게 사용한다.

(8) 쿠앵트로(Cointreau)

① 프랑스 쿠앵트로사에서 생산한 오렌지 술로 화주에 오렌지 잎과 꽃의 엑기스를 배합하여 만든 술이다.

② 40도의 높은 도수 때문에 톡 쏘는 맛이 강하다.

③ 오렌지를 주재료로 하는 생과자나 양과자, 소스류, 초콜릿, 생크림 등에 이용된다.

(9) 트리플 섹(Triple Sec)

① 화이트 오렌지와 오렌지 큐라소를 혼합 · 증류하여 만든 것으로 이름 그대로 '세 번(Triple), 더 쓰다(Sec)'의 뜻이 있다.

② 오렌지 껍질을 사용하여 신맛과 쓴맛이 강한 것이 특징이며, 천연오렌지의 감미와 향취가 일품이다.

③ 생크림, 과일전처리, 케이크시럽, 무스, 시트 반죽에 널리 이용되고 있다.

(10) 키르슈(Kirsch)

① 버찌(체리)의 독일어명으로 잘 익은 체리의 과즙을 발효, 증류시켜 만든 술이다.

② 독일이 원산지인 알코올 42도의 키르슈바서(Kirschwasser)와 이탈리아산으로 알코올 32도 마라스캥(Marasquin)이 있다.

③ 제과용도로는 바바루아, 아이스크림케이크, 시럽, 무스케이크, 셔벗, 체리케이크 등에 쓰인다.

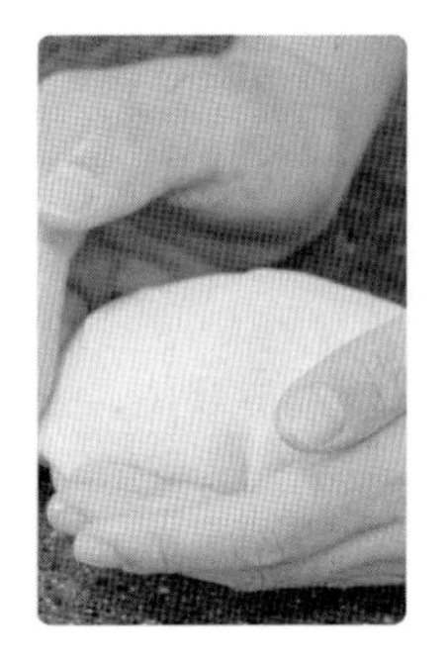

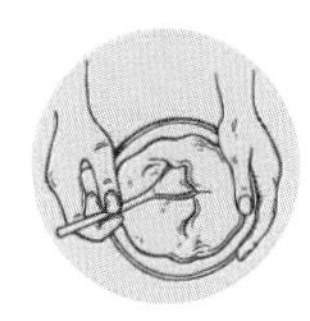
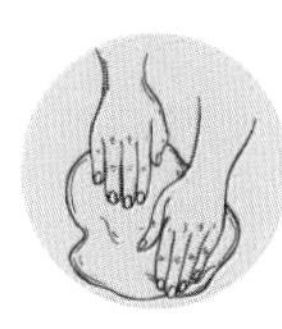
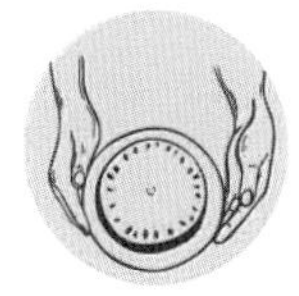

2
CHAPTER

제빵의 제조공정

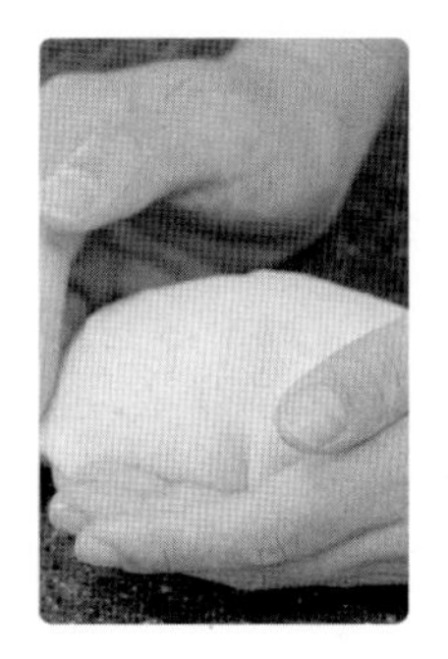

CHAPTER 2 제빵의 제조공정

빵은 효모를 첨가하여 부풀리는 발효 과정을 거쳐 오븐에 구워내는 제품을 말하며, 주재료인 밀가루, 이스트, 소금, 물에 부재료인 설탕, 버터, 달걀, 향신료 등을 넣어 반죽을 발효시켜 구운 것이다. 배합량과 부재료의 종류에 따라 식빵류, 단과자빵류, 특수빵류, 조리빵류 등으로 나눌 수 있으며, 모든 빵은 아래와 같은 단계를 거쳐서 제품이 생산된다.

> 제빵법 결정 → 배합표 작성 → 재료 계량하기 → 재료의 전처리 → 반죽하기 → 1차 발효하기 → 분할하기 → 둥글리기 → 중간발효하기 → 정형하기 → 패닝하기 → 2차 발효하기 → 굽기 → 냉각하기 → 글레이징하기 → 포장하기

1. 제빵법 결정

1) 제빵 반죽법의 종류와 특성

빵의 반죽 제조방법은 다양하다. 각 나라별 특성과 지역의 특성에 따라 결정하는 기준은 다르며, 베이커리 주방 규모에 따른 노동력, 제조 생산량, 기계설비, 제조시간, 판매형태, 고객의 기호도 등에 따라서도 다르다. 일반적으로 개인이 운영하는 소규모에서는 스트레이트법을 가장 많이 사용하며, 규모가 큰 대형 양산업체는 스펀지법이나 액종법을 많이 사용한다. 최근 들어 천연발효종을 사용한 빵이 인기를 얻으면서 장시간 발효하는 다양한 스펀지 발효 반죽법을 사용하고 있다. 반죽하는 방법

에 따라 물리적 숙성과 발효시키는 방법에 의한 화학적 · 생화학적 숙성을 기준으로 스트레이트법, 스펀지법, 액체발효법 등으로 나누고 그 외의 제빵법들은 이 세 가지 제빵법을 약간씩 변형시킨 것이다.

2. 스트레이트법(Straight Dough Method)

제빵 제조방법의 하나로 직접법이라고도 하며, 재료 전부를 한꺼번에 넣고 혼합하여 믹싱하는 방법이다. 유지는 물과 밀가루의 혼합으로 생기는 글루텐 형성을 방해하기 때문에 클린업 단계에서 넣고 반죽한다. 빵이 만들어져 나오는 시간이 비교적 짧기 때문에 소규모 베이커리 또는 가정에서는 대부분 이 방법으로 만들고 있으며, 직접반죽법에는 스트레이트법, 비상 스트레이트법, 재반죽법, 노타임반죽법 등이 있다.

1) 스트레이트법 공정

(1) 반죽온도: 통상 24~28℃, 단과자빵류 27℃, 하드계열 빵류 24℃, 데니시류 20℃

(2) 1차 발효온도: 실온 27℃, 상대습도: 75~80% 1차 발효 중 반죽에 펀치를 하여 다음과 같은 효과를 얻을 수 있다.

① 이스트 활동에 활력을 준다.
② 산소 공급으로 산화, 숙성을 촉진하고 CO_2 가스 과다 축적에 의한 발효 지연효과를 감소시키며, 발효 속도를 증가시킨다.
③ 반죽온도를 균일하게 해주고 균일한 발효를 유도한다.

(3) 성형: 분할 – 둥글리기 – 중간발효(15분 전후) – 정형 – 팬 넣기

(4) 2차 발효온도: 32~40℃, 상대습도: 80~90%

2) 스트레이트법의 장점(스펀지법과 비교)

① 제조공정이 단순하다.
② 제조장소, 제조장비가 간단하다.
③ 노동력과 시간이 절감된다.

④ 발효시간이 짧아 발효 손실이 감소된다.

3) 스트레이트법의 단점(스펀지법과 비교)

① 발효내구성이 약하다.

② 노화가 빠르다.

③ 반죽을 잘못했을 때 반죽 수정하기가 어렵다.

④ 빵의 속결이 거칠고 빵 특유의 풍미와 식감이 부족하다.

3. 스펀지 도우법(Sponge Dough Method)

중종반죽법이라고도 하며, 흔히 스펀지법이라 불린다. 재료의 일부로 종을 만들고 충분히 발효시킨 뒤 본 반죽하는 방법이다. 즉 반죽과정을 두 번하는 반죽법으로 먼저 한 반죽을 스펀지(Sponge), 나중의 반죽을 도우(Dough)라고 한다. 즉 밀가루(50~60%)에 물, 이스트, 이스트 푸드 등을 넣어 스펀지 반죽을 만들고 발효시킨 후 다시 남은 재료를 넣고 본 반죽을 하는 것이다. 중종법으로 만든 반죽은 기계 내성이 우수하고 불안정한 발효조건에서도 안정도가 높아서 좋은 제품을 만들 수 있다. 중종반죽법은 오래전부터 많이 사용되어 오던 반죽법으로 제품이 부드럽고 발효향이 좋다. 스펀지법의 종류에는 표준스펀지법, 100% 스펀지법, 단시간 스펀지법, 장시간 스펀지법, 오버나이트 스펀지법 등이 있다.

1) 스펀지 도우법 공정

① 스펀지 반죽온도: 22~26℃(통상 24℃), 반죽시간: 4~6분

② 1차 발효: 27℃, 75~80%, 2~6시간 실온발효

③ 도우 반죽온도: 25~29℃(통상 27℃), 반죽시간: 8~12분

2) 플로어 타임

① 본 반죽을 끝냈을 때 약간 처진 반죽을 팽팽하게 만들어 분할하기가 쉽도록 하는 것

② 스펀지에 도우 밀가루 사용비율을 감안하여 플로어 타임을 조정한다.

③ 실온 27℃, 습도 75~80%에서 25~35분간 발효한다(시간보다 눈으로 보고 확인한다).

④ 스펀지 반죽에 사용하는 밀가루 양에 반비례한다(밀가루 양이 많으면 플로어 타임을 짧게, 밀가루 양이 적으면 플로어 타임을 길게 한다).

3) 재료 사용범위

① 스펀지 밀가루: 60~100%, 물: 스펀지 밀가루의 55~60%, 이스트: 1~3% 이스트 푸드, 개량제: 각 0~0.5%

② 본 반죽(도우) 밀가루: 0~40%, 물: 전체 56~68%, 이스트: 0~2%, 소금: 1.5~2.5%, 설탕: 0~8%, 유지: 0~5%, 탈지분유: 0~8%

③ 스펀지 밀가루 사용량은 밀가루 품질의 변경, 발효시간 변경, 품질 개선의 경우 스펀지에 사용하는 밀가루 양을 조절할 수 있다.

4) 스펀지법의 장점(스트레이트법과 비교)

① 작업공정에 대한 융통성이 있다.

② 잘못된 공정을 수정할 기회가 있다.

③ 발효에 대한 내구력이 좋아 풍부하게 발효시킬 수 있다.

④ 제품의 저장성 및 부피 개선이 좋다.

⑤ 빵의 조직과 속결이 좋다.

⑥ 발효향이 좋고 노화가 지연된다.

⑦ 오븐 스프링이 좋다.

5) 스펀지법의 단점

① 발효 손실이 증가된다.

② 시설, 노동력, 장소 등 경비가 증가된다.

③ 믹싱 내구력이 약하다.

6) 스펀지에 밀가루 사용량을 증가시키면 나타나는 현상

① 2차 믹싱(도우) 즉 본 반죽의 반죽 시간을 단축시킨다.

② 스펀지 발효시간은 길어지고 본 반죽 발효시간은 짧아진다.

③ 반죽의 신장성(스펀지성)이 좋아진다.
④ 성형공정이 개선된다.
⑤ 품질이 개선(부피 증대, 얇은 세포막, 풍미 증가, 부드러운 조직 등)된다.

4. 액종법(Pre-Ferment and Dough Method)

액종을 이용한 제빵법으로 설탕, 이스트, 소금, 이스트 푸드, 맥아에 물을 섞고 완충제로 분유를 넣어 액종을 만들어 이용한 것이다. 분유를 사용하는 목적은 이스트와 설탕의 생성물인 알코올과 탄산가스에 초산, 젖산 등 유기산이 생성되어 pH가 4~5.2로 낮아지며, 분유는 발효 중 발생하는 유기산에 대한 완충제 역할을 한다. 액종법으로 만든 반죽은 발효시간이 짧아서 발효에 의한 글루텐 숙성이 어려우므로 어느 정도의 기계적인 숙성이 필요하며, 액종 관리에는 고도의 능력이 필요하므로 연구실의 기능을 갖춘 공장에서 이용이 가능하다. 그러나 발효시간이 짧아 발효에 따른 글루텐의 숙성과 풍미, 좋은 식감은 기대할 수 없다. 액종법의 종류는 완충제로 탈지분유를 사용하는 아드미법(ADMI, 미국 분유협회가 개발한 액종법)과 완충제로 탄산칼슘을 배합해서 넣는 브루액종법이 있다.

1) 액체발효법 액종용과 본 반죽(도우)용으로 구분

2) 재료 사용범위

① 액종 만들기: 분유 0.4%, 이스트, 맥아, 설탕, 이스트 푸드에 물을 넣고 섞는다.
② 본 반죽: 액종, 밀가루, 물, 설탕, 소금, 유지 등

3) 공정

① 액종발효: 30℃에서 2~3시간 발효, 분유는 발효 중에 생기는 유기산에 대한 완충제 역할을 한다.
② 도우 믹싱: 스펀지 도우보다 25~30% 정도 더 믹싱하며, 반죽온도 약 30℃(반죽양이 많으면 조금 낮은 온도로 맞춘다)
③ 플로어 타임: 발효 15분 전후(눈으로 확인)

④ 분할 이후의 모든 과정은 동일하다.

4) 액종법의 장점(스트레이트법과 비교)

① 한 번에 많은 양을 발효시킬 수 있다(대형 발효통과 펌프 이용).

② 중종법에 비하여 발효시간이 짧다.

③ 제품의 품질이 일정하다.

④ 대량생산에 적합하다.

⑤ 발효 손실에 따른 생산손실을 줄일 수 있다.

5) 액종법의 단점(스트레이트법과 비교)

① 산화제 사용량이 늘어난다.

② 연화제가 필요하다.

5. 연속식 제빵법(Continuous Dough Mixing System)

액종법을 더욱 진전시킨 방법으로 기계의 힘을 이용하여 계속적이고 자동적으로 반죽을 제조하는 제빵법이다. 큰 규모의 공장에서 많은 종류의 생산보다는 단일품목을 대량으로 생산하기에 알맞은 방법이다. 액체 발효법으로 발효시킨 액종과 본 반죽용 재료를 예비 혼합기에서 섞은 후 반죽기 분할기로 보내면 자동으로 반죽, 분할, 패닝이 이루어진다.

1) 산화제 용액기

디벨로퍼에서 30~60분간 숙성시키는 동안 공기가 결핍되므로 기계적 교반과 산화제에 의해 발달되며, 브롬산칼륨과 인산칼슘을 사용한다.

2) 액종에 밀가루 사용량을 증가시키면 나타나는 현상

① 물리적 성질을 개선한다(스펀지 성질 양호, 슬라이스 용이).

② 부피가 증가된다.

③ 발효 내구성을 높인다.

④ 본 반죽 발전에 요구되는 에너지 절감, 디벨로퍼의 기계적 에너지 절감
⑤ 제품의 품질과 향이 좋아진다.

3) 연속식 제빵법의 장점

① 전체적인 설비를 단일설비로 감소시킬 수 있다.
② 공장면적을 일반 공장면적보다 줄일 수 있다.
③ 공장설비가 잘 되어 있기 때문에 인력을 감소시킬 수 있다.
④ 발효 손실을 줄일 수 있기 때문에 원가를 줄일 수 있다.

4) 연속식 제빵법의 단점

① 초기 설비투자에 비용이 많이 발생한다.
② 제품을 대량생산하여 많이 판매되어야 한다.

6. 비상반죽법(Emergency Dough Method)

발효를 촉진하는 조치를 취하여 제조시간을 단축하는 제빵법으로 갑작스럽게 주문이 들어와서 빨리 만들어야 할 경우와 기계 고장 등 비상상황이 발생한 경우, 계획된 작업이 늦어져 제조시간을 단축하고자 대처할 때 유용하게 사용할 수 있다.

〈표 2-1〉 표준 스트레이트법 → 비상 스트레이트법

구분	조치	내용
필수조치	이스트 50% 증가시킨다.	발효를 촉진시킨다.
	반죽온도 30~31℃ 상승시킨다.	발효를 촉진시킨다.
	흡수율 1% 증가시킨다.	반죽되기와 반죽발달을 조절
	설탕 1% 감소시킨다.	짧은 발효와 잔류당 증가로 진한 껍질색
	1차 발효 15~30분 이상 한다.	발효 공정 단축
	반죽믹싱시간 25~30% 증가시킨다	반죽 기계적 발달로 글루텐 숙성 보완
선택조치	분유사용량 1% 감소시킨다.	완충제 역할로 발효를 지연하므로 감소
	소금 1.75% 감소시킨다.	삼투압에 의한 이스트활동 저해 감소
	이스트 푸드 0.5% 사용량 증가시킨다.	이스트 활동 증진하여 발효촉진
	식초 0.5% 첨가한다.	짧은 발효로 pH 하강 부족, 산 첨가

1) 재반죽하는 방법

① 8~10%의 물은 남겨두었다가 재반죽에 사용한다.

② 반죽온도: 26~28℃, 습도 80~85%에서 2시간 정도 한다(눈으로 확인한다).

③ 이스트: 2~2.5%, 이스트 푸드 0.5%, 소금 1.5~2%

④ 발효시간: 2시간 후 나머지 물을 넣고 재반죽한다.

⑤ 플로어 타임: 15~30분(눈으로 확인)

⑥ 제2차 발효를 15% 정도 증가시킨다.

2) 재반죽법의 장점

① 공정상 기계내성이 좋다.

② 균일한 제품으로 식감이 좋다.

③ 스폰지 도우법과 비교해서 짧은 시간에 생산이 가능하다.

④ 색상이 좋다.

7. 노타임 반죽법(No Time Dough Method)

1차 발효를 하지 않고 분할 · 성형하는 방법. 직접법의 일종으로 무발효법 또는 비상반죽법이라고도 하며, 산화제와 환원제를 사용하여 단시간 내에 발효시켜 제조하는 방법이 특징이다.

1) 산화제와 환원제 사용

① 환원제의 사용으로 밀가루 단백질 사이의 S-S결합을 환원시켜 반죽시간을 25% 정도 단축시킨다.

② 발효에 의한 글루텐 숙성을 산화제의 사용으로 대신함으로써(발효내구성이 다소 약한 밀가루를 유리하게 적용) 발효시간을 단축한다.

2) 산화제와 환원제의 종류와 역할

① 산화제는 브롬산칼륨(화학식 $KBrO_3$): 지효성 작용(장시간 내), 요오드산칼륨(화학식 KIO_3): 속효성 적용(단시간 내)

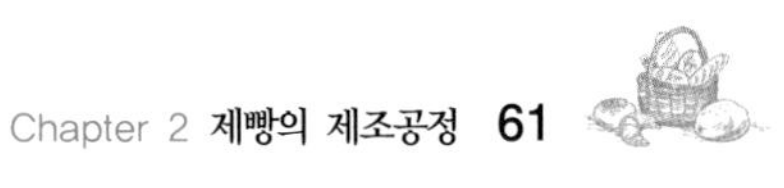

② 믹싱 후 공정과정을 거치는 동안 밀가루 단백질의 SH결합을 SS결합으로 산화시켜 글루텐의 탄력성과 신장성을 증대시킨다.

③ 환원제는 프로티아제(Protease): 단백질 분해효소로 믹싱과정 중에 영향이 없고 2차 발효 중 일부작용을 한다.

④ L-시스테인(L-Cysteine): SS결합을 절단하는 작용이 빨라 믹싱시간을 25% 정도 단축시킨다.

3) 노타임 반죽법의 장점

① 반죽시간을 단축시킨다.

② 생산수율을 증가시킨다.

③ 발효시간(발효 손실)을 단축시킨다.

4) 노타임 반죽법의 단점

① 발효향이 나쁘고 저장성이 떨어진다.

② 노화가 빠르고 전분에 대한 효소활성이 적기 때문에 품질이 고르지 못하다.

③ 재료비가 많이 든다(이스트, 산화제, 환원제).

④ 1차 발효가 짧아 반죽 정형이 좋지 않다.

8. 냉동 반죽법(Frozen Dough Method)

일반적으로 제빵에서 냉동반죽이라 하면 가맹본부의 공장이나 전문 생산업체에 의해 양산되어 납품되는 반죽을 말한다. 최근에는 소규모 업체에서도 많은 종류의 빵을 매일 반죽하여 구워내는데 현실적으로 어려움이 따르고, 또한 장시간의 노동과 높아진 인건비를 감당하기가 부담스럽기 때문에 한번 반죽을 할 때 많은 양을 반죽하여 성형한 다음 바로 냉동실에 넣고 필요에 따라 꺼내어 해동 후 2차 발효한 후 바로 구우면 판매가 가능하기 때문에 가장 많이 사용하는 방법이다. 전문 베이커리가 아닌 카페 매장에서도 냉동반죽을 반입하여 활용하면 제빵 관련 많은 설비나 큰 인력 없이도 바로 구운 빵을 내놓을 수 있다. 만드는 과정은 믹싱한 반죽을 1차 발효 후 −40℃에서 급속 냉동하여 −18~−25℃에 냉동 저장하여 필요한 경우에는 도우 컨

디셔너(Dough Conditioner)에서 해동하여 사용할 수 있도록 하는 반죽법이다.

1) 냉동 저장 시 반죽의 변화

① 이스트 세포가 사멸하여 가스 발생력이 저하된다.

② 이스트가 사멸함으로 환원성 물질인 글루타치온이 생성되어 반죽이 퍼진다.

③ 가스 보유력이 떨어진다.

2) 냉동 반죽 시 주의사항

① 환원성 물질이 생성되어 퍼지게 되므로 반죽을 되직하게 해야 한다(수분을 줄일 것).

② 냉동 중 이스트가 죽어 가스 발생력이 떨어지므로 이스트 사용량을 2배로 늘린다.

③ 반죽온도를 20℃로 맞춘다.

④ 저장온도는 −18~−25℃에서 보관한 후에도 도우 컨디셔너에서 해동하여 사용한다.

⑤ 냉동저장 시 환원성 물질이 생성되므로 산화제(비타민 C, 브롬산칼륨 등) 첨가가 필요하다.

3) 냉동 반죽법 장점

① 야간, 휴일 등 작업을 미리 대비한다.

② 소비자에게 신선한 빵을 제공한다.

③ 다품종 소량생산이 가능하다.

④ 제품의 노화가 지연되어 운송, 배달이 용이하다.

4) 냉동 반죽법 단점

① 이스트가 사멸하여 가스 발생력이 감소된다.

② 가스 보유력이 떨어진다.

③ 반죽이 퍼지기 쉽다.

9. 오버나이트 스펀지법(Over Night Sponge Dough Method)

12~24시간 정도 발효시킨 스펀지를 이용하는 방법으로 반죽은 신장성이 아주 좋고, 발효 향과 맛이 강하며, 빵의 저장성이 높아진다. 반면 발효시간이 길어 발효 손실(3~5%)이 크다. 오버나이트 스펀지법에서 발효시간을 늘리려면 이스트 양을 감소시키고, 발효시간을 줄이려면 이스트 양을 증가시켜야 한다.

10. 오토리즈(Aurolyse) 반죽법

오토리즈는 프랑스빵이나 유럽빵 등 저배합 빵에서는 반드시 필요한 방법 중의 하나이다. 프랑스 제빵사인 레이몬드 칼벨(Raymond Calvel)에 의해서 처음으로 고안된 제법으로 영어로는 Autolyse라고 불리며, 자기분해라는 뜻이다. 밀가루 속에 있는 효소가 전분, 단백질을 분해시켜 전분은 설탕으로 바뀌고 단백질은 글루텐으로 결성된다. 오토리즈는 물과 밀가루만 저속으로 2~3분간 믹싱하여 최소 30분에서 최대 24시간 반죽을 수화시킨 다음에 나머지 재료를 넣고 다시 반죽하는 방법이다. 휴지하는 동안 밀가루와 물이 충분한 수화를 이루게 되고 여기서 최대의 수율을 얻을 수 있다. 그 과정에서 반죽의 신장성이 좋아지고 글루텐을 활성화 하게 되어서 믹싱시간이 짧아져 무리하게 믹싱을 하지 않아도 좋은 반죽을 만들 수 있다.

11. 폴리쉬 제법

폴리쉬는 폴란드에서 처음 만들어진 반죽으로 빈에서 파리를 거쳐 20세기 초 프랑스 전역으로 퍼져나갔으며, 프랑스빵의 전통적인 제법이 되었다. 물과 밀가루를 1:1 비율에 이스트를 소량 넣고 짧게는 2시간 길게는 24시간 발효시킨 후 본 반죽에 넣고 다시 반죽하는 방법이다. 일반적으로 가장 많이 사용하는 방법이며, 프랑스빵, 유럽빵 스타일의 저배합 빵에 사용하면 볼륨과 빵의 풍미가 좋으며, 믹싱시간이 짧아져 좋은 결과물의 빵을 얻을 수 있다.

12. 비가(Biga) 반죽법

비가는 '사전반죽'의 의미로 이탈리아에서 주로 사용하는 반죽법이다. 비가는 글루텐의 탄력을 좋게 하고 빵의 풍미와 특별한 맛을 준다. 이탈리아에서 생산되는 밀은 빵을 만들기에 힘이 부족한 편이라 비가종 방법을 이용하여 반죽의 탄력을 줄 수 있다. 이탈리아에서는 반죽할 때 묵은 반죽을 가끔 사용하는데 이것을 비가라고 부르기도 한다. 일반적으로 밀가루 양 대비 1~2%의 생이스트와 60% 정도의 수분으로 만든다. 적정한 실내온도 26℃에서 10~18시간 발효시킨 후 사용한다.

13. 탕종법

최근 찰 식빵을 만들면서 졸깃졸깃한 식감을 만들기 위하여 밀가루에 뜨거운 물로 가열하여 전분을 호화시킨 후, 본 반죽에 넣어 사용한다.

14. 천연효모(Levain Naturel)

천연효모에는 이스트뿐만 아니라 세균이 들어있다. 발효력이 약하나 여러 세균의 활동으로 부산물인 유기산에 의해서 빵이 구워졌을 때 독특한 향과 특유의 신맛이 난다. 천연효모는 호밀이나 밀 등 곡물이나, 건포도나 무화과 등 과일에서 얻는다. 국내에서 흔히 사용하는 천연효모는 호밀이나 밀, 사과, 맥주, 요구르트, 건포도를 이용한 것이 많으며, 천연효모에 밀가루와 물 등을 섞어 사용하기 쉽게 배양한 것이 천연발효종이다. 프랑스어로는 르방(Levain), 독일에서는 안자츠, 미국과 영국에서는 사워 도우(Sour Dough) 혹은 스타터 반죽이라고 한다. 사워 도우란 '시큼한 반죽'이란 뜻하며, 발효가 되어 산도가 높아지므로 빵에서 특유의 신맛이 난다. 또한 과일이나 곡물 등을 재료로 발효종을 배양해 얻은 효모를 장시간 발효시켜 만들기 때문에, 소화가 잘 되고 빵의 풍미를 개선할 수 있다.

1) 천연 발효종 만들기

(1) 건포도 액종

재료 건포도 200g, 물 500g, 설탕 15g

① 건포도를 따뜻한 물에 씻은 다음 찬물에 넣고 다시 한 번 씻어준다.

② 용기를 깨끗이 씻어서 물기가 없도록 한 다음 건포도를 용기에 담는다.

③ 물을 넣고 뚜껑을 닫아서 재료가 섞일 수 있도록 흔들어 주고 실온 26℃ 정도에서 발효시킨다.

④ 일정한 온도에서 보관하면서 하루에 두 번씩 흔들어 주어 윗면에 곰팡이 생기는 것을 방지하고 이를 반복하면 건포도는 위로 뜨고 물 색깔은 점점 갈색으로 변하게 된다.

⑤ 발효가 끝나면 깨끗한 체에 건포도를 걸러낸다. 발효기간은 여름에는 3~4일, 겨울에는 5~6일 정도 소요된다.

⑥ 건포도 액종은 다른 깨끗한 용기에 넣어 냉장고에 보관하면서 사용한다. 냉장고에서 6~7일 보관 가능하다.

1일차

2일차

3일차

4일차(아침)

4일차(오후)

걸러준다

깨끗한 용기에 넣어 냉장고에서 6~7일 보관 가능

2) 호밀종 만들기

(1) 호밀종 1일차 르방 만들기

재료 강력 50g, 호밀 10g, 몰트액 5g, 물 60g

① 강력분에 호밀가루 몰트액 물을 넣고 덩어리가 풀어질 정도로 섞어준다.

② 실내온도 22~24℃에서 24~26시간 발효한다.

(2) 호밀종 2일차 르방 만들기

재료 호밀종 1일차 종 125g, 강력 42g, 호밀 28g, 물 70g

① 24시간이 지나면 섬유질이 나타나며, 2일차 반죽을 한다.

② 호밀종 1일차 종에 강력, 호밀, 물을 덩어리 없이 잘 섞어준다.

③ 1일차보다는 조금 빠르게 발효가 진행된다.

④ 실내온도 22~24℃에서 20~23시간 발효한다.

(3) 호밀종 3일차 르방 만들기

재료 호밀종 2일차 종 265g, 강력 84g, 호밀 56g, 물 140g

① 20시간이 지나면 섬유질이 잘 형성되며, 3일차 반죽을 한다.

② 호밀종 2일차 종에 강력, 호밀, 물을 넣고 덩어리 없이 잘 섞어준다.

③ 실내온도 22~24℃에서 17~20시간 발효한다.

(4) 호밀종 4일차 르방 만들기

재료 호밀종 3일차 종 545g, 강력 168g, 호밀 112g, 물 280g

① 16시간이 지나면 섬유질이 잘 형성된 것이 보이며, 4일차 반죽을 한다.

② 호밀종 3일차 종에 강력, 호밀, 물을 넣고 덩어리 없이 잘 섞어준다.

③ 실내온도 22~24℃에서 15~17시간 발효한다.

(5) 호밀종 5일차 르방 만들기

재료 호밀종 4일차 종 1105g, 강력 330g, 호밀 220g, 물 550g

① 12시간이 지나면 섬유질이 잘 형성된 것이 보이며, 5일차 반죽을 한다.

② 호밀종 4일차 종에 강력, 호밀, 물을 넣고 덩어리 없이 잘 섞어준다.

③ 실내온도 22~24℃에서 발효 10~12시간 발효 후 사용 가능하다.

④ 5일간의 공정이 끝나면 냉장고에서 4일까지 보관이 가능하다.

⑤ 4일 이후에는 5일차 반죽을 리프레시하면서 계속 사용한다.

⑥ 예) 남은 반죽이 100g이면 강력분 83g, 호밀 55g, 물 138g을 사용한다.

강력분에 호밀가루, 몰트액, 물을 넣고 덩어리가 풀어질 정도로 섞어준다.

2일차

1일차 호밀종과 재료혼합

3일차

2일차 호밀종과 재료혼합

4일차

3일차 호밀종과 재료혼합

5일차

4일차 호밀종과 재료혼합

5일차 호밀종

(6) 호밀 르방(액종사용) 이어가는 방법 예시

3일차 르방 만들기와 같은 방법으로 반복하면서 사용한다.

재료 전날 사용하고 남은 르방 500g, 호밀가루 200g, 강력 300g, 물 400g

① 전날 사용하고 남은 르방과 호밀가루 강력분, 물을 믹서볼에 넣고 저속 2분 정도하여 섞어 주기만 한다.

② 26℃ 실온에서 섬유질이 형성되기 시작하면 표면에 호밀가루를 뿌리고 공기가 들어가지 않도록 덮어서 냉장고에 보관한다.

③ 계절에 따라서 온도차가 많이 나기 때문에 여름에는 만들어 1시간 후에 냉장고에 넣고 겨울에는 6~7시간, 봄 · 가을에는 3~4시간 후에 냉장고에 넣는다.

④ 계절과 날씨, 온도에 따라서 섬유질 형성되는 시간이 다르기 때문에 발효상태를 눈으로 확인하고 관리해야 좋은 르방을 유지할 수 있다.

3) 배합표 작성 및 재료계량하기

(1) 배합표 작성

① 베이커스 퍼센트(Baker's Percent): 밀가루 사용량 100을 기준으로 하여, 각각의 재료를 밀가루에 대한 백분율로 표시한 것으로 제빵업계에서 배합률을 작성할 때 사용하며, 제품 생산량의 계산이 용이하다.

② 트루 퍼센트(True Percent): 총재료에 사용된 양의 합을 100으로 나타낸 것으로 특정 성분 함량 등을 알아보고자 할 때 편리하며, 일반적으로 통용되는 전통적인 %로 백분율을 나타낸다.

③ 배합표 단위: 배합표에 표시하는 숫자의 단위는 퍼센트(%)이며, 이것을 응용해서 'g(그램)' 또는 'kg(킬로그램)'으로 바꾸어 생각할 수 있다. 밀가루 양을 100%로 보고 각 재료가 차지하는 양을 %로 표시한다.

④ 배합표 계산법: Baker's Percent(B/P)로 표시한 밀가루 사용량을 알게 되면 나머지 재료의 무게를 구할 수 있다.

- 각 재료의 무게(g) = 밀가루 무게(g) × 각 재료의 비율(%)
- 밀가루 무게(g) = 밀가루 비율(%) × 밀가루 무게(g)/총배합률(g)
- 총반죽무게(g) = 총배합률(g) × 밀가루 무게(g)/밀가루 비율(%)

(2) 재료준비 및 계량하기

① 작성한 배합표대로 재료의 양을 정확히 계량하여 사용해야 원하는 좋은 제품이 나올 수 있다. 가루나 덩어리 재료는 저울로 무게를 달고 액체 재료는 액량계, 메스플라스크, 피펫 등과 같은 부피 측정 기구를 이용한다.

② 모든 재료를 배합표에 따라 정확하게 계량하는 것이 매우 중요하다. 재료는 저울을 사용하여 무게로 계량한다. 저울을 사용할 때는 움직임이 없고 수평한 곳에 올린 후 확인한다(영점조절). 저울은 부등비 접시저울, 천칭 저울, 전자저울이 있고 대부분은 전자저울을 사용한다. 계량할 용기의 무게와 측정하고자 하는 물질의 무게의 합을 총중량이라 하고, 총중량에서 용기의 무게를 뺀 것을 순 중량이라고 한다. 전자저울에 용기를 올려놓고, 전자저울의 용기 버튼을 누르면 저울의 눈금이 다시 '0'으로 표시가 되어 용기의 무게를 제외한 순 중량을 알 수 있는 기능이 있다.

(3) 재료의 계량

① 계량할 재료를 저울에 올려놓고 원하는 무게만큼 계량한다.

② 모든 재료는 각각의 용기에 따로 따로 계량한다.

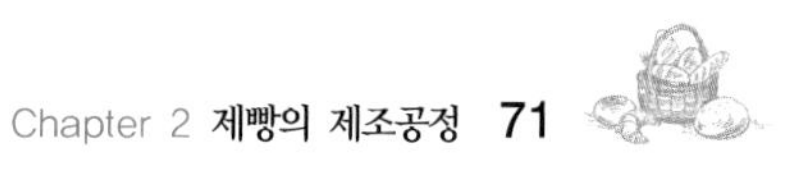

③ 재료는 저울 가까이 놓고 계량한다.

④ 물엿, 꿀 등과 같이 점도가 있으면서 흐르는 재료를 계량할 때는 사용할 설탕을 먼저 계량하고 그 윗면을 약간 움푹하게 판 다음 그 위에 계량하면 손실을 최소화할 수 있다.

⑤ 냉장고에 있는 쇼트닝, 버터 및 마가린은 실온에 미리 꺼내 놓은 후 계량을 하면 손실을 줄일 수 있고 사용하기에 편리하다.

⑥ 탈지분유의 경우는 흡수성이 있어 계량 용기에 붙어 재료의 손실이 있는데 이것을 방지하는 방법은 밀가루 윗면에 계량하는 것이 좋다.

4) 재료 전처리하기

(1) 밀가루는 체를 친다. 밀가루를 체 치면 이물질 제거와 동시에 공기가 함유되어 처음 부피에 비해 15% 정도 부피가 증가하며, 또한 흡수량도 증가한다.

① 가루 재료는 잘 혼합되지 않기 때문에 밀가루, 탈지분유와 제빵개량제 등 가루 재료는 먼저 혼합 후 작업대 위에 종이나 볼을 놓고 그 위에서 체를 친다.

② 설탕이나 소금은 가루 재료와 혼합하지 않는다.

③ 체를 칠 때는 작업대 위로 30cm 높이에서 친다.

(2) 탈지분유는 흡수성이 있어 쉽게 덩어리가 지고 탈지분유의 유당은 흡수성이 있어 계량 그릇에 잘 붙고 덩어리가 지며, 용해도 쉽지 않다. 따라서 계량 직후 밀가루나 설탕에 섞어 놓거나 물에 풀어 놓는다.

(3) 고체유지(쇼트닝, 버터, 마가린 등)는 사용하기 몇 시간 전에 냉장고나 냉동고에서 꺼내어 실온상태에서 유연성을 준다(손가락으로 눌러 들어갈 정도이면 유연하게 된 것이다). 단단하면 반죽에 혼합하기가 어려우므로 사용하기 전에 유연하게 해야 한다. 너무 높은 온도에 장시간 꺼내 놓아 녹으면 쇼트닝성이 떨어진다.

(4) 이스트(Yeast)

① 생이스트와 인스턴트 이스트는 밀가루에 잘게 부수어 넣고 혼합하여 사용하거나 물에 녹여 사용한다.

② 드라이 이스트의 약 5배 되는 양의 미지근한 물(40℃)에 드라이 이스트를 넣는다. 가볍게 저어면서 섞은 뒤 10~15분간 발효시키고 다시 한 번 섞어서 사용한다.

③ 인스턴트 드라이 이스트는 사용하기도 편리하여 물에 녹여서 사용하기도 하고 밀가루와 섞어서 사용하기도 한다. 무당반죽용, 유당반죽용 등 여러 가지 유형이 있어 모든 빵에 사용할 수 있다.

④ 저당용 이스트는 설탕이 적은 배합에서 활발한 활성을 갖는 이스트로 불란서빵이나 식빵에 이용한다.

⑤ 고당용 이스트는 설탕이 많은 배합에서 활발한 활성을 갖는 이스트로 당을 분해하는 속도가 느려 단과자빵에 이용한다.

⑥ 이스트를 녹이는 물은 35~40℃ 정도가 적당하며 고온이나 저온은 적당하지 않다.

⑦ 이스트는 물을 만나면 활성화되므로 20분 내에 사용한다.

(5) 건포도(Raisin)

① 건포도를 전처리하는 목적은 씹는 조직감을 개선하고 반죽 내에서 반죽과 건조과일 간의 수분이동을 방지하며, 건조과일 본래의 풍미를 찾기 위함이다.

② 일반적인 건포도 전처리 방법은 건포도 양의 12%에 해당하는 물(27℃)에 4시간 이상 버무려 둔 뒤에 사용한다. 시간이 없을 경우 건포도가 잠길 만큼 물을 부어 10분 정도 담가뒀다 체에 물을 내려 물기 없이 사용한다.

③ 시험장에서는 대부분 건포도를 27℃의 물에 담근 후 15~30분 후 체에 밭쳐서 수분을 충분히 제거하고 사용한다.

(6) 견과류 및 향신료

① 견과류는 시작 전 오븐에서 타지 않게 살짝 구워 사용한다.

② 향신료도 소스나 커스터드 등에 넣기 전에 갈아서 구워준다. 이렇게 1차로 구워주면 견과류 나 향신료의 향미가 더해지며 식감이 바삭해진다.

③ 굽기 외에 견과류를 전처리하는 또 하나의 방법은 끓는 물에 데치는 것이다. 견과류의 껍질, 특히 아몬드나 헤즐넛의 껍질은 쓴맛이 나고 그대로 사용하면 보기에 좋지 않다.

④ 아몬드는 끓는 물에 3분에서 5분 정도 담갔다가 꺼내서 껍질을 제거한다. 물에

젖은 아몬드는 색이 변할 수 있으므로 신속하게 제거해야 한다.

⑤ 헤즐넛은 베이킹 시트를 깔고 135℃로 예열된 오븐에 향이 나기 시작할 때까지 12~15분간 둔다. 오븐에서 꺼내 깨끗한 헝겊에 놓고 빠르게 문지르면 껍질이 거의 떨어진다.

⑥ 커피 가루는 섞어서 사용한다. 커피 가루는 설탕이나 밀가루에 혼합한다.

⑦ 반죽에 사용할 물의 온도는 반죽 희망 온도에 맞게 조절한다. 여름철에는 물의 온도를 수돗물 온도보다 낮게, 겨울철에는 온도를 높게 한다(얼음을 사용하거나 물을 데워서 사용한다). 달걀이나 우유의 사용량이 많을 때도 반죽 희망 온도에 따라서 재료의 온도를 조절해야 한다.

5) 반죽하기

(1) 반죽의 정의

① 반죽이란 밀가루, 이스트, 소금 등의 재료에 물을 더해 섞고 치대어 밀가루의 글루텐을 발전시키는 것이다. 글루텐의 역할은 빵 반죽의 뼈대를 이루며 발효 중 생성되는 가스를 품어 맛과 모양을 유지하는 것이다.

② 반죽은 일반적으로 믹서를 이용하여 처음에는 저속으로 혼합해 재료를 고르게 수화시켜 재료들이 물을 충분히 흡수케 한 뒤 중속으로 믹싱하여 반죽을 만든다.

(2) 반죽 목적과 반죽 속도

① 반죽의 궁극적인 목적은 글루텐을 만들어 빵을 부풀게 하는 것이다.

② 반죽에 공기를 주입시켜 배합재료를 균일하게 분산, 혼합한다.

③ 밀가루에 물을 충분히 흡수시켜 밀 단백질을 결합시켜 글루텐을 발전시킨다. 이는 글루텐을 발전시켜 반죽의 가소성, 탄력성, 점성을 최적인 상태로 만들기 위함이다.

④ 믹싱 초기에 고속믹싱을 하면 가루와 물의 접촉면에서 글루텐이 형성되어 내부로 들어가려는 물을 방해하므로 반죽의 물 흡수율(吸收率)을 낮추는 원인이 된다.

(3) 빵 반죽의 특성

① 물리적 특성: 일정한 모양을 유지할 수 있는 가소성과 점성, 유동성, 신장성, 탄성의 성질을 가지고 있다.

② 화학적 특성: 반죽은 분자수준에서 3차원의 상호결합 방식인 단백질 종합체인 고리(Chain)의 5가지 유형을 가지고 있는데 여기서 가장 중요한 것은 공유결합(SS결합)과 수소 결합이다.

③ 반죽의 물리적인 특성(Rheological Property)

- 흐름성(Viscous Flow): 반죽이 팬 또는 용기의 모양이 되도록 하는 성질
- 가소성(Plasicity): 반죽이 둥글리기와 성형 과정에서 형성되는 모양을 유지할 수 있는 성질
- 탄성(Elasticity): 외부의 힘에 의하여 변형을 받고 있는 물체가 원래의 상태로 되돌아가려는 성질
- 점성(Viscosity): 유동성이 있는 물체에 있어서 흐름에 대해 저항하는 성질
- 점탄성(Viscosity-Elasticity): 점성과 탄성을 동시에 가지고 있는 것
- 신장성(Extensibility): 반죽이 국수처럼 늘어나는 성질

6) 반죽단계

(1) 픽업단계(Pick-Up Stage)

① 픽업단계에서 반죽 믹서기는 저속으로 돌린다.

② 밀가루와 그 밖의 가루재료가 물과 대충 섞이는 단계이다.

③ 각 재료들이 고르게 퍼져 섞이고 건조한 가루재료에 수분이 흡수된다.

④ 반죽상태는 질퍽질퍽한 상태로 재료의 분포가 균일하지 않으며 조각으로 분리된다.

(2) 클린업단계(Clean-Up Stage)

① 클린업단계에 들어서면 반죽기의 속도를 저속에서 중속으로 바꾼다.

② 물기가 밀가루에 완전히 흡수되어 한 덩어리의 반죽이 만들어지는 단계로 이

때 밀가루의 수화가 끝나고 글루텐이 조금씩 결합하기 시작한다.

③ 글루텐 결합이 적어 반죽을 넓혀보면 글루텐 막이 두껍고 찢어진 단면은 거칠다.

④ 반죽표면이 조금 마른 느낌이 들고 믹서 볼(Bowl) 안쪽이나 반죽날개에 들러붙지 않는다. 이 단계에서 유지를 넣는다. 대체적으로 냉장발효 빵 반죽은 여기서 반죽을 마친다.

(3) 발전단계(Development Stage)

① 글루텐의 결합이 급속하게 진행되어 반죽의 탄력성이 최대가 된다.

② 믹서의 최대 에너지가 요구된다. 반죽은 후크에 엉겨 붙고 볼에 부딪힐 때 건조하고 둔탁한 소리가 난다.

③ 프랑스빵이나 공정이 많은 빵 반죽은 여기서 반죽을 마친다.

(4) 최종단계(Final Stage)

① 글루텐을 결합하는 마지막 시기로 신장성이 최대가 된다.

② 반죽이 반투명하고 믹서 볼의 안벽을 치는 소리가 규칙적이며 경쾌하게 들리면 믹서의 작동을 멈춘다.

③ 반죽을 조금 떼어내 두 손으로 잡아당기면 찢어지지 않고 얇게 늘어난다.

④ 최종 단계는 매우 짧기 때문에 이 단계를 잘 포착하는 것이 제빵 공정 중 중요한 기술이다.

⑤ 일반적으로 거의 모든 빵류의 반죽은 여기서 반죽을 마친다.

(5) 렛다운 단계(Let Down Stage)

① 글루텐을 결합함과 동시에 다른 한쪽에서 끊기는 단계다.

② 반죽은 탄력성을 잃고 신장성이 커져 고무줄처럼 늘어지며, 점성이 많아진다.

③ 흔히 이 단계를 오버믹싱 단계라 한다. 이때의 반죽은 플로어 타임을 길게 잡아 반죽의 탄력성을 되살리도록 한다.

④ 렛다운 시킨 반죽으로 빵을 만들면 내상이 희고 기포가 작아 고른 빵을 얻을 수 있다. 햄버거 빵이나 잉글리시 머핀 반죽은 여기서 반죽을 마친다.

(6) 브레이크다운 단계(Break Down Stage)

① 글루텐이 더 이상 결합하지 못하고 끊기기만 하는 단계로 반죽이 탄력성이 전혀 없이 축 처지고, 늘리면 곧 끊긴다.

② 이러한 반죽을 구우면 오븐팽창(Oven Spring)이 일어나지 않아 표피와 속결이 거친 제품이 나온다.

③ 물리적인 손상 이외에 효소 파괴도 크고 빵 반죽으로서 가치를 상실한 반죽이다.

7) 빵 반죽 시간

빵 반죽으로서 적정한 상태로 만드는 데 걸리는 총시간을 말하며, 반죽하는 데 필요한 시간은 많은 변수가 따른다. 반죽의 양, 반죽기의 종류와 볼의 크기, 반죽기의 회전속도, 반죽온도 차이, 반죽의 되기, 밀가루의 종류 등에 따라서 반죽의 시간이 짧아지기도 하고 길어지기도 한다.

(1) 반죽시간에 영향을 미치는 요소

① 반죽 양이 소량이고 회전속도가 빠른 경우 반죽시간이 짧다.

② 반죽온도가 높을수록 반죽시간이 짧아진다.

③ 반죽 양은 많은데 회전속도가 느릴 경우 반죽시간이 길어진다.

④ 설탕량이 많은 경우 글루텐 결합을 방해하여 반죽의 신장성이 높아지고 반죽시간이 길어진다.

⑤ 탈지분유는 글루텐 형성을 늦추는 역할을 하여 반죽 시간이 길어진다.

⑥ 흡수율이 높을수록 반죽 시간이 짧아진다.

(2) 반죽과 흡수에 영향을 주는 요인

① 반죽온도가 높으면 수분흡수율이 감소한다.

② 밀가루 단백질의 질이 좋고 양이 많을수록 흡수율이 증가한다.

③ 반죽온도가 높으면 흡수율이 줄어든다.

④ 연수는 글루텐이 약해져서 흡수량이 감소하고 경수는 흡수율이 높다. 반죽에 적합한 물은 아경수(120~180ppm)이다.

⑤ 기존 사용량보다 설탕 사용량이 5% 증가하면 흡수율이 1% 감소한다.

⑥ 유화제는 물과 기름의 결합을 가능하게 한다.
⑦ 소금과 유지는 반죽의 수화를 지연시킨다.
⑧ 스펀지법이 스트레이트법보다 흡수율이 더 낮다.
⑨ 탈지분유 1% 증가 시 흡수율도 1% 증가한다.

8) 반죽의 온도 조절

반죽온도란 반죽이 완성된 직후 온도계로 측정했을 때 나타나는 온도이며, 반죽온도에 영향을 미치는 많은 변수가 있다. 즉 밀가루 온도, 작업실 온도, 기계성능, 물의 온도 등에 따라 변한다. 그러므로 온도조절이 가장 쉬운 물로 반죽의 온도를 조절한다. 반죽온도의 고저에 따라 반죽의 상태와 발효 속도가 다르다. 여름에는 차가운 물 또는 얼음물을 사용해야 하며, 겨울에는 물의 온도를 높여서 온도를 조절한다. 반죽온도는 보통 27℃가 적정하며, 이스트가 활동하는 데 가장 알맞다. 그러나 프랑스빵 또는 저배합률의 빵은 24℃ 데니시 페이스트리, 퍼프 페이스트리 20℃ 등 빵의 종류와 특성에 따라 반죽의 온도가 다르다.

(1) 스트레이트법에서의 반죽온도 계산법

① 마찰계수(Friction Factor) 구하기: 스트레이트법 마찰계수 = 반죽결과온도×3 − (실내온도 + 밀가루 온도 + 수돗물 온도)

② 사용할 물 온도 계산법: 스트레이트법으로 계산된 물 온도(사용할 물 온도) = 희망온도×3 − (실내온도 + 밀가루 온도 + 마찰계수)

(2) 스펀지법에서의 반죽온도 계산법

① 마찰계수 = 반죽결과온도×3 − (실내온도 + 밀가루 온도 + 수돗물 온도)

② 스펀지법으로 계산된 물 온도(사용할 물 온도) = (희망온도×4) − (밀가루 온도 + 실내온도 + 마찰계수 + 스펀지 반죽온도)

③ 얼음 사용량 $= \dfrac{\text{물 사용량(수돗물 온도 − 사용할 물의 온도)}}{80 + \text{수돗물 온도}}$

9) 1차 발효(First Fermentation)하기

1차 발효는 글루텐을 최적으로 발전시켜 믹싱이 끝난 반죽을 적절한 환경에서 발효시킨다. 발효란 용액 속에서 효모, 박테리아, 곰팡이가 당류를 분해하거나 산화·환원시켜 탄산가스, 알코올, 산 등을 만드는 생화학적 변화이다. 즉 효모(이스트)가 빵 반죽 속에서 당을 분해하여 알코올과 탄산가스가 생성되고 그물망 모양의 글루텐이 탄산가스를 포집하면서 반죽을 부풀게 하는 것이다.

(1) 발효의 목적

① 반죽의 팽창작용을 위함이다.

② 효소가 작용하여 부드러운 제품을 만들고 노화를 지연시킨다.

③ 발효에 의해 생성된 빵 특유의 맛과 향을 낸다.

④ 발효에 의해 생성된 아미노산, 유기산, 에스테르 등을 축적하여 빵으로서 상품성을 가진다.

⑤ 반죽의 산화를 촉진시켜 가스유지력을 좋게 한다.

(2) 1차 발효 상태 확인하기

① 일반적으로 처음 반죽했을 때 부피의 3~3.5배 정도 부푼 상태

② 반죽을 들어 올렸을 때 반죽 발효 내부가 직물구조 형성(망상구조)

③ 반죽을 손가락으로 눌렀을 때 손자국이 그대로 있는 상태

10) 1차 발효 중의 변화

(1) 이스트의 변화

① 이스트의 발효성 물질을 소비하여 산도의 저하와 글루텐의 연화 등에 영향을 준다.

② 발효 중의 이스트는 조금 성장하고 증식하지만 사용량이 적을수록 증식률이 높아지고 많을수록 낮아진다. 이는 이스트와 영양물의 섭취경쟁 때문이다.

(2) 단백질의 변화

① 글루테닌과 글리아딘은 물과 작용하여 글루텐을 만든다.

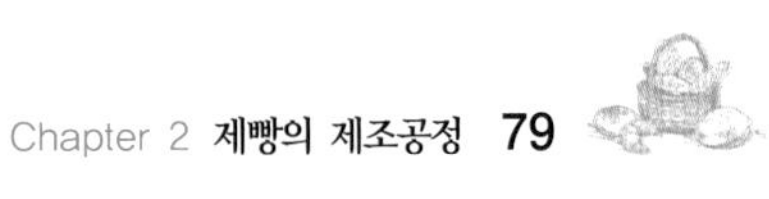

② 글루텐은 발효할 때 이스트의 작용으로 만들어지는 가스를 최대한 보유할 수 있도록 반죽에 신축성을 준다.

③ 프로테아제는 단백질을 분해하여 반죽을 부드럽게 하고 신전성을 증가시킨다.

④ 프로테아제의 작용으로 생성된 아미노산은 당과 메일라드 반응을 일으켜 껍질에 황금갈색을 부여하고 빵 특유의 향을 생성한다.

(3) 전분의 변화

이스트 푸드에 α-아밀라아제가 있어 반죽의 신전성, 빵 용적의 증대, 구운 색 등 새로운 개량에 역할을 한다.

(4) 당의 변화

① 인버타아제가 자당을 포도당과 과당으로 분해한다.

② 포도당은 치마아제에 의해 알코올과 탄산가스로 변화하여 빵의 맛과 외관에 기여한다.

③ 말타아제가 맥아당을 두 분자의 포도당으로 분해하여 마찬가지의 효과를 낸다.

④ 유당은 분해되지 않다가 굽는 과정에서 메일라드 반응과 캐러멜화를 일으켜 색에 영향을 끼친다.

⑤ 당의 분해는 그대로 탄산가스의 발생을 의미하며, 반죽 속에 있는 탄산가스의 발생량을 그래프화 한 것이 발효 곡선이다.

(5) 반죽의 팽창

이스트에 의해 생기는 탄산가스가 바로 반죽 속의 가스기포를 만드는 것이 아니라 일시적으로 이스트 세포를 둘러싸고 있는 수용성물질 중에 분산되어 용액상태로 되고 다시 탄산가스가 형성되면 그때 글루텐의 약한 곳에 기포를 형성한다.

(6) pH 저하

알코올의 산화, 탄산가스의 용해, 전분에 의한 젖산의 생성, 발효에 의해 생성되는 산류에 의해 pH가 낮아진다.

(7) 산생성 반응(산발효)

① 유산발효(고 온도, 다 당 시 활발 — 혐기성 발효)
포도당이 밀가루, 공기, 이스트에 포함되어 있는 유산균에 의해 유산으로 바뀌어 산미가 난다.

② 초산발효(다 알코올, 고 온도, 다 산소 시 활발 — 호기성 발효)
알코올이 밀가루, 공기 중에 들어 있는 초산균에 의해 초산으로 바뀌어 자극적인 냄새가 난다.

③ 낙산발효(다 유당, 고 온도, 장시간, 고 수분 시 활발 — 혐기성 발효)
유당이 밀가루, 공기, 유제품에 포함되어 있는 낙산균에 의해 낙산으로 바뀌어 이상한 악취를 풍긴다.

11) 발효 손실

(1) 발효 손실의 정의

① 발효 손실은 장시간 발효 중에 수분이 증발하고 탄수화물이 발효에 의해 탄산가스와 알코올로 전환하고 증발되면서 무게가 줄어드는 현상을 말한다.

② 손실에 관계되는 요인으로는 반죽온도, 발효시간, 배합률, 발효실의 온도 및 습도 등이 있다.

③ 발효 손실량은 1차, 2차 발효를 통해 0.5~4%(평균 약 3.5%)의 무게 손실을 나타내는 것이 보통이지만 제품의 종류에 따라서 약 1~2% 정도로 계산한다.

(2) 발효 손실에 영향을 미치는 요소

① 발효실의 온도가 높을수록 손실이 크다.

② 반죽온도가 높을수록 손실이 크다.

③ 발효시간이 길수록 손실이 크다.

④ 발효실의 습도가 낮을수록 손실이 크다.

⑤ 소금과 설탕의 양이 많을수록 수분 보유력이 높아 손실이 작다.

(3) 펀치하기

펀치의 목적은 반죽을 해서 반죽의 부피가 2.5~3배 부풀었을 때 펀치를 하여 발효 중에 발생한 가스를 빼내주고 생지의 기공을 세밀하고 균일하게 만드는 것이며, 글루텐의 조직을 자극하여 느슨해진 생지를 다시 모으고 반죽온도를 균일하게 하고 이스트 활동에 활력을 주기 위한 것이다.

12) 분할(Dividing)하기

제품의 일관성을 유지하기 위해서 1차 발효가 끝난 반죽을 정해진 크기, 무게, 모양에 맞추어 반죽 생지를 나누는 공정으로 크게 사람의 손으로 하는 손 분할과 기계분할로 나눌 수 있으며, 손 분할은 기계분할에 비하여 부드러운 반죽(질은 반죽)을 다룰 수 있고, 분할 속도가 느리기 때문에 인력이 많이 필요하고 주로 소규모 빵집에서는 손 분할을 한다. 기계분할은 규모가 큰 곳, 호텔이나 양산업체에서 주로 사용하며, 분할속도가 빠르고, 노동력과 시간이 절약된다. 분할 중에도 계속 발효가 진행되므로 식빵류는 10분, 과자빵류는 20분 이내로 빠른 시간에 끝낸다. 분할 시 주의할 점은 반죽의 무게를 정확히 해야 하며, 분할하는 동안에 반죽의 표면이 마르지 않도록 신경을 쓴다.

(1) 분할의 정리

① 분할(Dividing) → 둥글리기(Rounding) → 중간발효(Intermediate Proof) → 성형(Make-Up) → 패닝(Panning)을 정형공정이라 한다.

② 정형공정의 첫 번째 단계인 분할(Dividing)하기는 제품의 크기를 일정하게 유지하기 위해 미리 정한 무게만큼 정확히 측정하여 분할한다.

(2) 반죽 손상을 줄이는 방법

① 직접 반죽법보다 중종 반죽법의 내성이 강하다.

② 반죽의 결과 온도는 비교적 낮은 것이 좋다.

③ 밀가루의 단백질 함량이 높고 질 좋은 것이 좋다.

④ 반죽은 흡수량이 최적이거나 약간 단단한 것이 좋다.

13) 둥글리기(Rounding)하기

분할한 반죽의 표면을 매끄럽게 공 모양으로 둥글게 하는 공정으로 둥글리기(Rounding)는 정형공정의 두 번째 단계로 잘린 면들이 점착성을 띠게 되고 1차 발효를 통해 얻어진 가스들이 분할과정에서 손실되므로 다시 가스포집력을 좋게 하려면 글루텐의 정돈이 필요하다. 둥글리기 모형은 빵의 모양에 따라 원, 타원형 등 변형된 모양으로 둥글리기를 할 수 있다. 또한 끈적거림을 방지하고 작업을 쉽게 하기 위해 사용되는 덧가루를 과다 사용하면 제품의 질, 맛, 향, 내상에 줄무늬 등이 나타난다.

(1) 둥글리기 잘하기

① 1차 발효가 과다하게 많이 된 반죽은 느슨하게 둥글려서 중간발효의 시간을 짧게 한다.
② 1차 발효가 덜 된 어린 반죽은 둥글리기를 단단하게 하여 중간발효를 길게 한다.
③ 만들고자 하는 제품의 모양에 따라 둥글게도 하고 길게도 하여 성형작업을 편리하게 한다.
④ 둥글리기 할 때 덧가루를 많이 사용하면 제품의 맛과 향을 떨어뜨린다.
⑤ 덧가루를 과다 사용할 경우 제품에 줄무늬가 생기거나 이음매 봉합을 방해하여 중간발효 중 벌어질 수 있다.

(2) 둥글리기의 목적

① 분할로 흐트러진 글루텐의 구조를 재정돈한다.
② 연속된 표피를 형성하여 정형할 때 끈적거림을 막아준다.
③ 중간발효 중에 생성되는 이산화탄소를 보유하는 표피를 만들어 준다.
④ 반죽형태를 일정한 형태로 만들어서 다음 공정인 정형을 쉽게 한다.

14) 중간발효(Intermediate Proof)하기

둥글리기 한 반죽을 정형에 들어가기 전 휴식 또는 발효시키는 공정이다. 벤치타임(Bench Time) 또는 오버 헤드 프루프(Over Head Proof)라고도 한다.

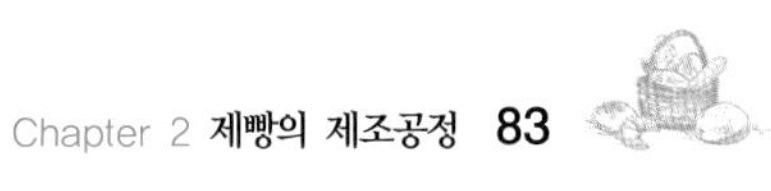

(1) 중간발효의 목적

① 글루텐 조직의 구조를 재정돈하고, 가스 발생으로 유연성을 회복한다.

② 탄력성, 신장성을 확보하여 밀어 펴기 과정 중 반죽이 찢어지지 않아 다음 공정인 정형하기가 용이해진다.

③ 반죽 표면에 엷은 표피를 형성하여 끈적거림이 없도록 한다. 중간발효는 보통 분할 중량에 따라서 다르나 대체로 10~20분으로 하며, 27~30℃의 온도와 70~75%의 습도가 적당하다. 작업대 위에 반죽을 올리고 실온에서 수분이 증발하지 않도록 비닐이나 젖은 헝겊 등으로 덮어서 마르지 않도록 주의한다.

15) 성형하기

중간발효가 끝난 반죽을 밀어 펴서 일정한 모양으로 만드는 최종적인 빵의 모양을 내는 공정으로 반죽생지의 크기에 따라서 가하는 힘의 세기를 조절하고 일반적으로 하드계열 빵은 소프트계열 빵에 비해 약한 힘으로 성형을 해준다.

(1) 가스 빼기

중간 발효가 끝난 반죽을 밀대나 기계로 원하는 두께와 크기로 밀어 펴서 만드는 공정이다.

① 균일한 기공과 원하는 부피를 얻기 위해 중간발효까지의 과정에서 생긴 가스를 빼내는 작업을 말한다.

② 가스를 빼는 이유는 생지 내의 크고 작은 기포를 균일화시켜 제품 내의 기공을 균일하게 하기 위해서이다.

③ 수작업의 경우 밀대로 밀어 큰 공기를 빼내고 균일한 두께가 되도록 하며, 기계작업의 경우 너무 강하게 밀어 반죽이 찢어지지 않도록 주의해야 한다.

④ 가스 빼기는 제품의 특성에 맞게 조절하여 해야 하며, 프랑스빵의 경우 과도한 가스 빼기는 제품의 특성인 터짐을 부족하게 하므로 많이 하지 않는다.

⑤ 빵 속의 기공을 고르게 하기 위해 가스 빼기를 하고 성형작업에 들어가는 것이 원칙이었으나 최근에는 제품에 따라 적당하게 가스를 빼는 제품도 있으며, 하드계열의 빵은 밀대를 사용하지 않고 자연스럽게 성형한다.

⑥ 덧가루를 많이 사용하면 제품 내에 줄무늬가 생기고 제품의 품질이 저하될 수 있으므로 알맞게 사용한다.

⑦ 생지를 밀어서 접어 성형하는 제품은 끝부분의 이음매 부분을 잘 봉한다.

(2) 성형하기

① 정형공정인 성형(Moulding)하기는 중간발효가 끝난 반죽을 밀어 펴서 일정한 모양으로 만드는 과정을 말한다.

② 성형과정은 제품의 모양이 나오는 시기이며, 성형은 손으로 하는 경우와 성형기로 하는 경우가 있다.

③ 성형기를 사용해서 성형하는 경우 반죽을 충분히 발효시켜서 보통 3단계를 거쳐 이루어지며, 롤러를 사용해 타원으로 밀어 가스를 빼는 과정과 밀어 편 반죽을 다시 말아서 가장자리에 밀착시켜 붙이는 말기과정, 그리고 원하는 모양으로 반죽을 봉해주는 과정이 있다.

④ 성형하기에 알맞은 조건은 중간발효를 충분히 해야 반죽의 손상을 막을 수 있고 반죽온도는 24~28℃ 정도가 적당하다.

⑤ 성형과정에서도 덧가루 사용은 최소한도로 사용해야 좋은 결과의 제품을 얻을 수 있다.

(3) 성형작업 순서

① 밀어 펴기(Sheeting)

- 반죽 속에 생긴 공기를 밀어 펴기 하여 고르게 빼준다.
- 반죽이 찢어지지 않게 강하게 밀지 않고 점차적으로 얇게 밀어준다.
- 성형하고자 하는 제품의 모양에 따라 원형 혹은 타원형으로 밀어준다.
- 앙금빵 등은 밀어 펴지 않고 손으로 살짝 눌러서 기포를 일부 제거한다.

② 말아서 모양잡기(Molding)

- 밀어 편 반죽을 각 제품의 모양에 따라 말아준다.
- 충전물이 있는 것은 충전물이 바깥으로 나오지 않게 싸준다.
- 앙금빵 등은 반죽이 앙금을 고른 두께로 감쌀 수 있게 주의하여 정형한다.

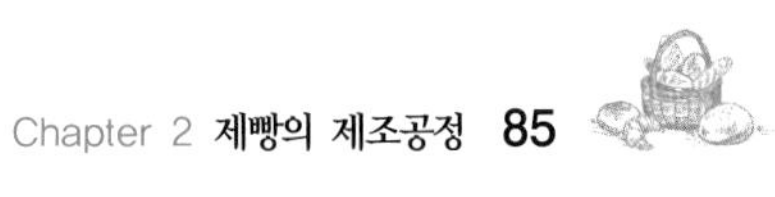

③ 이음매 봉하기(Sealing)

- 말아서 모양 만들 때 새로 생긴 큰 기포를 없애고 이음매를 단단하게 말아준다.
- 충전물이 들어가는 반죽은 특히 주의하여 충전물이 바깥으로 나오지 않게 해준다.

(4) 성형하기에 알맞은 반죽조건

① 제빵법: 스트레이트법보다 스펀지법으로 만든 반죽이 좁혀지는 롤러의 힘을 견디기 쉽다.

② 반죽온도: 반죽온도가 높거나 낮으면 작업성을 떨어뜨린다. 24~28℃가 적당하다.

③ 반죽한 정도: 발효가 덜된 반죽은 잘리기 쉽고, 발효가 과도한 반죽은 점착성이 나타나 늘어나기 쉽다.

④ 반죽의 되기: 반죽이 부드러우면 좁은 간격의 롤러를 통과하는 동안 점착성이 나타나기 쉽다.

⑤ 중간발효: 발효시간이 짧으면 반죽이 잘리기 쉽고 너무 길면 롤러를 통과하면서 반죽이 점착성을 띠기 쉽다.

⑥ 반죽개량제: 모노글리세라이드, 레시틴 같은 유화제는 반죽의 점착성을 낮춘다.

⑦ 산화 정도: 미숙성 반죽은 몰더를 통과하면서 점성을 조금 띤다. 과숙성 반죽은 단단하고 약해서 잘리기 쉽다.

⑧ 효소제: 맥아, 프로테아제, 아밀라아제 같은 효소제를 너무 많이 쓰면 반죽에 점착성이 생겨 성형하기 좋지 않다.

16) 패닝(패닝, Panning)하기

정형한 반죽을 평철판 또는 다양한 빵 틀에 넣는 공정이다. 평철판 패닝 시에는 2차 발효 · 굽기 과정 중에 반죽이 발효되어 달라붙지 않도록 간격 조정을 잘해서 놓는 것이 중요하다. 빵이 오븐에서 나왔을 때 붙어 있으면 상품의 가치가 없게 된다. 또한 정해진 일정한 틀에 넣을 경우 반죽이 동일하게 놓이도록 하고 이음매가 틀의 바닥에 오도록 한다.

① 정형공정에서 마지막인 패닝(Panning)과정은 다양한 제품을 만들기 위해서 여러 가지 모양으로 만든 제품을 원하는 모양틀이나 철판에 올려놓는 것을 말한다.
② 반죽을 틀에 넣기 전에 기름칠을 할 때는 과도한 팬오일은 피해야 한다. 과도한 오일 사용은 틀의 바닥에서 반죽을 튀기는 효과가 나타나기 때문이다.
③ 팬오일은 발열점이 높은 샐러드오일이나 쇼트닝 등이 적합하다.
④ 성형이 끝난 반죽은 봉한 부분이 밑바닥을 향하게 하며, 틀의 온도는 32℃가 적정하다. 틀의 온도가 49℃를 넘으면 반죽 속의 유지 등 재료가 녹아내려 원하는 제품을 만들기 어렵게 된다.

(1) 올바른 패닝

① 정형한 반죽의 무게와 상태를 점검하여 적당한 팬을 고른다.
② 팬에 기름을 조금 바른 후 반죽의 이음매가 틀의 바닥에 놓이도록 패닝한다.
③ 팬(틀, 철판) 온도를 32℃ 정도로 하며, 차갑거나 더운 팬인지 확인 후에 사용한다.
④ 틀의 비용적을 계산하여 틀의 크기와 부피에 알맞은 양의 반죽을 넣는다.

(2) 팬의 비용적

① 팬의 크기는 반죽 1g을 굽는 데 필요한 틀의 부피를 비용적(㎤/g)으로 나타낸다.
② 반죽의 적정 분할량은 틀의 용적을 계산하여 비용적으로 나눈 값이다.
③ 반죽의 적정 분할량 $= \frac{\text{틀의 용적}}{\text{비용적}}$
④ 팬의 부피를 재는 방법
- 팬의 길이로 그 팬의 부피를 계산하는 방법
- 물을 가득 채워서 그 중량을 재는 방법
- 유채씨 등을 가득 채워서 그 용적을 실린더로 재는 방법

(3) 팬 오일

① 팬 기름은 발연점(Smoking Point)이 높은 기름을 적정량만 사용한다.
② 산패에 강한 기름을 사용하여 나쁜 냄새를 방지한다.
③ 면실류, 대두유, 쇼트닝 등 식물성 기름의 혼합물을 사용한다.

④ 기름사용량은 반죽무게의 0.1~0.2% 사용한다.

⑤ 기름을 많이 사용하면 밑 껍질이 두껍고 옆면이 약하게 되며, 적게 사용하면 반죽이 팬에 붙어 표면이 매끄럽지 못하고 빼기가 어렵다.

⑥ 팬의 코팅 종류는 실리콘 레진, 테프론 코팅이 있으며, 이를 사용할 경우 반영구적으로 팬 기름 사용량이 크게 감소하고 작업이 간편하고 빠르다.

(4) 팬 굽기(팬 태우기) 및 방법

① 팬 굽기의 목적

- 팬과 구워진 제품이 잘 분리되게 한다.
- 팬과 제품의 이형성(離形性)을 좋게 한다.
- 열의 흡수를 좋게 하며, 제품의 구워진 색깔을 좋게 한다.

② 팬 굽기 방법

- 팬을 물로 씻으면 절대 안 된다.
- 팬을 마른 천으로 깨끗이 닦아 기름기와 오염물을 제거한다.
- 기름을 바르지 않고 빵틀은 250~280℃, 철판은 220~230℃에서 1시간 정도 굽는다.
- 60℃ 이하로 냉각시킨 후 팬 기름을 조금 바른 뒤 다시 굽는다.
- 다시 냉각하여 기름을 고르게 바른 다음 보관한다.
- 굽기를 하여 팬의 수명을 길게 한다.

17) 2차 발효(Final Proof Second Fermentation)하기

최종 발효로 성형과정에서 부분적으로 가스가 빠진 글루텐 조직을 회복시켜주고 적정한 부피와 균형, 보기 좋은 외형과 풍미를 가진 품질이 우수한 빵을 얻기 위하여 이스트의 활성을 촉진시켜 완제품의 모양을 형성해 나가는 과정이다.

- 특수 빵을 제외한 보통 빵의 2차 발효실의 온도는 26~40℃, 습도는 75~90% 사이에서 이루어진다.
- 2차 발효시간은 제품의 종류, 반죽상태, 발효실 조건 등에 따라 차이가 많이 있으며, 정해진 시간보다는 육안으로 가끔 체크하고 판단한다.

- 2차 발효실은 온도가 낮은 경우 발효시간이 길어지고 제품의 겉면이 거칠어지며, 온도가 높은 경우 발효 속도가 빨라진다.
- 발효습도가 높으면 껍질에 수포가 생기고 껍질색이 짙어진다.
- 발효습도가 낮으면 표피가 말라 구워 나왔을 때 외관상 좋지 않은 제품이 나올 수 있다.
- 정상적인 발효 손실은 1~2%이나 제품의 종류, 발효시간, 온도, 습도에 따라 달라질 수 있다.
- 소프트계열 빵으로 부드러운 식감을 주고 싶다면 약간 높은 온도에서 발효하고 발효을 통한 풍미를 중요시하는 하드계열의 빵은 약간 낮은 온도에서 발효시킨다.

(1) 2차 발효 완료시점 판단

① 처음 부피의 3~4배로 크기가 변했을 때
② 완제품의 70~80%의 부피로 부풀었을 때
③ 반죽의 탄력성이 좋을 때
④ 철판에 놓고 굽는 제품들은 형태, 부피감, 투명도, 촉감 등으로 판단한다.
⑤ 틀 용적에 맞게 적정한(80% 정도) 부피로 올라왔을 때

(2) 발효가 과다하게 되면 나타나는 현상

① 팬에서 반죽이 넘치거나 완제품이 찌그러진다.
② 당분이 부족하여 색깔이 고르게 나지 않고 맛과 향이 나쁘다.
③ 제품의 보존성이 나쁘고 움푹 들어간다.
④ 벌집처럼 기공이 거칠고 속결이 나쁘다.
⑤ 과도한 오븐팽창 노화촉진 가능, 식감이 안 좋다.

(3) 발효가 부족하면 나타나는 현상

① 글루텐의 신장 불충분으로 제품의 부피가 작고 껍질에 균열이 일어나기 쉽다.
② 속결은 조밀하고 전분은 가지런하지 않게 되며, 껍질의 색은 짙지만 붉은색을 띤다.
③ 구워 나온 완제품의 부드럽지 않고 단단한 느낌이 있으며, 맛과 향이 나쁘다.

④ 윗면이 거북이 등처럼 되며, 균형이 맞지 않다.

(4) 제품에 따른 발효실 온도

발효온도에 영향을 주는 요인은 밀가루의 질, 배합률, 유지의 특성, 반죽상태, 발효상태, 성형상태, 산화제와 개량제, 제품의 특성 등이 있다.

(5) 제품의 종류에 따른 발효 온도와 특징

제품의 종류	발효 온도	특징
단과자빵류, 식빵류	32~38℃	반죽온도 보다 높게 한다.
하스 브레드	30~32℃	프랑스빵, 독일빵 등(하드계열)
데니시 페이스트리, 크루아상	26~32℃	유지가 많은 제품 브리오슈 등
도넛 등 튀김류	30℃	건조발효 습도(60~65%)

(6) 2차 발효의 목적

① 온도와 습도를 조절하여 이스트의 발효작용이 왕성해지며, 빵 팽창에 충분한 CO_2 가스를 생산한다.
② 성형공정을 거치는 동안 흐트러진 글루텐 조직을 정돈한다.
③ 유기산이 생성되고 반죽의 pH 하강, 탄력성이 없어지고 신장성을 증대시킨다.
④ 발효산물인 유기산, 알코올, 방향성 물질을 생성한다.

15. 제빵 굽기(Bread Baking)

2차 발효가 끝난 반죽을 오븐에서 굽는 과정으로 반죽에 열을 가하여 가볍고 향이 있으며, 소화하기 쉬운 제품으로 만드는 최종의 공정으로 제빵에서 매우 중요한 과정이라 할 수 있다. 모든 공정을 마무리하고 완성품이 나와 빵의 최종적인 가치를 결정짓는다. 제빵 공정에서는 굽기 과정을 통해서 제품의 형태나 알맞은 색을 만들어낼 수 있으며, 이전까지의 과정들에서 약간의 잘못이 있다면 굽기 과정에서 어느 정도는 보완할 수 있다. 빵 볼륨의 20%, 빵 풍미의 70% 이상이 굽기 과정에서 생성된다. 또한 굽기 과정 중에는 물리적인 변화와 화학적인 변화가 반죽 속에서 많이 일어나므로 매우 중요한 과정이라 할 수 있다.

1) 굽기의 목적

① 빵의 껍질 부분에 색깔을 나게 하여 맛과 향을 낸다.

② 전분을 호화시켜 소화하기 쉬운 빵을 만들기 위한 것이다.

③ 발효에 의해서 생성된 탄산가스에 열을 가하여 팽창시켜 빵의 모양을 형성한다.

2) 굽기 방법

① 반죽의 배합과 사용하는 재료의 종류, 분할무게, 성형방법, 원하는 맛과 속결, 제품의 특성에 따라 오븐에서 굽는 방법이 다르다.

② 일반적으로 무겁고 부피가 큰 고율배합 빵은 175~200℃의 낮은 온도에서 장시간 굽는다.

③ 무게가 가볍고 부피가 작은 고율배합은 180~210℃ 낮은 온도에서 단시간 굽는다.

④ 일반적으로 무겁고 부피가 큰 저율배합 빵은 210~230℃ 높은 온도에서 장시간 굽는다.

⑤ 가볍고 부피가 작은 저율배합 빵은 220~250℃ 높은 온도에서 짧은 시간 굽는다.

⑥ 당 함량이 높은 과자 빵이나 4~6%의 분유를 넣은 식빵은 낮은 온도에서 굽는다.

⑦ 처음 굽기 시간의 25~30%는 반죽 속의 탄산가스가 열을 받아서 팽창하여 부피가 급격히 커지는 단계이다.

⑧ 처음 굽기 시간의 30%는 오븐 팽창시간이고, 다음의 40%는 색을 띠기 시작하여 반죽을 고정하며, 마지막 30%는 껍질을 형성한다.

3) 오븐의 종류

오븐 선택은 생산규모와 생산하는 제품의 종류 등 업장의 특성에 따라서 다양한 오븐을 선택하여 사용한다.

① 형태에 따른 분류: 데크오븐, 컨벡션오븐, 로터리오븐, 터널오븐 등

② 열원에 따른 분류: 석탄오븐, 전기오븐, 가스오븐

③ 가열방법에 따른 분류: 직접가열식 오븐, 간접가열식 오븐

- 컨벡션오븐: 컨벡션오븐의 종류는 다양하지만 공통점은 오븐 안쪽에 팬이 달

려있고 이 팬이 전기를 사용해 열을 순환시켜주는 역할을 하며, 열 순환이 뛰어나기 때문에 베이커리 주방에서 많이 사용한다.

- 데크오븐: 데크오븐은 소규모 베이커리 주방에서 제일 많이 사용하는 오븐 중 하나로 위아래로 열선(히터봉)이 장착되어 있다. 데크오븐으로 구운 빵은 컨벡션오븐으로 구운 빵보다 수분의 손실이 더 작고 촉촉한 느낌을 주며, 빵의 노화가 느리다.
- 로터리오븐: 오븐 안에서 랙크가 돌아가면서 제품을 구워내는 오븐으로 바퀴가 달린 랙크에 만든 제품을 패닝하여 끼우고 로터리오븐에 통째로 밀어 넣고 열을 가하여 굽고 빼낼 수 있는 오븐이다.

4) 하드계열 빵 스팀 사용

(1) 스팀 사용의 목적

① 빵의 볼륨을 크게 하고 크러스트(껍질 부분)가 얇아지고 윤기가 나며, 빵 속은 부드럽고 껍질은 바삭한 느낌의 빵을 만들기 위해 사용한다.

② 반죽을 구울 때 스팀 사용은 오븐 내에 수증기를 공급하여 반죽의 오븐스프링을 돕는 역할을 한다.

(2) 스팀을 주입하는 제품의 특성과 굽기 관리

① 설탕 유지가 들어가지 않거나 소량 들어가는 하드계열의 빵에 스팀을 많이 사용한다.

② 반죽 속에 유동성을 증가시킬 수 있는 설탕, 유지, 달걀 등의 재료의 비율이 낮은(저율배합) 제품에 사용된다.

③ 오븐 내에서 급격한 팽창을 일으키기에는 반죽의 유동성이 부족하기 때문에 반죽을 오븐에 넣고 난 직후에 수분을 공급하여 표면이 마르는 시간을 늦춰 오븐스프링을 유도하는 기능을 수행한다.

④ 하드계열의 빵은 제품의 형태와 겉 부분의 껍질 특성을 살려주기 주기 위해 스팀과 높은 오븐 온도가 반드시 필요하다.

⑤ 대부분의 오븐들이 스팀 분사 능력과 굽는 온도가 동일하지 않기 때문에 사용

하기 전 체크한다.

⑥ 반죽의 배합률이 낮을수록 더 높은 온도에서 굽고 배합률이 높을수록 더 낮은 온도에서 굽는다.

⑦ 제품이 작을수록 더 높은 온도에서 구워 수분손실을 최소화한다.

⑧ 굽는 온도에 변화가 있으면 굽는 시간도 그에 따라서 적절하게 조정되어야 한다.

(3) 스팀 사용량 조절하기

① 스팀은 사용하기 전 미리 오븐 온도를 높여 놓아야 반죽을 넣고 바로 원하는 스팀의 양을 분사할 수 있다.

② 스팀은 외부에서 유입되는 물을 끓여 놓았다가 뜨거운 수증기를 오븐 내에 분사하는 것으로 제품의 종류와 크기에 따라 다르게 분사한다.

③ 스팀은 오븐 외부의 물을 파이프를 통해 오븐 안으로 연결되어 있고 사용하기 전 물의 공급 장치 개폐여부를 미리 확인해야 한다.

5) 하스(Hearth) 브레드

하스란 '오븐 바닥'이란 뜻으로 반죽을 철판이나 틀을 사용하지 않고 오븐의 바닥에 직접 닿게 구운 빵을 말한다. 하스 브레드는 대부분 스팀을 사용하며, 배합은 빵의 필수재료인 밀가루, 물, 이스트, 소금으로 만들어지고 필요에 따라서 부재료 달걀, 유지, 설탕이 들어가더라도 소량만 들어가는 저율배합이다. 따라서 유동성이 적고 색이 잘 나지 않기 때문에 높은 온도로 오븐 바닥에 직접 굽는다.

6) 오븐에서 굽기 과정 중 변화

① 오븐에 반죽을 넣으면 처음 약 5~6분 동안 온도가 높아지면서 이스트 활동으로 탄산가스가 발생하고 증기압으로 인한 오븐스프링이 일어난다.

② 전분은 70℃내외(60~82℃)에서 호화현상을 일으켜 제품의 식감을 좋게 한다.

③ 이스트는 사멸될 때까지 계속해서 활동하게 되며, 제품이 최종적으로 갖게 되는 수분의 함량과 껍질의 색깔도 중요한 변화를 나타낸다.

④ 오븐온도는 200℃가 넘어도 빵 제품의 내부온도는 속으로부터의 수분과 알코

올의 증발로 인해서 100℃를 넘을 수 없다. 온도가 조금씩 올라가기 때문에 물성의 변화가 일어나게 된다.

⑤ 오븐 속의 열이 제품의 표면을 통해서 반죽의 내부에 전달되며, 반죽의 내부에서는 호화현상이 일어나게 된다.

7) 굽기 중 반죽의 현상

(1) 오븐 팽창(Oven Spring)

오븐에 넣은 빵 속의 내부 온도가 49℃에 도달하기까지 짧은 시간 동안 급격히 부풀어 원래 반죽 부피의 1/3 정도가 급격히 팽창(5~8분)하는데 이것을 오븐스프링이라 한다.

① 오븐 열에 의해 반죽 내에 가스압과 증기압이 발달하고, 알코올 등은 79℃에서 증발하고 이스트 세포는 63℃에서 사멸한다.

② 반죽표면의 온도상승으로 반죽 속 이스트의 활동이 계속되고 반죽의 온도상승과 함께 가스 발생이 활발해진다.

③ 가스의 열팽창 반죽 수분 안의 탄산가스의 유리에 의한 팽창, 반죽 안의 수분과 공기의 팽창이 굽기의 부피 증대에 영향을 미친다.

④ 글루텐의 연화와 전분의 호화, 가소성화가 이들의 팽창을 돕는다.

(2) 오븐 라이즈(Oven Rise)

① 반죽의 내부 온도가 아직 60℃에 이르지 않은 상태로 이스트가 활동하여 가스가 만들어지므로 반죽의 부피가 조금씩 커진다.

② 오븐 안에서 이스트가 사멸(65℃)되기 전까지 탄산가스가 발생하고 발효에서 생긴 가스기공의 팽창 등 활발한 활동이 일어난다.

8) 전분의 호화(Gelatinization)

전분입자는 40℃에서 팽윤하기 시작하여 56~60℃에서 호화가 되며, 전분의 호화는 주로 수분과 온도에 영향을 받는다.

① 전분의 완전 호화를 위해 2~3배의 물이 필요하다.

② 빵 속의 외부 층에 있는 전분은 오랜 시간 높은 열을 받아 내부의 전분보다 많이 호화된다.

③ 오븐의 열에 의해 반죽온도가 54℃를 넘으면 이스트가 사멸하기 시작하면서 전분의 호화현상이 일어난다.

④ 단백질은 70℃에서 글루텐이 응고하기 시작하면서 그 속에 있던 물을 풀어 놓는데 이때 전분의 호화에 불충분한 물을 보충하게 된다.

⑤ 열에 오래 노출되어 있는 만큼 수분증발이 일어나 더 이상의 호화가 불가능하다. 그래서 껍질은 빵 속보다 더 딱딱하다.

⑥ 프랑스빵은 내부온도 99℃에 도달하는 시간이 8분이고 이후에 20분간 호화된다.

9) 캐러멜화 반응(Caramelization)

열에 의해 당류가 갈색 흑색으로 변화되어 캐러멜화 반응이 일어난다. 빵 껍질부위에서 발달한 향이 빵 속으로 침투하고 빵에 잔류하여 껍질색 및 향이 생성된다.

① 비효소적 갈색반응인 캐러멜화 반응과 마이야르 반응은 주로 이스트의 소멸로 인해 남아 있는 잔여 설탕에 의해서 일어나며, 반응이 일어나기 위해서는 120~150℃의 높은 열이 필요하다.

② 캐러멜화 반응은 반죽의 pH에도 영향을 받는데 산가가 높을수록 반응도 증가한다.

③ 과다 발효된 반죽은 산도가 저하되어 잔당량이 부족해서 색상이 잘 나지 않는다.

10) 마이야르 반응(Maillard Reaction)

아미노 화합물이 환원당(Reducing Sugar)과 반응해서 갈색색소인 멜라노이딘을 만드는 반응을 말한다. 오븐 온도 140~165℃에서 진행이 시작되며, 굽는 시간과 pH에 의해서 영향을 받는다.

11) 글루텐 응고

글루텐 단백질은 전분입자를 함유한 세포간질을 형성하고 빵 속의 온도가 60~70℃가 되면 전분이 열변성을 일으키기 시작하여 물이 호화하는 전분으로 이동하고 74℃

이상에서 반고형질 구조를 형성하며, 굽기 마지막 단계까지 계속 이루어진다.

12) 효소의 활동

① 전분이 호화하기 시작하면서 효소가 활동한다.
② 아밀라아제가 전분을 분해하여 반죽이 부드러워지고 팽창이 좋아진다.
③ α-아밀라아제의 변성은 65~95℃에서 일어난다. 그중에서 68~83℃에서 약 4분 정도 가장 빨리 불활성이 된다.
④ β-아밀라아제는 52~72℃에서 2~5분 사이에 이루어진다.

13) 향 생성

향은 사용재료 이스트에 의한 발효산물인 알코올, 유기산류, 에스테르류, 알데히드류, 케톤류 등이 내는 화학적 변화와 열반응 산물 등 이며, 주로 껍질 부분에서 생성되어 빵 속으로 침투되고 흡수에 의해 보유된다.

14) 수분의 이동

오븐에서 적정 시간 굽는 동안 빵 내부의 수분도 균일하고 반죽 안의 수분량과 같으며, 오븐에서 꺼내면 수분의 급격한 이동이 일어나는데 표면에서의 계속적인 수분 증발은 빵의 냉각 촉진에 도움이 된다.

15) 오븐에서 굽기 중 생기는 반응

(1) 물리적 반응

① 반죽표면에 얇은 수분막을 형성한다.
② 반죽 안의 물에 용해되어 있던 가스가 유리되어 빠져나간다.
③ 반죽에 포함된 알코올의 증발과 가스의 열팽창 및 물의 증발이 일어난다.

(2) 화학적 반응

① 160℃가 넘으면 당과 아미노산이 마이야르(Maillard) 반응을 일으켜 멜라노이징을 생산하며, 당은 분해, 중합하여 캐러멜을 형성한다.
② 60℃ 정도가 되면 이스트가 사멸하기 시작한다.

③ 전분의 호화는 온도에 따라(60℃, 75℃, 85~100℃) 단계적으로 이루어진다.

④ 전분이 호화하면서 글루텐의 수분을 가지고 오기 때문에 글루텐의 응고도 함께 일어난다.

⑤ 전분은 일부 덱스트린(Dextrin)으로 변화한다.

(3) 생화학적 반응

① 반죽의 골격은 글루텐이 형성되면서 이루어지는 것이고 구워낸 빵의 골격은 α화된 전분에 의해서 빵의 모양을 이루게 된다.

② 60℃까지는 효소작용이 활발해지고 휘발성의 유지도 증가되어 반죽이 유연해진다.

③ 글루텐은 프로테아제(Protease)에 의해 연화되고 전분은 아밀라아제(Amylase)에 의해서 액화·당화되어 반죽 전체가 부드럽게 되며, 오븐 스프링을 돕는다.

16. 굽기 손실(Baking Loss)

굽기 손실은 반죽상태에서 빵의 상태로 구워지는 동안 무게가 줄어드는 현상으로 여러 요인이 있다. 배합률, 굽는 온도, 굽는 시간, 제품의 크기, 스팀분사 여부에 따라 다르다.

- 굽기 손실 = 반죽무게 − 빵무게
- 굽기 손실비율(%) = $\frac{\text{반죽무게} - \text{빵무게}}{\text{반죽무게}} \times 100$

1) 오버 베이킹과 언더 베이킹

굽기의 실패 원인은 여러 요인이 있다. 언더 베이킹(Under Baking)은 너무 높은 온도에서 구워 제대로 익지 않은 상태에서 꺼내어 수분이 많고 완전히 익지 않아서 가라앉기 쉽다. 오버 베이킹(Over Baking)은 너무 낮은 온도로 장시간 구운 상태로 제품에 수분이 적고 노화가 빠르다.

2) 굽기의 원인 및 문제점

① 오븐온도가 낮은 경우

- 정해진 부피보다 빵의 부피가 크고, 기공이 거칠고 두꺼우며, 굽기 손실이 많이 발생한다.
- 빵의 색깔이 연하고 빵의 껍질이 두껍다.

② 오븐온도가 높은 경우

- 정해진 부피보다 빵의 부피가 작고, 껍질이 진하고, 옆면이 약해지기 쉽다.
- 껍질색이 너무 빨리 나게 되므로 속이 잘 익지 않을 수 있다.
- 식감이 바삭하며 굽기 손실이 적다(굽는 시간감소).

③ 오븐 열의 분배가 부적절한 경우

- 빵이 고르게 익지 않고 슬라이스할 때 빵이 찌그러지기 쉽다. 또한 빵의 색깔이 고르지 못하며, 노동력이 증가한다.

④ 증기(스팀)가 너무 많은 경우

- 오븐 스프링을 좋게 하며, 빵의 부피를 증가시키지만 질긴 껍질과 표피에 수포형성을 초래한다. 높은 온도에서 많은 증기는 바삭바삭한 껍질을 만들며, 빵의 색깔이 잘 나지 않는다.

⑤ 증기(스팀)가 너무 적은 경우

- 표피에 조개껍질 같은 균열을 형성하고 빵의 껍질에 광택이 없다. 빵의 크기가 적절하지 않고 빵의 껍질이 두껍다.

3) 제품별 굽기 시 고려할 사항

① 식빵류, 특수빵류

- 식빵의 종류와 배합률 크기에 따라 굽는 온도를 다르게 한다.
- 2차 발효된 빵은 충격이 가지 않도록 조심하여 오븐에 넣어야 한다.
- 제품의 특성에 따라 윗불과 아랫불을 맞추어 예열시킨 오븐에 넣는다.
- 오븐에 넣을 때는 일정한 간격을 유지하여 넣고 균일한 색상이 나도록 구워내야 한다.
- 오븐 바닥이 돌 오븐의 경우 사용법을 익혀 특수빵류를 구워내는 방법을 숙

지한다.

- 구워진 빵의 알맞은 부피와 기공분포, 모양이 일정한지 확인한다.
- 하드계열의 빵은 높은 온도에서 굽기 때문에 안전에 특히 유의한다.

② 조리빵류, 과자빵류, 데니시 페이스트리류

- 충전물을 넣거나 토핑물을 올리고 표피에 다양한(달걀 물, 올리브오일, 우유 등) 것을 바를 수도 있기 때문에 체크하고 오븐에 넣는다.
- 빵의 특성, 크기, 발효상태, 충전물, 반죽 농도에 따라 굽는 시간과 온도를 다르게 해야 한다.
- 충전물과 토핑이 충분히 익었는지를 확인하고 충전물이 흘러내리지 않게 구워낸다.
- 2차 발효된 빵은 충격이 가지 않도록 조심하여 오븐에 넣어야 한다.
- 제품의 종류와 특성에 따라 윗불과 아랫불을 맞추어 예열시킨 오븐에 넣는다.
- 일정한 간격을 유지하여 넣고 균일한 색상으로 구워내야 한다.

17. 반죽 튀기기

기름을 열전도의 매개체로 사용하여 반죽을 익혀주고 색을 내는 것을 튀기기라고 한다. 튀기기에 사용되는 기물은 작은 가스레인지나 인덕션 레인지 위에 튀김그릇을 올려 소규모로 튀기는 방식과 튀김기를 사용하는 방식으로 나눌 수 있다.

1) 가스레인지를 사용하여 튀기는 방법

① 튀기기를 위한 도구(가스레인지, 튀김그릇, 나무젓가락, 튀김기름, 건지개, 종이, 글레이징, 설탕, 온도계)를 준비한다.

② 가스레인지 위에 튀김그릇을 올리고 튀김기름을 붓는다.

③ 튀김그릇 옆에 필요한 도구를 준비하고 가스레인지를 켜고 제품에 맞는 온도로 기름을 가열한다.

④ 한꺼번에 너무 많은 양의 내용물을 넣으면 온도가 내려가므로 적당하게 넣고

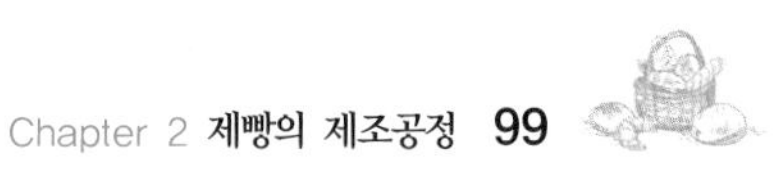

나무젓가락으로 뒤집어가면서 튀긴다.
⑤ 다 튀겨진 제품은 종이 위에 건져 기름을 뺀다.
⑥ 충분히 식힌 후 설탕 등 다양한 글레이징을 한다.

2) 튀김기름이 갖추어야 할 요건

① 좋은 튀김 기름은 부드러운 맛과 엷은 색을 띤다.
② 향이나 색이 없고 투명하며, 광택이 있고 발연점이 높아야 한다.
③ 설탕의 색깔이 변하거나 제품이 냉각되는 동안 충분히 응결되어야 한다.
④ 가열했을 때 냄새가 없고 거품의 생성이나 연기가 나지 않고 열을 잘 전달해야 한다.
⑤ 형태와 포장 면에서 사용이 쉬운 기름이 좋다.
⑥ 튀김기름은 가열했을 때 이상한 맛이나 냄새가 나지 않아야 한다.
⑦ 튀김기름에는 수분이 없고 저장성이 높아야 한다.

3) 반죽튀기기 과정

① 튀김기름의 표준 온도는 185~195℃이다.
② 튀김은 고온에서 단시간 튀기므로 튀김재료의 수분이 급격히 증발하므로 주의한다.
③ 기름이 흡수되어 바삭바삭한 질감과 함께 휘발성 향기성분이 생성되며, 맛의 손실이 없어야 한다.
④ 도넛과 같이 팽화를 목적으로 하는 경우는 저온에서 서서히 튀긴다.

4) 튀기기에 적당한 온도와 시간

① 튀김기름의 표준 온도는 185~195℃ 그러나 튀김 제품의 종류와 크기, 모양, 튀김옷의 수분 함량 및 두께에 따라 달라진다.
② 낮은 온도에서 장시간 튀기거나 튀기는 시간이 길수록 당과 레시틴 같은 유화제가 함유된 식품은 수분 증발이 일어나지 않고 기름이 많이 흡수되어 튀긴 제품이 질척해진다.

③ 기름의 온도가 너무 높으면 도넛 속이 익기 전에 겉면의 색깔이 진해진다.

5) 튀김기름의 적정 온도 유지하기

① 반죽의 10배 이상의 충분한 양의 기름을 사용해야 튀김 시 기름의 온도가 많이 내려가지 않는다.

② 수분 함량이 많은 반죽을 넣으면 기름 온도를 저하시키므로 조금 건조시킨 후 튀긴다.

③ 기름에 너무 많은 반죽을 넣으면 기름 온도가 내려가므로 표면을 덮을 정도가 좋다.

6) 튀김 기름의 4대 적

온도(열), 수분(물), 공기(산소), 이물질로서 튀김기름의 가수분해나 산화를 가속시켜 산패를 가져온다.

7) 튀기기 시 주의해야 할 사항

① 한 번에 너무 많은 양을 넣으면 온도 상승이 늦어져 기름 흡유량이 늘어난다.

② 튀긴 뒤 흡수된 기름을 제거하기 위하여 반드시 기름종이를 사용한다.

③ 튀기는 제품의 크기를 작게 하여 제품 내외부의 온도 차가 크지 않게 한다.

18. 제빵 · 제과류 도넛 튀기기

1) 반죽 튀기기

① 기름 온도는 185~195℃로 예열한다. 튀김기름은 튀김용기의 절반 이상 담고 기름의 깊이는 최소 10cm 이상 되어야 적당하다.

② 기름 양이 많으면 온도를 올리는 데 시간이 오래 걸리고 낭비되는 기름이 많아진다. 반대로 너무 적으면 기름의 온도변화가 많아지고 뒤집기가 어렵다.

③ 발효된 반죽은 윗부분이 먼저 기름에 들어가게 하여 약 30초 정도 튀긴 후 나무젓가락으로 뒤집고, 앞뒤로 튀겨 윗면과 아랫면의 색깔을 황금갈색으로 똑

같이 튀겨서 꺼낸다.

④ 양쪽 면을 모두 튀기면 튀김의 가운데 부분에 흰색 띠무늬가 보여야 균형과 발효가 모두 잘된 상태다.

⑤ 도넛을 꺼낸 후 겹쳐 놓으면 형태가 변하고 기름이 잘 빠지지 않아 상품성이 떨어지므로 잘 펼쳐서 놓는다.

⑥ 어느 정도 식힌 뒤 감독관의 요구사항에 따라 계피설탕(계피 : 설탕 1: 9)에 묻혀 낸다.

2) 튀기기 시 주의사항

① 튀기기 전에 도넛의 표피를 약간 건조시켜 튀기면 좋다.

② 반죽의 크기 모양 형태에 따라 튀김기름의 온도와 시간을 확인하여 튀긴다.

③ 튀김기름의 산패여부를 판단하여 기름을 바꾸어야 한다.

④ 앞뒤 튀김의 색상을 황금갈색으로 균일하게 튀긴다.

⑤ 튀김기의 온도조절 방법을 숙지하고 조작기술을 익혀 안전에 유의한다.

⑥ 기름에 튀기는 제품이므로 발효실 온도와 습도를 조금 낮게 하여 발효를 실시한다.

⑦ 꽈배기, 팔자, 이중팔자 등과 같이 복잡한 성형을 거친 도넛은 일반 도넛에 비해 덧가루의 사용이 많기 때문에 기름에 덧가루가 혼입되는 것을 유의해야 한다.

19. 다양한 익히기

1) 베이글 데치기

① 냄비에 물을 담고 90~95℃ 정도로 가열한다.

② 베이글 반죽은 2차 발효의 온도와 습도를 일반 제품보다 조금 낮게 하므로 발효실 온도 35℃, 습도 70~80%에서 발효한다.

③ 반죽을 손으로 집어서 물에 넣고 데쳐내야 하므로 2차 발효가 많이 되면 다루기가 어려워지고 다루는 과정에서 반죽이 늘어나 가스가 빠진다.

④ 발효실에서 조금 빨리 꺼내어 실온에서 반죽의 표면에 습기가 완전히 제거될

때까지 기다리면서 발효를 완료한다.

⑤ 한 면에 10~15초 정도 호화시킨 뒤 뒤집어서 양쪽을 모두 호화시킨다.

⑥ 표면이 호화된 베이글 반죽은 물기가 빠지도록 건지개를 이용하여 철판에 옮긴 다음 오븐에 넣고 굽는다(굽는 온도 210~220℃).

2) 찐빵 찌기

(1) 찌는 온도

① 찌는 온도는 100℃이지만 푸딩과 같이 조직이 부드러운 제품은 100℃보다 낮은 온도에서 쪄야 기포가 생기지 않고 부드럽다.

② 찌는 온도를 100℃보다 낮은 온도로 조절하려면 물이 조금 끓도록 불을 약하게 하고 뚜껑을 조금 열어 수증기가 빠지게 하면 되는데 이 경우 80℃ 정도까지 낮출 수 있다.

(2) 찐빵 찌는 방법

① 가스레인지에 찜통을 올리고 물을 부은 후 가열한다. 물은 찜통의 80% 정도 채운다.

② 물이 끓어 수증기가 올라오면 뚜껑을 열고 김을 빼내 찐빵 표면에 수증기가 액화되는 것을 방지한다.

③ 발효된 찐빵을 찜통에 넣는데 부풀어 오르는 것을 감안하여 발효를 시키고 또한 충분한 간격을 두고 넣어야 붙지 않는다.

④ 뚜껑을 덮고 반죽이 완전히 호화될 때까지 익힌다.

⑤ 다 익은 찐빵은 실온에서 충분히 식힌다.

20. 충전물 · 토핑물 준비 및 제조하기

1) 재료의 특성파악 및 전처리 준비

충전물 토핑물은 제과류와 제빵류의 굽기 공정 후에 제품에 추가하는 식품을 말하며, 크림류, 앙금류, 잼류, 버터류, 견과류 등 다양하게 있다.

2) 충전물의 정의

① 제품의 속에 들어가는 식품재료를 충전물이라 하며, 굽기 전까지 기본 재료를 혼합한 후 추가로 제품 사이에 들어가는 식재료를 말한다.
② 마무리에서 다루는 충전물은 샌드위치 빵처럼 빵류의 굽기 공정 후에 추가적으로 제품 사이에 넣는 식재료를 말한다.

3) 제과 · 제빵에서 많이 사용하는 충전물의 종류

크림류는 빵의 제조 공정 중간에 들어가는 경우도 있고 굽기를 마친 후에 마무리 작업 중 충전제와 토핑제로 많이 사용되는 재료이다. 크림은 기본적으로 지방과 공기를 이용해서 빵에 부드러움과 고소한 식감을 더해주며, 다른 재료와 혼합하여 널리 사용된다.

(1) 생크림(Fresh Cream)

생크림은 우유지방을 원심분리에 의하여 농축한 것으로, 순수한 유지방만으로 되어 있어 풍미는 뛰어나지만 작업성과 안전성이 부족하므로 생크림에 유화제나 안정제를 첨가한 컴파운드 생크림이 널리 사용되고 있다.

① 우유로 만들어지며 유지방 함량을 35~50%까지 다양하게 만들 수 있다.
② 생크림은 풍미는 뛰어나지만 취급하기가 어려우며, 물리적인 충격을 약간이라도 가하면 지방구가 응집되어 구조가 붕괴되고 붕괴된 생크림은 처음 상태로 돌아가지 않는다.
③ 생크림은 그 자체로 사용하기도 하지만 필요에 따라 빵에서는 다른 충전물과 섞어서 새로운 크림의 형태로 만들기 위한 원료로 사용된다.

(2) 커스터드크림(Custard Cream)

커스터드크림은 우유, 설탕, 달걀을 합한 혼합물이며, 여기에 밀가루나 전분을 더하여 젤 상태로 만든 것을 말한다.

① 우유에 설탕, 유지, 달걀, 전분 등을 넣고 가열하여 호화시켜 페이스트 상태로 만든다.

② 커스터드크림의 기본 배합은 우유 100%에 대하여 설탕 30~35%, 밀가루와 옥수수전분 6.5~14%, 난황 3.5%를 기본으로 하는데 난황은 전란으로 대체할 수 있고 옥수수가루나 밀가루 단독으로 사용할 수도 있으며, 혼합해서 사용하면 깊은 맛을 낼 수 있다.

③ 설탕을 50% 이상 넣으면 전분의 호화가 어려워 끈적이는 상태가 된다.

(3) 버터크림(Butter Cream)

버터크림은 풍미가 좋아야 하며, 입안에서 잘 녹고 공기가 충분히 함유되어 가벼운 것이 좋다. 오랫동안 형태를 유지하고 분리되지 않아야 하며, 시간이 지나면 조직이 굳어지지만 이것을 다시 혼합했을 때 원래의 부드러운 크림으로 복원되어야 한다.

① 버터, 액당(끓인 설탕물)을 기본재료로 하여 난백, 난황, 물엿, 양주, 향료 등의 재료를 넣고 만든 크림이다.

(4) 요구르트 생크림(Yogurt Fresh Cream)

① 요구르트 생크림은 생크림, 플레인 요구르트와 요구르트 페이스트를 각각 1:1:1로 넣고 휘핑해서 만든 것이다.

② 요구르트의 상큼한 맛과 생크림의 부드러운 맛을 함께 느낄 수 있다.

③ 요구르트 생크림의 경우 다른 채소류와 함께 샌드위치에 사용할 수 있다.

4) 앙금류

앙금류는 앙금의 제조 원료로 사용하는 콩, 팥, 흰팥, 잠두, 완두콩 등이 있고 앙금 제조 후에 나타나는 색깔에 따라 붉은색의 적앙금과 흰색의 백앙금으로 나눈다.

적앙금에 사용되는 원료는 팥이 대표적이고 백앙금의 원료콩은 강낭콩이 사용된다.

단팥빵에 사용되는 끓인 앙금은 적앙금 100g(수분 60% 기준)에 대해서 설탕을 65~75g 정도 넣고 끓인 것이다.

(1) 앙금류의 종류

① 앙금은 전분 함량이 많은 팥, 완두콩 등을 삶아서 물리적 방법으로 분리한 것을 말하며, 보통 이 상태의 앙금을 물앙금 또는 생앙금이라 한다.

② 생앙금 자체는 특별한 맛이 없기 때문에 여기에 설탕과 같은 당류를 첨가해 단맛을 내는데 이것을 끓인 앙금이라 한다.

③ 적앙금에 사용되는 원료는 팥이 대표적이고 백앙금의 원료 콩으로는 강낭콩이 사용된다.

(2) 조림앙금의 제조 방법

① 단팥빵의 앙금은 적앙금 100g(수분 60% 기준)에 대해서 설탕을 65~75g 정도 넣고 끓인 것이다.

② 샌드위치나 양갱에 들어가는 앙금은 고배합 끓인 앙금으로 적앙금 100g에 대하여 설탕 90~100g 정도 그리고 물엿을 15g 정도 첨가하여 만든다.

③ 끓인 앙금은 생앙금에 40~50%의 물과 설탕을 첨가한 다음 가열하면서 일정한 속도로 저어주면서 농축시킨다.

5) 잼류

과일류 또는 채소류를 당류 등과 함께 젤리화 또는 시럽화한 저장성이 높은 가공식품으로 잼, 마멀레이드, 기타 잼류 등이 있다. 잼류의 가공에는 과일 중에 있는 펙틴, 산, 당분의 세 가지 성분이 일정한 농도로 들어 있어야 적당하게 응고가 된다. 과일잼의 종류는 딸기잼, 포도잼, 사과잼, 살구잼 등 다양하다.

(1) 잼의 제조과정

① 잼류의 가공에는 과일 중에 있는 펙틴, 산, 당분의 세 가지 성분이 일정한 농도로 들어있어야 적당하게 응고된다.

② 펙틴은 과일이나 채소류의 세포막이나 세포막 사이의 결절물질인 동시에 세포벽을 구성하는 중요한 물질로 식물조직의 유연조직에 많이 존재하는 다당류이다.

③ 산은 과일 속에 존재하는 유기산들로 젤리 형성에 직접관계가 있을 뿐 아니라, 맛을 좋게 하는 요소이므로 적당한 양이 있어야 한다.

④ 잼을 만들 때 당의 함유량은 60~65%가 적당한데 과일에는 8~15% 정도의 당이 함유되어 있으므로, 젤리 형성에 필요한 당도가 되게 하려면 설탕, 포도당, 물

엿 등의 당을 더 넣어야 한다.

(2) 펙틴, 산, 당분의 상호작용

① 펙틴, 산, 당분의 양이 일정한 비율이 되면 젤리화가 일어나는데 이들 상호 간에는 밀접한 관계가 있다.

② 펙틴의 양이 일정할 때 산의 양이 많으면 당분의 양이 적어도 젤리화가 일어나며, 산의 양이 적을 때는 당분이 많이 필요하다.

③ 산의 양이 일정할 때 펙틴의 양이 많으면 당분이 적어도 젤리화가 일어난다. 그러므로 산과 펙틴의 양이 많으면 당분을 적게 해도 젤리화가 일어난다.

6) 기타 충전물류

(1) 버터류

버터는 샌드위치를 만들 때 중요한 역할을 하는데 빵에 기름막을 형성하여 수분 흡수를 막고 맛을 지키고 빵과 속재료를 연결하는 접착제로서의 기능적인 역할뿐만 아니라 맛을 위해서 버터를 사용한다. 버터의 종류는 크게 가염버터, 무염버터, 발효버터, 무발효버터로 나누어지며, 들어가는 첨가물에 따라서 다양한 이름이 붙는다(마늘버터, 식용 달팽이 버터(에스카르고 버터), 레몬 버터, 토마토 버터, 로크포르(Roquefort) 버터, 앤초비(Anchovy) 버터).

① 가염버터와 무염버터

- 가염버터: 버터를 제조할 때 소금을 넣은 것(빵에 바를 때 사용)
- 무염버터: 소금을 첨가하지 않은 버터(빵과자, 요리에 사용)

② 발효버터와 무발효버터

- 발효버터: 원료인 크림을 젖산 발효시켜서 만든 것이므로 특유의 풍미와 신맛, 감칠맛이 있다 (유럽에서 많이 사용).
- 무발효버터: 버터향이 순하다.

③ 버터의 사용방법

버터를 상온에 두어서 부드러워졌을 때 빵에 바르는 것이 좋다. 부드러운 빵에

차갑고 단단한 버터를 바르면 빵의 표면이 손상되므로 주의한다. 또한 버터는 30℃ 전후에서 녹기 시작하는데, 버터가 녹으면 조직이 변해서 풍미가 떨어지므로 기온이 높아지면 냉장고에 보관하고 장시간 보관할 때는 냉동실에 넣는다.

(2) 치즈류

치즈에는 크림치즈, 피자치즈 등 시중에서 다양한 치즈가 유통되고 있다. 치즈는 젖소, 염소, 물소, 양 등의 동물의 젖에 들어있는 단백질을 응고시켜서 만든 제품으로, 단백질로 숙성 중에 미세하게 분해되기 때문에 소화 흡수가 잘 된다. 또한 비타민과 미네랄(Ca) 등의 영양소가 들어있다.

① 자연치즈: 자연치즈는 소, 산양, 양, 물소 등의 젖을 원료로 하며, 단백질을 효소나 그 밖의 응고제로 응고시키고, 유청의 일부를 제거한 것 또는 그것을 숙성시킨 것이다.

② 가공치즈: 가공 치즈는 자연 치즈를 분쇄하고 가열 용해하여 유화한 제품으로 숙성에 따른 깊은 맛은 없지만, 품질과 영양 면에서 모두 안정적이다. 견과류와 향신료, 허브 등을 섞어서 만든 것도 있다. 자연치즈의 원료는 생우유인데 반해 가공치즈의 원료는 자연 치즈를 가공한 것이다.

③ 베이커리에서 많이 사용하는 치즈

- 크림치즈(Cream Cheese)

  우유와 생크림을 섞어 만들며 부드럽고 가벼운 신맛이 나는 것이 특징이다. 일반적으로 제과에서 가장 많이 사용되고 있으며, 숙성이 덜 된 연질 치즈이므로 보존성이 떨어지는 편이다. 냉장고에서 보관하므로 사용하기 전에 실온에 꺼내놓았다가 사용하는 것이 좋다.

- 마스카포네 치즈(Mascarpone Cheese)

  이탈리아 북부 롬바르디아 지방에서 생산하는 치즈로, 우유에서 분리한 크림을 사용하므로 지방 함량이 높아 부드럽고 크림 향이 난다. 보통 티라미수 케이크를 만들 때 많이 사용한다.

- 리코타 치즈(Ricotta Cheese)

  치즈를 만들 때 나오는 유청을 이용하여 만든 이탈리아 치즈로 비숙성 크림 치즈의 일종이다. 부드럽고 단맛이 나는 것이 특징이며, 저어서 부드럽게 하여 커스터드 크림과 섞어 치즈 크림을 만들어 쓰기도 한다.

(3) 채소류

제과제빵에서 사용하는 채소류에는 양상추, 양배추, 치커리, 로메인상추, 셀러리, 토마토, 양파, 파프리카, 오이 등이 있다.

(4) 육가공품류

제과제빵에서 사용하는 육가공품류으로는 햄, 베이컨, 소시지, 기타 고기류 등이 있다.

(5) 소스류

제과제빵에서 사용하는 소스류는 발사믹 소스, 발사믹 크림소스, 머스터드 소스, 바질 소스, 갈릭 소스 등 다양한 소스가 있다.

(6) 허브류

제과제빵에서 사용하는 허브는 로즈메리, 바질, 딜, 오레가노(Oregano), 파슬리, 월계수 잎 등이 있다.

(7) 어류

어류는 연어, 새우, 참치 등이 사용된다.

(8) 견과류

제과제빵에서 많이 사용하는 견과류에는 호두, 아몬드, 캐슈너트, 헤즐넛, 피스타치오, 피칸, 마카다미아 등이 있다.

(9) 시럽류

시럽은 설탕과 물을 1:2 비율로 섞고 중불에서 끓여주며, 취향에 따라 레몬이나 월계수 잎, 시나몬스틱 등으로 향을 내어 다양한 곳에 사용한다. 부드럽고 촉촉한 느낌을 주는 케이크류를 만들 때나 제품에 단맛을 가미할 때 사용한다.

7) 토핑물 준비하기

① 슈거파우더(Sugar Powdered)는 입상형의 설탕을 분쇄하여 미세한 분말로 만든 다음 고운 눈금을 가진 체를 통과시켜서 만든 것으로 분당이라고도 한다. 분당은 입자가 미세하기 때문에 표면적이 넓어져서 수분을 흡수하여 덩어리가 져서 단단하게 되는 성질이 있기 때문에 이것을 방지하기 위해 3% 정도의 전분을 넣고 만든다.

② 계피설탕은 설탕에 계핏가루를 3~5% 정도 넣고 섞어서 만들며, 주로 도넛류에 사용된다.

③ 도넛 설탕은 포도당(분말), 쇼트닝(분말), 소금, 녹말가루와 향(분말)을 더하여 섞어서 만든 것으로 도넛의 토핑물로 널리 사용되고 있다.

④ 폰당(Fondant)은 식힌 시럽을 섞어서 설탕을 일부분 결정화하여 만든 제품으로 주로 제과의 아이싱(빵과자의 표면을 당으로 피복하는 것) 재료로 사용되지만 빵류에 바르기도 한다. 혼당이라고 불리기도 한다.

⑤ 초콜릿은 제과뿐만 아니라 제빵류의 토핑류로 널리 사용되는데 그 이유로는 특유의 단맛과 쓴맛 그리고 향이 있을 뿐만 아니라 온도를 높이게 되면 액체 상태로 존재하고 온도나 낮아지면 다시 고체 상태로 돌아가는 특징이 있어서 제품의 모양을 만들기에 매우 좋다.

21. 빵류 냉각(Bread Cooling)하기

오븐에서 구운 제품이 나오자마자 바로 팬에서 분리하여 식혀 제품의 온도를 낮추는 공정을 말한다. 오븐에서 바로 구워낸 뜨거운 빵은 껍질에 12%, 빵 속에 45%의 수분을 함유하고 있기 때문에 오븐에서 나오자마자 포장하면 수분 응축을 일으켜 곰팡이가 발생한다. 또한 제품의 껍질이나 속결이 연화되어 빵의 형태가 변형되고 사이즈가 큰 빵은 껍질에 주름이 생기며, 이런 현상을 방지하기 위해서 빵 속의 온도를 35~40℃, 수분함량을 38%로 낮추는 것이다.

1) 냉각 방법

① 냉각팬, 타공팬에 놓아 랙을 이용하여 실온에 두어 식히는 자연 냉각

② 선풍기 또는 에어컨을 이용하는 방법

2) 냉각의 목적

① 포장과 자르기를 용이하게 하며, 미생물의 피해를 막는다.
② 너무 오래 냉각을 하면 제품이 건조해져서 식감이 좋지 않다.
③ 식히는 동안 수분이 날아감에 따라서 평균 2%의 무게 감소 현상이 일어난다.

22. 포장(Packing)하기

냉각된 제품을 포장지나 용기에 담는 과정으로 유통과정에서 제품의 가치와 상태를 보호하기 위해 재품의 특성과 최근 포장 트랜드, 고객의 선호도 등에 따라 포장한다. 제품의 포장온도는 35~40℃가 냉각되었을 때 포장하여 미생물 증식을 최소화하고 신속한 포장으로 향이 증발되는 것을 방지하여 제품의 맛을 유지하도록 한다. 그러나 하드계열의 빵은 대부분 포장을 하지 않는다.

1) 포장의 목적

① 제품의 수분 증발을 방지하여 노화를 지연시킨다.
② 상품의 가치를 향상시킨다.
③ 미생물이나 유해물질로부터 보호한다.
④ 제품의 건조를 방지하여 적절한 식감을 유지한다.

2) 포장 용기의 위생성 및 포장효과

① 용기나 포장지 재질에 유해물질이 있어 식품에 옮겨져서는 안 된다.
② 용기나 포장지에서 첨가제 같은 유해물질이 나와서 식품에 옮겨져서는 안 된다.
③ 포장을 했을 때 제품이 파손되지 않고 안정성이 있어야 한다.
④ 포장을 했을 때 상품 가치를 높일 수 있어야 한다.
⑤ 방수성이 있고 통기성이 없어야 한다.
⑥ 많은 양의 제품포장은 기계를 사용할 수 있어야 한다.

23. 빵의 노화

빵의 노화란 빵의 껍질과 속결에서 일어나는 물리적 · 화학적 변화로 빵 제품(전분질 식품)이 딱딱해지거나 거칠어져서 식감, 향이 좋지 않은 방향으로 악화되는 현상을 빵의 노화라 한다. 곰팡이나 세균과 같은 미생물에 의한 변질과는 다르다.

1) 빵의 노화 현상 및 원인

① 빵 속의 수분이 껍질로 이동하여 질겨지고 방향을 상실한다.
② 수분 상실로 빵 속이 굳어지고 탄력성이 없어진다.
③ 알파 전분이 퇴화하여 베타 전분형태로 변한다.
④ 빵 속의 조직이 거칠고 건조하여 풍미가 없으며, 안 좋은 냄새가 난다.

2) 노화에 영향을 미치는 요인

(1) 저장시간

① 빵은 오븐에서 꺼낸 직후부터 바로 노화현상이 시작된다.
② 제품이 신선할수록 노화 속도가 빠르게 진행된다.
③ 빵의 저장장소에 따라서 노화속도가 다르다.

(2) 저장온도

① 빵은 냉장고에서 보관할 때가 노화가 제일 빠르다(0~5℃).
② 빵은 냉동실 온도가 -18℃ 이하에서는 노화가 멈춘다.
③ 빵의 보관온도가 높으면(43℃ 이상) 노화속도는 느리지만 미생물에 의해서 변질이 진행된다.

(3) 배합률

① 제품에 수분이 많으면 노화가 지연된다.
② 밀가루 단백질의 양과 질이 노화속도에 영향을 준다.
③ 펜토산은 수분보유능력이 놓아 노화를 지연시킨다.

(4) 노화에 영향을 주는 재료

① 밀가루의 단백질과 당의 맥아는 빵 속의 신선도를 개선시킨다.

② 유화제는 껍질의 신선도 개선과 빵 속의 신선도를 높인다.

③ 유지는 껍질의 신선도를 감소시키고 빵 속의 신선도는 높인다.

④ 소금은 신선도에 영향을 미치지 않는다.

⑤ 유제품은 껍질의 신선도는 개선시키나 빵 속의 신선도는 떨어진다.

3) 빵의 부패

부패(Putrefaction)란 단백질 식품이 미생물(혐기성 세균)의 작용을 받아 분해되고 악변하는 현상이다. 유기물이 부패하면 악취가 나는 가스가 발생하며, 탄수화물이 분해되는 현상을 발효, 지방이 분해되는 현상은 산패, 단백질이 분해되는 것을 부패라고 한다. 부패에 영향을 주는 요소에는 온도, 습도, 산소, 수분함량, 열 등이 있다. 빵의 노화와 부패의 차이점은 노화는 수분이 이동 · 발산하여 껍질이 눅눅해지고 빵 속의 푸석한 것이며, 부패는 미생물이 침입하여 단백질 성분을 파괴시켜 악취가 난다.

4) 빵 제품 평가

제품평가는 크게 외부 평가와 내부평가 식감으로 나누어 이루어진다. 외부평가는 빵의 부피(Volume), 껍질색(Crust Color), 균형(Symmetry), 내부평가는 빵의 조직(Texture), 기공(Grain), 내부색깔(Crumb Color) 등이며, 식감은 맛(Taste), 향(Aroma), 입속에서의 느낌(Mouse Feel) 등이다. 빵 제품의 평가는 다음과 같다.

① 빵의 색깔

오븐에서 나온 빵 제품의 껍질색은 진하거나 연하지 않는 먹음직스러운 황금갈색이 나야 하며, 윗면, 옆면, 밑면까지 색깔이 고르게 나야 한다.

② 빵의 부피

반죽의 무게에 맞게 전체적으로 봐서 빵의 부피가 적정해야 한다. 발효가 부족하거나 오버가 되어서는 안 된다.

③ 빵의 외부균형

제품의 종류에 따라서 그에 맞는 모양과 크기가 일정하고 대칭을 이루어야 하며, 외부가 찌그러져 균형이 맞지 않으면 안 된다.

④ 빵의 내상

빵 속의 기공이 적절하게 있고 조직이 균일하고 부드러워야 한다.

⑤ 빵의 맛, 향

빵 특유의 은은한 향과 식감이 좋아야 한다.

5) 냉동빵 반죽하기

(1) 냉동생지 만드는 법

① 냉동반죽법을 이용하면 제품을 만들 때 기본적으로 발효시간이 필요 없다.
② 일반적으로 반죽은 후염법과 후이스트법을 이용한 직접법으로 제품에 따른 차이는 있지만 글루텐을 100% 완전하게 반죽한다.
③ 후염법 반죽은 반죽 시 글루텐이 40~50% 시점에 소금을 넣고, 후이스트법은 글루텐 발전이 60~70% 시점에 이스트를 넣는 방법을 말한다.
④ 반죽시 주의할 점은 과도한 반죽은 하지 않는 것이 좋으며, 반죽온도는 18~20℃로 낮게 한다.
⑤ 분할하고 5~10분 정도 중간발효를 한 후에 성형을 마친다.
⑥ 냉동반죽 성형은 보다 탄성이 좋게 단단하게 성형한다.
⑦ 발효를 최소한으로 줄여줘야 하므로 최대한 빠르게 작업한다.
⑧ 성형이 끝나면 반죽은 −35~−40℃의 냉동고에 급속 냉동한다.
⑨ 급속냉동은 반죽에 들어 있는 수분을 조직 속에서 작은 결정체를 이루게 되어 조직을 파괴하지 않는다.
⑩ 장기 보관하여 제품을 만들 때에는 −18~−25℃에서 냉동 저장한다.

(2) 냉동반죽법의 주의점

① 물이 많아지면 이스트가 파괴되므로 가능한 한 수분을 줄인다(63~57%).
② 냉장 중 이스트가 줄어 가스발생력이 떨어지므로 이스트 사용량을 늘린다(보통 2~3% 사용 → 3.5~5.5% 사용).

③ 소금은 반죽의 안정성을 도모한다(1.75~2.5% 사용).

④ 냉장 중 이스트가 죽어 환원성 물질이 생성되어 반죽이 퍼지므로 되직하게 반죽한다.

⑤ 저장시 −40℃로 급속 냉동하여 −18~−25℃에 보관해야 이스트가 살아남을 수 있다.

(3) 냉동생지 사용법

① 냉동된 제품은 해동과정을 거치는 동안에 이스트의 활성을 서서히 회복하기 때문에 냉동뿐만 아니라 해동과정에도 매우 중요한 역할을 하게 된다.

② 냉동생지는 냉동고에서 꺼내 우선 냉장고(1~7℃)에서 15~20시간 정도 꺼내 놓았다가 작업대 위에서 성형한 다음 발효시켜 굽기를 한다.

③ 성형을 하여 냉동실에 보관된 것은 냉동실에서 꺼낸 후 바로 패닝을 하여 발효실 온도 27~29℃, 습도 70~75℃에서 2~3시간 충분히 발효하여 굽기를 한다.

(4) 냉동제품의 장점

① 일반 반죽법보다 발효시간이 줄어들어 만드는 전체시간이 짧아진다.

② 운반이 쉽고 다품종 소량생산이 가능하다.

③ 제품 취급하기가 편리하고 특정한 날 사용하기 좋아 생산능률을 최대화할 수 있다.

④ 냉동반죽의 대표적인 제품은 식빵류, 데니시류, 머핀, 도넛, 쿠키류, 케이크 등이다.

(5) 냉동저장 시 반죽변화

① 이스트 세포가 일부 사멸되어 가스보유력과 가스발생력이 떨어진다.

② 이스트가 일부 사멸되어 환원성 물질(글루타티온)이 나와 반죽이 퍼진다.

(6) 냉동반죽의 해동방법

① 리타더(Retarder) 해동

- 냉동반죽이 필요할 때 사용하기 전날 리타더에 넣어 해동해서 다음날 사용하는 것이 보통이며, 반죽은 해동하여 5℃까지 유지한다.

- 5℃에서 해동된 반죽은 다음 공정으로 즉시 옮겨가지 못하므로 일반 상온상태까지 온도를 상승시키는 복원과정을 거쳐야 한다.
- 해동 시 주의할 점은 빙결점 이상의 저온에서도 이스트, 밀가루의 효소가 활동을 시작하기 때문에 빠른 작업과 관리가 중요하다.
- 냉동반죽을 해동 후 바로 2차 발효실에 넣으면 발효실 안과 생지 온도차가 크게 나기 때문에 생지 표면이 과도하게 젖어 최종 제품의 껍질에 반점이 생기기 쉬우므로 비닐을 씌운다.
- 실온에 20~30분 두었다가 생지온도를 상승시킨 다음 2차 발효실에 넣는 것도 한 방법이다.

② 도우 컨디셔너 해동

- 내부의 온도 및 습도를 자동으로 조절 가능한 기계장치이므로 냉동 반죽이 해동부터 발효까지 가능하다.
- 발효까지 이루어져 있기 때문에 새벽 작업 시간을 크게 단축할 수 있어 베이커리 주방에서 많이 사용하고 있다.
- 도우 컨디셔너는 안에서 온도를 천천히 조금씩 상승시키기 때문에 반죽 표면에 과도한 습도가 생기지 않는다.

③ 실온 해동

- 반죽에 비닐을 덮지 않고 해동하면 실온과 반죽온도의 차이가 커지기 때문에 공기 중의 수분이 반죽표면에 응결되어 반죽이 많이 젖게 된다.
- 반죽에 수분이 많이 젖게 되면 최종제품에 반점이 발생할 수 있으므로 이를 방지하기 위하여 실온해동 중에 반죽표면을 비닐로 감싸 공기 중의 수분이 반죽에 직접 응결하지 않도록 한다.

④ 급속 해동

- 급속 해동은 강제적으로 발효실에 넣어 발효시켜서 반죽표면에 수분이 많이 발생하고 이스트의 활동이 불균일하게 되며, 반죽이 늘어져 제품의 볼륨이나 부피, 외부균형이 나쁘게 된다.

- 온도, 습도, 반죽의 상태 등을 잘 파악하여 해동하고, 가급적 급속 해동은 하지 않는 것이 좋다.

⑤ 전자레인지 해동

- 전자레인지 해동은 매우 급할 때 사용하며, 잘 사용하지 않는 방법이다. 전자레인지에 반죽을 넣고 몇 번에 거쳐 짧은 시간(15~20초) 작동시킨 후, 반복하여 해동하는 것이 중요하기 때문에 자리를 비우지 못한다.

(7) 해동의 조건과 특징

① 수분

- 해동을 할 때 반죽의 표면에 수분은 매우 중요하며, 표면이 과도하게 젖으면 오븐에서 터지게 되고 반대로 건조하면 색깔이 고르게 나지 않고 반점이 생긴다.
- 해동 시 표면 수분의 적절한 유지를 위해 리타더로 해동하거나 실온에서 해동할 경우 반죽이 마르지 않고 공기 중의 수분이 비닐 위에 응결되어 반죽이 많이 젖지 않게 된다.
- 해동 후에도 비닐을 덮어 건조되는 것을 방지하면서 작업을 해야 한다.

② 온도와 시간

- 해동 시 반죽 표면과 중심부까지 가능한 동시에 해동하는 것이 이상적이나 열전도율이 낮기 때문에 반죽의 중심부까지 온도를 올리는 시간은 많이 소요된다.
- 높은 온도에서 해동하면 표면이 발효가 되고 발효된 반죽은 이산화탄소에 의해 만들어진 많은 기포를 가지고 있기 때문에 단열성이 커져 중심부에 열이 전도되는 데 시간이 더 걸리게 된다.
- 시간적 여유를 두고 천천히 준비하여 표면을 마르지 않게 해동해서 구워야 빵의 표면이 거칠지 않고 매끈하며, 볼륨감이 좋다.

  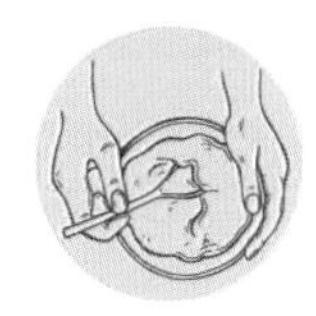 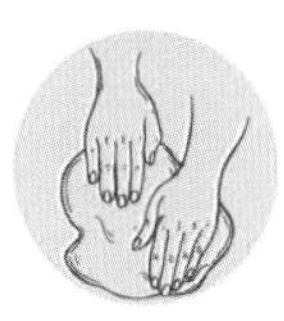 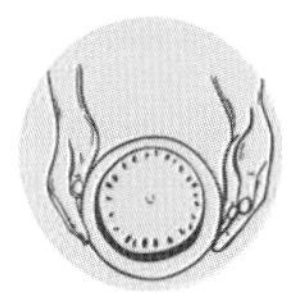

3
CHAPTER

제과 이론

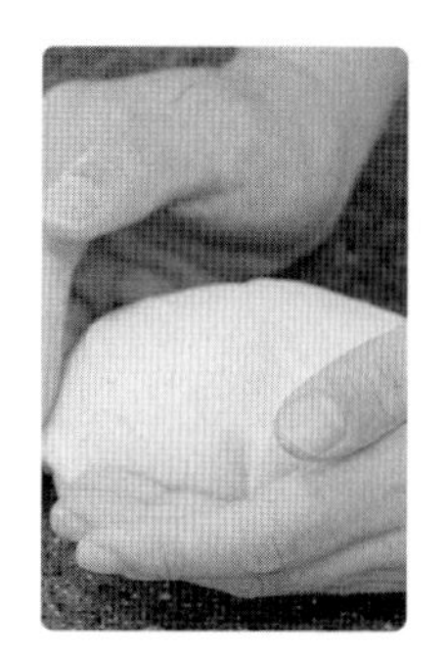

CHAPTER

3 제과 이론

1. 제과 · 제빵을 구분하는 기준

제과와 제빵을 구분하는 기준은 다양하게 있으나 그중에서도 이스트의 사용유무가 제일 중요한 기준이다. 또한 배합비율, 밀가루의 종류, 반죽상태, 제품의 주재료 등에 따라서도 분류한다.

1) 팽창 형태에 따른 분류

① 화학적 팽창(Chemically Leavened)

베이킹파우더, 중조, 암모늄 같은 화학 팽창제를 사용하여 제품을 팽창시키는 방법으로 반죽형 케이크가 대부분 여기에 속한다. 케이크도넛, 과일케이크, 파운드케이크, 머핀케이크, 쿠키류, 핫케이크 등이 있다.

② 공기 팽창(Air Leavened)

달걀을 사용하여 거품을 올려 포집된 공기에 의해서 반죽의 부피를 팽창시키는 방법으로 스펀지케이크(Sponge Cake), 시폰케이크(Chiffon Cake), 엔젤푸드케이크(Angel Food Cake), 머랭(Meringue), 마카롱(Macaroon) 등이 있다.

③ 유지 팽창(Fat Leavened)

밀가루 반죽에 충전용 유지를 넣고 밀어 펴기를 하여 결을 만들어 굽는 동안에 유지의 수분이 증발하여 반죽을 팽창시키는 방법으로 퍼프 페이스트리(Puff Pastry), 데니시 페이스트리(Danish Pastry) 등이 있다.

④ 무 팽창(Not Leavened)

반죽에서 팽창을 하지 않는 방법으로 쿠키, 타르트의 기본 반죽, 파이껍질 등이 있다.

⑤ 복합형 팽창(Combination Leavened)

다양한 종류의 팽창형태를 겸한 것으로 공기팽창과 이스트, 공기팽창과 베이킹파우더, 이스트와 베이킹파우더 등 공기팽창과 화학팽창을 혼합하는 형태를 말한다.

2) 제과반죽에 따른 분류

제과반죽은 제품의 외향이나 배합률, 제품의 특성에 따라서 분류한다.

(1) 반죽형 케이크

반죽형 케이크는 밀가루, 설탕, 달걀, 우유 등의 재료에 의하여 케이크 구조를 형성하고 상당량의 유지를 사용한다. 완제품의 부피는 베이킹파우더와 같은 화학적 팽창제에 의존하며, 부피 정도에 따라 식감이 다르다. 파운드케이크, 레이어 케이크, 과일 케이크, 컵케이크, 바움쿠헨, 초콜릿케이크, 마들렌 등이 있다.

① 크림법(Creaming Method)

반죽형의 케이크의 대표적인 반죽법으로 유지와 설탕을 부드럽게 만든 후 달걀 등의 액체 재료를 서서히 투입하면서, 부드러운 크림을 만들고 마지막으로 체 친 가루재료를 넣고 가볍게 혼합하는 전통적인 방법의 믹싱법이다. 부피가 큰 제품을 얻을 수 있는 장점과 유연감이 적은 단점이 있다.

② 블랜딩법(Blending Method)

유지와 밀가루를 믹싱 볼에 넣고 밀가루가 유지에 의해 가볍게 코팅되도록 한 후 다른 건조 재료와 액체 재료를 일부 넣고 부드럽게 혼합한다. 마지막으로 나머지 액체 재료 등을 넣으면서 덩어리가 없는 균일한 상태의 반죽을 만드는 방법이다. 밀가루는 액체와 결합하기 전에 유지로 코팅되어 글루텐이 형성되지 않기 때문에 제품의 조직을 부드럽게 하고, 유연감은 좋으나 부피가 작다. 파이껍질 등 부피가 많이 형성되지 않는 제품을 만들 때 사용한다.

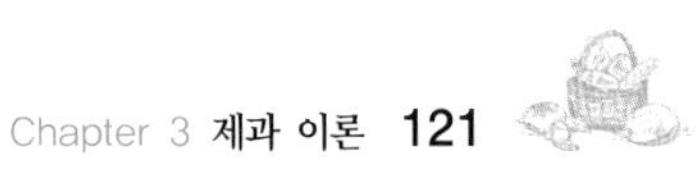

③ 설탕물법(Sugar Water Method)

설탕 2 : 물 1로 액당을 만들고 건조 재료 등과 달걀을 넣어 반죽하는 것으로 양질의 제품생산과 운반의 편리성으로 규모가 큰 양산업체에서 사용한다. 대량생산이 가능하고 설탕 입자가 없으므로 제품의 균일하고 속결이 고우며 포장 공정 단축, 포장비 절감 등의 장점이 있으나 액당 저장탱크, 이송파이프 등 시설비가 많이 드는 단점이 있다.

④ 단단계법(Single Stage Method)

제품에 사용되는 모든 재료를 한꺼번에 넣고 반죽하는 방법으로 노동력과 제조 시간이 절약되고 대량생산이 가능하다. 단점으로는 성능이 우수한 믹서를 사용해야 하며, 팽창제나 유화제를 사용하는 것이 좋으며, 믹싱시간에 따라서 반죽의 특성을 다르게 해야 한다.

(2) 반죽형 케이크 작업 시 주의사항

① 볼에 유지와 설탕을 넣고 충분히 크림화(5~8분)한 후 반죽의 색깔이 변화되면 달걀을 소량씩 나누어 넣는 것이 중요하며, 한 번에 많이 넣으면 분리가 일어난다. 쿠키류를 제외한 일반 대부분의 제품은 설탕을 완전히 용해시켜야 한다.

② 날씨가 추워서 또는 냉장 보관한 단단한 유지를 바로 사용해야 할 때는 가스불 혹은 전자레인지를 사용해 녹지 않을 정도로 부드러운 상태가 되어야 크림화가 잘 이루어진다.

③ 균일한 반죽을 얻기 위해서는 반죽하는 과정에서 볼 측면과 바닥을 수시로 고무 주걱으로 긁어 주는 것이 중요하다.

④ 많은 양의 달걀을 빠른 시간 안에 넣을 때는 소량의 분유 또는 밀가루를 첨가하면 수분을 흡수해 크림이 분리되는 것을 막을 수 있다.

⑤ 밀가루와 유지를 섞을 때는 천천히 골고루 혼합하여, 밀가루가 날리지 않게 하고 덩어리가 생겨나지 않도록 조심한다.

(3) 거품형 케이크(Foam Type)

달걀 단백질의 교반으로 신장성과 기포성, 변성에 의해 부피가 팽창하여 케이크

구조가 형성되며, 일반적으로 유지를 사용하지 않으나 유지를 사용할 경우 반죽의 최종단계에 넣고 마무리한다. 거품형 케이크 특징은 해면성이 크며, 제품이 가볍다. 스펀지케이크, 젤리롤케이크, 엔젤푸드케이크, 버터스펀지케이크, 달걀흰자만 사용하는 머랭(Meringue) 등이 있다.

① 공립법

달걀흰자와 노른자를 같이 넣고 설탕을 더하여 거품을 내는 방법으로 공정이 간단하며, 더운 반죽법(Hot Sponge Method)과 찬 반죽법(Cold Sponge Method)이 있다. 더운 반죽법은 달걀과 설탕을 중탕하여 저어 38~45℃까지 데운 후 거품을 올리는 방법이다. 고율배합에 사용하며, 기포성이 양호하고 설탕의 용해도가 좋아 껍질색이 균일하다. 찬 반죽법은 현장에서 가장 많이 사용하는 방법으로 달걀에 설탕을 넣고 거품을 내는 형태로 베이킹파우더를 사용할 수도 있으며, 반죽온도는 22~24℃ 저율배합에 적합하다.

② 별립법

달걀의 노른자와 흰자를 분리하여 각각에 설탕을 넣고 거품을 올리는 방법으로 기포가 단단하기 때문에 짤 주머니로 짜서 굽는 제품에 많이 사용한다. 다른 재료와 함께 노른자 반죽, 흰자 반죽을 혼합하여 제품의 부피가 크고 부드럽다. 별립법 반죽을 할 때는 다음과 같이 한다.

- 볼에 흰자와 노른자를 나눠 각각에 설탕을 따로따로 넣고 거품을 올린다.
- 노른자 거품에 머랭의 1/3 또는 1/2을 넣고 섞어준 후 가루 재료와 혼합한다.
- 나머지 머랭을 넣고 가볍게 혼합한다.

③ 제누아즈법

스펀지케이크 반죽에 버터를 녹여서 넣고 만든 방법으로 달걀의 풍미와 버터의 풍미가 더해져 맛이 뛰어나며, 제품이 부드럽다. 버터는 중탕으로 50~60℃ 녹여서 사용하며, 반죽의 마지막 단계에 넣고 가볍게 섞는다.

④ 시폰형 케이크(Chiffon Type)

별립법처럼 달걀을 흰자와 노른자로 나누어서 믹싱을 하나 노른자는 거품을 내지 않고 다른 재료와 섞어 반죽형으로 하고 흰자는 설탕과 섞어 머랭을 만들

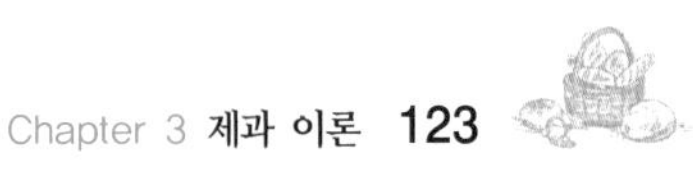

어 화학팽창제를 첨가하여 팽창시킨 반죽이다. 즉 반죽형과 거품형의 조합한 방법으로 제품의 기공과 조직의 부드러움이 좋으며, 레몬시폰케이크, 녹차시폰케이크, 초코시폰케이크 등이 있다.

(4) 머랭(Meringue)법

거품형 케이크의 일종으로 달걀흰자만을 이용하여 과자와 디저트에 많이 쓰이며, 설탕을 넣는 방법에 따라 특성이 달라진다. 크게 나누면 익힌 것과 익히지 않은 것에 따라 프렌치 머랭, 이탈리안 머랭, 스위스 머랭 등으로 나뉜다.

① 이탈리안 머랭(Italian Meringue)

- 알루미늄 자루냄비에 물, 설탕을 넣고 끓인다(116~118℃).
- 거품올린 흰자에 끓인 설탕 시럽을 부어주면서 머랭을 만든다.
- 무스케이크와 같이 굽지 않는 케이크, 타르트, 디저트 등에 사용하며, 버터크림, 커스터드크림 등에 섞어 사용하기도 한다.

② 스위스 머랭(Swiss Meringue)

- 스위스 머랭은 달걀흰자와 설탕을 믹싱 볼에 넣고 잘 혼합한 후에 중탕하여 45~50℃가 되게 한다.
- 달걀흰자에 설탕이 완전히 녹으면 볼을 믹서에 옮겨 팽팽한 정도가 될 때까지 거품을 낸다.
- 슈거파우더를 소량 첨가하여 각종 장식 모양(머랭 꽃, 머랭 동물, 머랭 쿠키 등)을 만들 때 사용한다.

③ 찬 머랭(Cold Meringue)

- 달걀흰자 거품을 올리면서 설탕을 조금씩 넣어주며 만드는 머랭이다.
- 만드는 목적에 따라 설탕과 흰자의 비율이 달라지며, 머랭의 강도를 조절하여 만든다.
- 머랭의 강도는 젖은 피크(50~60%), 중간 피크(70~90%), 강한 피크(90% 이상)로 나눌 수 있다.

④ 더운 머랭(Hot Meringue)

- 설탕과 흰자를 중탕하여 설탕의 입자를 녹인 후 거품을 충분히 올린다.
- 결이 조밀하고 강한 머랭이 만들어진다.

⑤ 머랭을 만들 때 주의할 사항

- 흰자를 분리할 때 노른자가 들어가지 않도록 한다.
- 믹싱 볼이 깨끗해야 한다(기름기나 물기가 없어야 함).
- 거품을 올릴 때는 빠르게 하고 나중에는 속도를 줄여 기포를 작게 하여 단단한 머랭이 되도록 한다.

⑥ 거품형 케이크 작업 시 주의할 사항

- 달걀흰자로 머랭을 제조할 때 사용하는 도구에는 기름기가 없게 한다.
- 중탕 온도가 45℃ 이상 되면 달걀이 익어서 완제품의 속결이 좋지 않고 부피가 줄어들 수 있으므로 주의한다.
- 달걀 거품은 저속 → 중속 → 고속 순으로 믹싱하다가 다시 중속으로 믹싱하여 기포가 균일하도록 하고 나서 내려 반죽한다.
- 가루재료 밀가루 베이킹파우더 등은 체 친 후 덩어리가 생기지 않게 섞어준다. 반죽을 많이 할 경우 글루텐 발전이 생겨 부피가 작고 단단한 제품이 될 수 있으니 유의한다.
- 식용유나 용해한 버터를 넣을 때는 반죽을 조금 덜어 섞은 다음 전체 반죽에 넣는다. 많은 양의 액체 재료를 넣을 때는 비중이 높아 액체가 가라앉기 때문에 위아래 부분을 골고루 잘 섞어준다.
- 거품형 케이크는 수분 증발로 수축이 심하게 발생하게 되는데, 오븐에서 꺼내는 즉시 바닥에 약간 내려쳐 충격을 주면 수축을 줄일 수 있다. 팬 사용 시 제품을 빠른 시간 내에 빼내야만 수축하는 것을 방지할 수 있다.

2. 제과 반죽에서 재료의 기능

1) 밀가루(Flour)

① 구조형성: 밀가루와 달걀 등의 단백질이 제품의 뼈대를 형성한다.

② 연질소맥에서 얻는 박력분 단백질함량 7~9%, 회분함량 0.4 이하, pH 5.2

③ 밀가루 특유의 향이 제품의 향에 영향을 미친다.

2) 설탕(Sugar)

① 감미: 설탕 고유의 단맛을 내는 감미제로 전체 제품의 맛을 좌우한다.

② 껍질색: 캐러멜화 또는 갈변반응에 의해 제품의 껍질색을 낸다.

③ 수분 보유력을 높여 노화를 지연시키고 신선도를 유지한다.

④ 연화작용을 하여 제품을 부드럽게 한다.

3) 유지(Fat and Oil)

① 크림성: 믹싱할 때 공기를 혼입하여 크림이 되는 성질로 반죽형 케이크에서 크림법 제조

② 쇼트닝성(기능성): 제품을 부드럽게 하거나 바삭함을 주는 성질(쿠키, 크래커) 이용

③ 신장성: 파이 제조 시 유지를 반죽에 감싸 밀 때 반죽 사이에서 밀어 펴지는 성질(퍼프페이스트리 충전용 버터)

④ 안정성: 유지가 산패에 견디는 성질(튀김류)

⑤ 가소성: 온도 변화에 상관없이 항상 그 형태를 유지하려는 성질(페이스트리 충전용 버터)

4) 달걀(Egg)

① 구조형성: 달걀의 단백질이 밀가루의 단백질을 보완한다.

② 수분공급: 전란의 75%가 수분이다.

③ 결합제: 커스터드크림을 엉기게 한다.

④ 팽창작용: 반죽 중 공기를 혼입하므로 굽기 중에 팽창한다.

⑤ 유화제: 노른자의 레시틴이 유화작용을 한다.

5) 우유(Milk)

우유 속에 들어있는 유당은 다른 당과 함께 의해 껍질색을 내며, 수분을 보유하여 제품의 노화를 지연시키고 제품을 신선하게 오래 보관할 수 있게 해준다.

6) 물

반죽의 되기를 조절하고, 제품의 식감을 조절한다. 또한 글루텐 형성에 필수적이며, 재료를 물에 녹여 넣고 만들어야 하는 제품에는 일관성을 부여한다.

7) 소금

다른 재료들의 맛을 나게 하며, 설탕이 많을 때는 단맛을 순화시키고 적을 때는 단맛을 증진시킨다.

8) 향료 · 향신료

특유의 향냄새로 인해 제품을 차별화 하고 향미를 개선한다.

9) 베이킹파우더

제품에 부드러움을 주는 연화작용과 팽창작용에 의한 기공과 크기를 조절해준다. 산성재료이므로 완제품에 색과 맛에 영향을 미친다.

  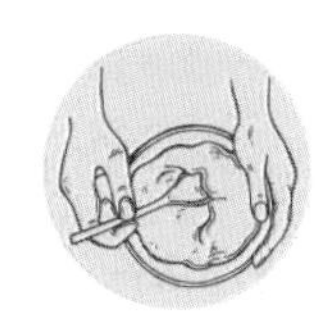 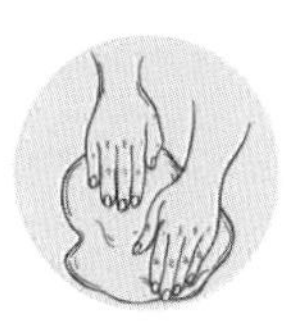 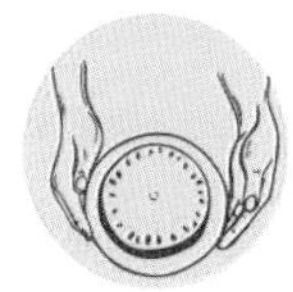

4
CHAPTER

제과의 제조공정

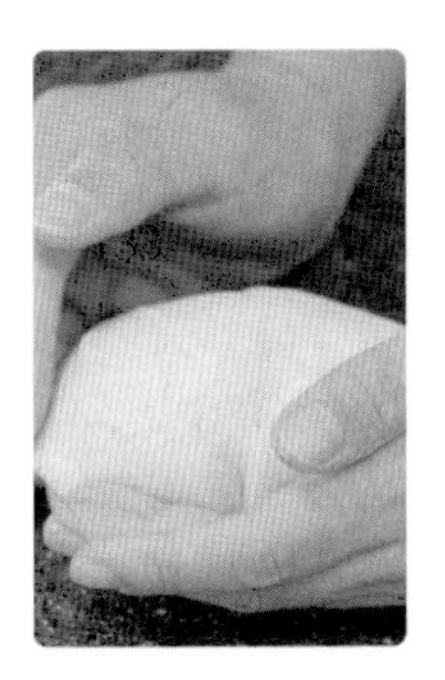

CHAPTER

4 제과의 제조공정

반죽법 결정–배합표 작성–재료계량–전처리–반죽–정형–패닝–굽기, 튀기기–장식–포장

1. 반죽법 결정

제품의 종류와 특성, 들어가는 재료에 따라서 반죽법을 결정한다.

2. 배합표 작성과 재료 계량하기

1) 배합표

배합표란 제품을 만드는 데 꼭 필요한 재료의 양을 숫자로 표시한 것으로 모든 제품의 배합표는 기본 배합표에 따라서 제조하는 것이 원칙이나 날씨와 작업장의 온도 상태 등의 조건에 따라 조금 달라질 수 있으므로 기본 배합에 충실하면서 상황에 따라서 조정할 수도 있다.

(1) 베이커스 백분율(baker's %)

배합표에 있는 밀가루를 100으로 기준 잡아, 각각의 재료를 밀가루에 대한 백분율로 표시한 것으로 밀가루를 기준으로 소금이나 설탕 등의 비율을 조정하여 맛을 조절할 때 편리하다. 주로 제품을 개발하는 연구실이나 소규모 베이커리에서 소비자의 기호에 맞는 제품을 생산할 때, 배합률을 작성할 때 사용하는데 생산량을 계산하기가 편하다.

- baker's (%) = $\frac{\text{각 재료의 중량(g)}}{\text{밀가루의 중량(g)}} \times$ 밀가루의 비율(%)

(2) 트루 퍼센트(true %)

배합표에 있는 총 재료에 사용된 양의 합을 100으로 나타낸 것으로, 일반적으로 통용되는 전통적인 %로 백분율을 나타낸다. 생산하고자 하는 제품의 수량이 정해지면 재료의 양을 산출하는 방법으로 이용되고, 주로 대량 생산 공장에서 사용하며. 원가 관리가 쉽다. 소규모 베이커리인 경우, 일정하게 생산량이 정해진 곳이나 배합표의 변경이 필요하지 않은 곳에서 생산할 때도 사용한다.

- true (%) = $\frac{\text{각 재료의 중량(g)}}{\text{밀가루의 중량(g)}} \times$ 총 배합률(%)

3. 배합표 작성 방법(예)

재료	비율(%)	중량(g)
박력분	100	500
설탕	100	500
달걀	98	490
버터	100	500
소금	2	10
합계	400	2000

1) 배합표 비율을 확인한다.
2) 생산량에 맞도록 배합량을 계산한다.

예시) 분할 중량 500g인 케이크 4개 제조 시 배합표를 작성하시오.

(1) 총배합량 = 2,000g (분할 중량 500g × 4개)

(2) 총배합률 = 400%

(3) 밀가루 비율 = 100%

(4) 밀가루 중량: 2,000 × 100 / 400 = 500g

* 밀가루 100% → 500g 사용으로 5배 증가

(5) 설탕: 100 × 5 = 500g

(6) 달걀: 98 × 5 = 490g

(7) 버터: 100 × 5 = 500g

(8) 소금: 2 × 5 = 10

4. 재료 계량하기

준비된 재료를 낭비하지 않고 균일한 제품을 만들기 위해서는 정확한 계량을 하여야 한다. 재료 계량 시 재료의 무게를 측정할 때는 저울을 사용하여 계량하며, 부피를 측정하는 경우 계량스푼과 계량컵을 이용하여 계량한다. 제시된 배합표에 따라 재료를 계량하여 균일하게 제품을 생산하기 위해서는 저울을 사용하며, 용도에 따라 다양한 저울이 사용된다. 저울의 종류에는 지시저울(앉은뱅이저울), 부등비접시저울, 부등비저울, 전자저울 등이 있으나, 지시저울과 전자저울이 가장 많이 사용되고 있다.

5. 제과류 케이크에서 고율 배합과 저율 배합 차이점

고율 배합	저율 배합
설탕 ≧ 밀가루 비중 낮다 화학 팽창제 사용량이 적다. 공기 흡입량이 많다. 오버 베이킹	설탕 ≦ 밀가루 비중 높다 화학 팽창제 사용량이 많다. 공기 흡입량이 적다. 언더 베이킹

① 원하는 제품을 만들기 위해서는 제품의 특성을 파악하고 필요한 재료의 양을 정확하게 계산해야 하며, 재료의 기능과 역할을 이해하고 배합표의 작성이 필요하다.

② 배합표 작성은 제품생산량에 따라 필요한 양을 조절할 수 있어야 한다.

③ 배합량 계산법

- 밀가루의 무게(g) = $\frac{\text{밀가루 비율(\%)} \times \text{총반죽무게(g)}}{\text{총배합률(\%)}}$

- 각 재료의 무게(g) = $\frac{\text{총배합률(\%)} \times \text{밀가루 무게(g)}}{\text{밀가루 비율(\%)}}$

- 총반죽무게(g) = $\frac{\text{총배합률(\%)} \times \text{밀가루 무게(g)}}{\text{밀가루 비율(\%)}}$

- 트루 퍼센트 = $\frac{\text{각 재료의 중량(g)}}{\text{총재료 중량(g)}} \times 100$

6. 재료의 전처리

건조 재료의 경우 이물질 제거하고 덩어리지는 것을 방지하며, 두 가지 이상의 재료 혼합을 용이하게 하고 분산성을 위해 체로 쳐서 준비한다. 건조 과일의 경우 풍미 향상, 식감 개선과 제품 내부의 수분이 건조 과일의 이동을 최소화하기 위해 전처리 과정을 한다.

① 가루 종류의 전처리(Sifting)는 고운체를 이용하여 바닥면과 너무 가까이 치지 않고 적당한 거리를 두고 공기 혼입이 잘 되도록 체질한다.

② 건조 과일의 전처리 방법은 건포도의 경우 건포도의 12%에 해당하는 27℃의 물을 첨가하여 4시간 후에 사용하거나, 건포도가 잠길 만한 물을 넣고 10분 이상 두었다가 체에 밭쳐 사용하며, 기타 건조 과일은 용도에 따라 자르거나 술에 담가 놓은 후 사용한다.

③ 견과류의 전처리는 제품의 용도에 따라 오븐에 굽거나 팬에 볶아서 사용한다.

7. 제과 반죽온도

반죽온도는 케이크 제조 시 매우 중요하다. 반죽온도에 영향을 미치는 요인은 사용하는 각 재료의 온도와 실내온도, 장비온도, 믹싱법 등에 따라 반죽온도가 다르게 나타난다.

① 반죽온도는 제품의 굽는 시간에 영향을 주어서 수분, 팽창, 표피 등에 변화를 준다.

② 낮은 반죽의 온도는 기공이 조밀하다. 또한 부피가 작아지고 식감이 나쁘다. 높은 온도는 열린 기공으로 조직이 거칠고 노화가 되기 쉽다.

③ 반죽형 반죽법에서 반죽온도는 유지의 크림화에 영향을 미치는데 유지의 온도가 22~23℃일 때 수분함량이 가장 크고 크림성이 좋다.

8. 제과 반죽온도 계산법

① 계산된 물 온도 = 희망 반죽온도×6 − (실내온도 + 밀가루온도 + 설탕온도 + 달걀온도 + 쇼트닝온도 + 마찰계수)

② 마찰계수 = 결과 반죽온도×6 − (밀가루온도 + 실내온도 + 설탕온도 + 쇼트닝온도 + 달걀온도 + 수돗물온도)

③ 얼음 사용량(g) = 물 사용량×(수돗물온도 + 사용할 물의 온도)/80 + 수돗물온도

9. 반죽온도의 영향

제품을 만드는 과정에서 믹싱하는 동안 반죽온도는 반죽의 공기포집 정도와 점도에 영향을 주어 반죽과 최종 제품의 품질에 영향을 미친다.

1) 반죽온도가 제품에 미치는 영향

① 반죽온도가 정상보다 낮을 경우

- 반죽온도가 정상보다 높다 제품의 내상 기공이 조밀하고 서로 붙어 있다.
- 제품의 부피가 작다.
- 굽는 시간이 길어지고 껍질이 좋지 않다.
- 식감이 나쁘다.

② 반죽온도가 정상보다 높을 경우

- 열린 기공으로 내상이 좋지 않다.

- 거친 조직으로 노화가 가속된다.
- 유지의 유동성 부족으로 공기포집력이 저하된다.

10. 반죽의 비중(Specific Gravity)

반죽의 공기 혼입 정도를 수치로 나타낸 값을 말한다. 즉 같은 용적의 물 무게에 대한 반죽무게(물 무게 기준)를 나타낸 값을 비중이라고 한다. 비중은 제품의 부피와 외형에도 영향을 주지만 내부 기공과 조직에도 밀접한 관계가 있기 때문에 반드시 적정한 비중을 만들어 주는 것이 중요하다. 비중이 높을수록 기공이 조밀하고 조직이 무거우며, 구워 나왔을 때 제품이 단단하고 작은 부피를 가진다. 반대로 비중이 낮을수록 열린 기공으로 제품의 기공이 크고 조직이 거칠며, 부피가 큰 제품이 나온다. 제품의 종류에 따라 반죽의 비중이 다르기 때문에 그에 맞는 비중을 맞추어야 한다. 또한 비중은 일정한 무게로 제품을 만들 때 부피에 많은 영향을 미치며, 제품의 부드러움과 조직, 기공, 맛, 향에도 중요한 인자이다.

(1) 비중계산법

비중 컵을 이용하여 비중을 측정하며, 비중을 계산할 때에 컵의 무게는 빼고 반죽무게와 물의 무게로만 계산한다.

- 비중 $= \dfrac{(\text{컵 무게} + \text{반죽무게}) - \text{컵 무게}}{(\text{컵 무게} + \text{물 무게}) - \text{컵 무게}} = \text{반죽무게}$

(2) 반죽과 pH(Batter pH)

케이크 제품은 각기 고유의 pH범위를 가지며, pH가 낮은 반죽(산성)으로 구운 제품은 신맛이 나며, 기공이 열리고 두껍다. pH가 높으면 소다 맛과 비누 맛이 나고, 조밀한 내상과 내부 기공이 작아 부피가 작은 제품이 된다. 많이 사용하는 재료가 pH에 영향을 주는데, 주석산, 시럽, 주스, 버터밀크, 특수한 유화제, 과일, 산, 염 등은 pH를 낮추고 코코아, 달걀, 소다 등은 pH를 높인다. 반죽의 pH는 팽창제에 의해 조절된다. pH의 역할은 알칼리성은 색과 향을 강하게 하며(진한 색), 산성은 색과 향을 여리게 한다(밝은 색). 산도란 용액 속에 들어있는 수소이온의 농도를 나타내며, 범

위는 pH 1~pH 14로 표시한다. 최상의 제품을 만들기 위해서는 각 제품의 특성에 맞는 적정한 산도를 맞춰야 하며, 제품별 적정산도와 특성은 아래와 같다.

1) 제품별 적정산도

(1) 제품의 종류에 따른 적정산도

① 엔젤푸드케이크 pH 5.2~6.0
② 파운드케이크 pH 6.6~7.1
③ 옐로레이크 pH 7.2~7.6
④ 스펀지케이크 pH 7.3~7.6
⑤ 초콜릿케이크 pH 7.8~8.8
⑥ 데블스푸드케이크 pH 8.5~9.2

(2) 산도가 적정 범위를 벗어난 경우 일반적인 특성

① 산성이 강한 경우

- 제품의 부피가 작다.
- 제품 속의 기공이 곱다.
- 향이 연하다.
- 쏘는 맛이 난다.
- 껍질색이 여리다.

② 알칼리성이 강한 경우

- 소다 맛이 난다.
- 제품 속의 기공이 거칠다.
- 제품의 내상 색깔이 어둡다.
- 향이 강하다.
- 껍질색이 진하다.

pH 1 ... pH 7 ... pH 14
산성 ← ———— 중성 ———— → 알칼리성
(수소이온 농도의 역수를 대수로 표시)

11. 성형 및 팬 부피

제품의 종류와 각각의 반죽특성과 모양에 따라서 접어서 밀기, 찍어내기, 짜내기,

다양한 몰드에 채우기 등 여러 가지 방법이 있다.

1) 패닝

반죽무게 구하는 공식은 다음과 같다.

- $\text{반죽무게} = \dfrac{\text{물 부피}}{\text{비용적}}$

2) 팬 부피

케이크의 종류에 따라 반죽의 특성이 다르고 비중이 다르기 때문에 동일한 팬 부피에 대한 반죽의 양도 다르며, 팬 부피에 비하여 반죽 양이 너무 많거나 적은 양의 반죽을 분할하여 구우면 오븐에서 나왔을 때 모양이 예쁘지 않고 상품으로서의 가치가 없어져 판매가 어려워 재료 손실과 매출액에 영향을 미친다.

3) 케이크 굽기

케이크 반죽은 분할하여 패닝이 끝나면 빨리 오븐에 넣어야 한다. 대부분의 반죽에 베이킹파우더가 들어가기 때문에 시간이 지나면 이산화탄소가 방출되어 굽기가 끝나고 오븐에서 나왔을 때 부피가 작아지고 기공이 균일하지 않을 수 있다. 케이크는 반죽 내의 설탕 유지, 밀가루, 액체류 등 사용량에 따라 반죽의 유동성이 다르고 팬의 크기와 부피, 무게에 따라 오븐에서 굽는 온도, 굽는 시간이 달라진다. 낮은 온도에서 오래 구우면 수분이 증발하여 부드럽지 못하고 노화가 빨라지며, 높은 온도에서 구우면 제품의 부피가 작고 껍질색이 진하고 옆면이 약해지기 쉽다.

4) 굽기 손실

굽기 손실은 반죽 상태에서 케이크 상태로 구워지는 동안에 무게가 줄어드는 현상을 말하며, 그것은 발효산물 중 휘발성 물질이 날아가 수분이 증발하였기 때문에 발생한다.

- 굽기 손실 = 반죽무게 − 제품무게
- $\text{굽기 손실비율(\%)} = \dfrac{\text{반죽무게} - \text{제품무게}}{\text{반죽무게}} \times 100$

5) 도넛 반죽 튀기기

도넛은 크게 이스트 도넛과 케이크 도넛으로 나눈다. 이스트 도넛은 밀가루에 설탕, 달걀, 우유, 지방, 이스트를 넣어 만든 반죽을 둥글게 만들어 안쪽에 구멍을 뚫거나 링 모양으로 만들어 기름에 튀긴 빵이다. 주로 링 형태로 만들지만 최근에는 다양한 모양으로 나오고 있다. 케이크 도넛은 밀가루, 설탕, 달걀, 유지 베이킹파우더 등 이스트를 뺀 다양한 재료를 넣고 만들고 있으며, 케이크 도넛은 베이킹파우더로 부풀리기 때문에 반죽을 하여 모양을 만든 후 발효하지 않고 즉시 튀겨야 한다.

① 튀김 기름의 적정한 온도는 185~195℃이며, 튀김기름 온도가 높으면, 제품의 색깔이 진하고 제품 자체가 익지 않을 수 있으며, 기름 온도가 너무 낮으면 기름이 많이 흡수되어 맛이 많이 떨어진다.

② 반죽을 튀기기 전에 반죽의 표피를 약간 건조시켜 튀겨야 좋으며, 튀김기름의 산패여부를 체크하고 적정 튀김온도가 맞는지 확인하고 시작해야 한다.

③ 도넛 글레이즈가 부서지는 현상
- 도넛 글레이즈가 수분을 잃으면 갈라지게 된다.
- 설탕의 일부를 포도당이나 전화당으로 대치하거나 안정제로 한천이나 젤라틴을 0.5~1% 정도 글레이즈에 섞어 사용하면 이를 방지할 수 있다.

④ 튀김기름 회전율: 튀기는 동안 줄어드는 기름의 양을 말한다.

⑤ 황화현상(Yellowing), 회화현상(Graying)
- 튀김 시 사용된 유지가 도넛에 도포된 설탕을 녹이는데 신선한 유지일 때는 황색으로, 산화된 유지일 때는 회색으로 변하는 현상이다.
- 유지 경화제인 스테아린(Stearin)을 3~6% 기름에 첨가하여 사용하면 방지할 수 있다.

⑥ 발한현상(Sweeting)
- 도넛에 도포된 설탕이나 글레이즈가 제품 중의 수분에 녹아 시럽처럼 변하는 현상을 말한다.
- 튀김한 제품에 묻히는 설탕 양을 증가시키고 튀김 후 제품의 냉각과 환기를 충분히 하고 튀김 시간을 늘리며, 설탕에 점착력을 주는 유지를 사용하면 이

를 방지할 수 있다.

⑦ 튀김의 앞뒤 색상을 균일하게 튀겨야 하고 튀김기의 온도조절 방법을 숙지하여야 한다.

12. 다양한 반죽하기

다양한 반죽하기란 앞에서 언급한 반죽형 반죽과 거품형 반죽 외에 다양한 방법으로 혼합하는 모든 반죽과 공예반죽을 말한다.

1) 파이 반죽 제조법

파이 반죽은 크게 접기형과 반죽형으로 구분할 수 있다.

(1) 접기형 퍼프페이스트리 반죽(Puff Pastry Dough)

파이 반죽이라고도 불리는 퍼프페이스트리는 제과영역에 포함된 제품으로 이스트를 사용하지 않고 만든다. 이스트 없이 부풀어지는 이유는 구울 때 반죽 사이의 유지가 높은 열에 녹아 생긴 공간을 수분의 증기 압으로 부풀어오르기 때문이다.

① 반죽에 유지를 싸서 일정한 두께로 밀어 펴기와 접기를 반복함으로써 반죽의 층을 만들 수 있다.

② 좋은 층을 형성하기 위해서는 밀어 펴기 과정에서 반드시 냉장휴지를 시켜야 한다.

③ 4회 또는 5회 접기를 하고 나서 밀어 펴서 원하는 크기만큼 자른 다음에 오븐에 굽는다.

④ 반죽을 한 번에 다 사용하지 않고 냉동실에 보관 후 필요시 해동시켜 밀어서 원하는 모양으로 자른 다음 굽는다.

⑤ 퍼프 페이스트리 반죽의 온도는 20℃가 적정하며, 작업장 온도가 높지 않아야 한다.(20~23℃)

⑥ 퍼프 페이스트리 제품은 오븐에 넣고 굽는 도중에 오븐을 열지 않도록 주의한다.

⑦ 밀어 펴기 작업 시 바닥이나 밀대에 반죽이 붙지 않도록 덧가루를 사용하는데, 반죽을 접을 때는 꼭 덧가루를 붓으로 털어내야 한다.

⑧ 덧가루를 많이 사용하면 제품에 밀가루가 많이 묻어 광택이 없고 팽창력도 부족하며, 제품의 품질이 좋지 않다.

(2) 반죽형 파이 반죽(애플파이, 호두파이 등)

밀가루에 단단한 유지를 넣고 스크레이퍼를 사용하여 콩알만 한 크기로 자르고 물과 소금을 넣고 가볍게 반죽하여 비닐에 반죽을 싸서 냉장고에서 휴지시킨 후 작업대 위에 강력밀가루를 살짝 뿌리고 적당한 두께로 밀어서 사용하며, 주로 파이류(애플파이, 호두파이, 레몬머랭파이 등)에 사용한다.

(3) 타르트(Tart)

얇은 원형 팬에 타르트 반죽을 깔고 과일이나 아몬드크림 같은 충전물을 넣어 구운 과자를 말하며, 소형 타르트는 타르틀렛(Tartlet)이라고 부른다.

① 프랑스에서는 타르트에 사용되는 반죽을 파트 브리제(Pate Brisee)와 파트 쉬크레(Pate Sucree) 2가지로 나누고 있다.
② 파트 브리제는 설탕이 적고 유지가 많이 들어가 담백한 것이 특징이고, 일반적으로 타르트를 만들 때 밑에 까는 깔개용 반죽으로 많이 사용된다.
③ 파트 브리제 반죽은 미국으로 건너가 2~3번 접고 밀어 펴서 미국식 파이 반죽이 되었다.
④ 파트 쉬크레는 파트 브리제 반죽에 설탕을 더한 것으로 크림이 들어가는 반죽과 잘 어울린다. 미국에서는 타르트 반죽을 슈거 도우(Sugar Dough), 스위트 도우(Sweet Dough)라고 한다.
⑤ 타르트(Tarte)성형 공정 시 팬에 반죽을 넣을 때 밑바닥에 반죽을 밀착시켜 공기를 빼주어야 하며, 공기가 빠지지 않으면 밑바닥이 뜨는 원인이 되기 때문에 반죽을 밀어 편 후 피케롤러나 포크로 구멍을 내주어야 빈 공간이 생기지 않는다.

2) 슈 반죽(Choux Dough)

슈 반죽 하나로 여러 가지 제품을 만들 수 있는 유용한 제품으로 슈(Choux), 에클레르(Eclair), 파리 브레스트(Paris Brest) 등 다양하게 만들 수 있다. 슈 반죽은 물, 유

지, 밀가루, 달걀, 소금을 주재료로 하며, 냄비에 물, 소금, 유지를 넣고 끓인 다음 체친 밀가루를 넣고 나무주걱으로 저어서 전분을 호화시킨 다음 불에서 내려 달걀을 나누어 넣어 면서 반죽을 완료하며, 팬에 원하는 모양으로 반죽 을 짜고 오븐에 넣기 전 물을 뿌리고 넣는다. 슈 반죽의 특징은 재료 전체를 섞어서 호화시킨 후에 오븐에서 굽는 것인데, 굽는 중간에 오븐을 열지 않는 것이 중요하다. 슈 반죽은 수증기압에 의해 부푸는데, 오븐을 중간에 열면 수증기압이 떨어져 모양이 주저앉기 때문이다.

3) 밤과자 반죽(Chestnut Pastry Dough)

밤과자 반죽은 전란, 설탕, 물엿, 소금, 연유, 버터를 용기에 넣고 중탕으로 설탕과 버터를 완전히 용해시킨 후 온도를 내려 18~20℃ 정도에서 체 친 박력분과 베이킹파우더를 넣고 나무주걱으로 저어 혼합하여 한 덩어리의 반죽을 만들고 여기에 흰 앙금을 넣고 밤 모양으로 만든 과자이다.

4) 공예반죽

(1) 초콜릿 공예반죽

단단한 초콜릿 공예품을 만들기 위해서는 플라스틱 초콜릿을 제조하는 방법을 이해하고 있어야 작품을 만들 수 있다. 이 반죽의 유래는 1957년 스위스 코바(Coba) 학교에서 처음 만들어졌다고 알려져 있다. 만드는 방법은 아래와 같다.

① 플라스틱 초콜릿(Plastic Chocolate) 제조
- 동절기: 커버추어 초콜릿 200g, 액상포도당(물엿) 100g
- 하절기: 커버추어 초콜릿 200g, 액상 포도당(물엿) 60~70g

② 플라스틱 초콜릿 만드는 공정
- 초콜릿을 중탕하여 녹인다(42~45℃)(화이트 초콜릿 36~38℃)
- 물엿의 온도를 42~45℃ 맞춘다.
- 초콜릿에 물엿을 넣고 가볍게 혼합한다.
- 비닐이나 용기에 담아서 포장 후 실온에서 24시간 동안 휴지 및 결정화 시킨다.

- 매끄러운 상태가 될 때까지 치댄다.
- 밀폐용기에 담아서 보관한다.
- 사용할 때 치대서 다양한 모양의 초콜릿공예를 만든다.

(2) 마지팬 공예반죽

마지팬은 매우 부드럽고 색을 들이기도 쉽기 때문에 식용색소로 색을 내어 꽃, 과일, 동물 등의 여러 가지 모양으로 만든다. 특히 얇은 종이처럼 말아서 케이크에 씌우거나 가늘게 잘라서 리본이나 나비매듭 등의 여러 가지 다른 모양으로 만들기도 한다. 마지팬의 배합과 만드는 방법은 많으나 크게 2가지 종류가 있는데, 독일식 로마세 마지팬(Rohmasse-Marzipan)은 설탕과 아몬드의 비율이 1:2로서 아몬드의 양이 많아 과자의 주재료 또는 부재료로서 사용된다. 프랑스식 마지팬(Marzipan)은 파트 다망드(Pate D'amand)라고 하는데, 설탕과 아몬드의 비율이 2:1로서 설탕의 결합이 훨씬 치밀해 결이 곱고 색깔이 흰색에 가까워서 향이나 색을 들이기 쉬우므로 세공물을 만들거나 얇게 펴서 케이크 커버링에 사용한다.

- 로우 마지팬

  아몬드(충분히 건조시킨 것) —— 2,000g

  가루설탕 혹은 그라뉴당 —— 1,000g

  물 —— 400~600ml

- 마지팬

  아몬드(충분히 건조시킨 것) —— 1,000g

  가루설탕 혹은 그라뉴당 —— 2,000g

  물 —— 400~600ml

(3) 설탕공예 반죽

설탕공예란 설탕을 이용하여 다양한 방법으로 여러 가지 꽃들과 동물, 과일, 카드 등의 장식물을 만드는 기술이다. 일반적으로 케이크 장식에 널리 사용되면서 설탕공예가 발달했고, 현재는 테이블 세팅, 액자, 집안을 꾸미는 소품 등으로 다양하게 활용된다. 설탕 공예는 크게 프랑스식 설탕공예와 영국식 설탕공예로 나누어 볼 수 있

다. 설탕을 녹여서 하는 프랑스식 설탕공예와 설탕반죽을 이용하는 영국식 설탕공예는 큰 차이가 있다. 프랑스식은 동 냄비에 설탕을 끓여 만들고, 영국식은 분당, 즉 가루설탕을 주재료로 사용하는 설탕공예로 영국의 웨딩케이크 역사에서 그 유래를 찾을 수 있다. 200여 년 전부터 영국에서는 과일케이크 시트에 마지팬을 씌우고 그 위에 설탕반죽으로 만든 여러 가지 장식물을 얹어 케이크를 아름답게 장식했다.

(4) 영국식 설탕공예 기본 반죽

① 슈거 페이스트(Sugar Paste): 케이크를 커버하거나 여러 가지 모형을 만들 때 사용한다. 주재료는 분당을 사용하며, 여기에 젤라틴, 물엿, 글리세린 등을 섞어 만든다.

② 꽃 반죽(Flower Paste): 주로 꽃을 만들 때 사용하며, 슈거 페이스트와 반반씩 섞어서 여러 가지 모형을 만드는 데 사용한다. 플라워 페이스트가 있으면 여러 가지 도구를 이용하여 우리가 흔히 볼 수 있는 거의 모든 꽃들을 만들 수 있다.

(5) 프랑스식 설탕공예 기본 기법

① 쉬크르 티레(Sucre Tire): 프랑스어로 티레는 '잡아 늘인다'는 뜻으로, 설탕을 녹여 치대어 반죽을 손으로 잡아 늘여서 꽃을 비롯하여 다양한 모양을 만들 때 사용하는 기법이다. 동 냄비에 물과 설탕을 넣고 중불에서 끓여 만든다.

② 쉬크르 수플레(Sucre Souffle): 설탕 반죽에 공기를 주입하는 기법으로 둥근 원형이나 과일, 새, 물고기 등과 같이 볼륨이 있는 것들을 만들 때 공기를 그 속에 주입하여 모양을 잡아주는 기법이다.

③ 쉬크르 쿨레(Sucre Coule): 설탕용액을 끓인 후 바로 준비해둔 여러 가지 모양 틀에 부어서 굳힌 후 사용하는 기법이다.

13. 과자류와 케이크 제품 평가 기준

1) 외부적 평가

- 부피: 정상적인 제품의 크기와 비교하여 적정하게 팽창해야 한다.
- 균형: 오븐에서 구워 나온 제품이 균형을 이루고 있어야 한다.
- 껍질 색: 육안으로 제품을 체크 했을 때 생동감이 있고 보기가 좋아야 한다.

2) 내부적 평가

- 맛: 제품의 특성에 맞는 식감과 향이 조화를 이루어 맛이 있어야 한다.
- 내상: 제품을 잘라서 속을 봤을 때 기공이 적절하고 고른 조직이 되어야 한다.
- 향: 상큼하고 특성에 맞는 특유의 향이 나야 한다.

14. 아이싱(Icing)

아이싱은 제과에서 마무리 과정중의 하나로 설탕을 위주로 한 재료를 과자 제품의 표면에 바르거나 피복하여 설탕 옷을 입혀 모양을 내는 장식이다. 아이싱 재료로는 물, 유지, 설탕, 향료, 식용 색소 등 을 섞은 혼합물이며, 프랑스어로는 글라사주에 해당한다. 즉 다양한 과자류와 스펀지케이크 등 제품의 표면에 바르거나 적절한 재료로 씌우는 것을 말하며, 코팅(Coating) 또는 커버링(Covering)이라고도 부른다.

1) 워터 아이싱(Water Icing)

케이크나 스위스 롤에 바르는 투명한 아이싱으로, 물과 설탕으로 만들고, 때로는 흰자를 약간 섞기도 한다.

2) 로열 아이싱(Royal Icing)

웨딩케이크나 크리스마스 케이크에 고급스런 순백색의 장식을 위해 사용하는 것으로, 흰자에 슈거파우더를 섞고, 색소나 향료, 레몬즙, 아세트산을 더해 만들며, 상황에 따라서 물을 첨가하기도 한다. 로열 아이싱을 이용하여 아이싱 쿠키, 케이크에 선을 그리기도 하며, 아이싱 쿠키를 만들어 머핀이나 케이크 위에 장식물로 사용할 수도 있다.

3) 퐁당 아이싱(Fondant Icing)

설탕과 물(10:2의 비율)을 115℃까지 가열하여 끓인 시럽을 40℃로 급냉시켜 치대면 결정이 희뿌연 상태의 퐁당이 된다. 각종 양과자의 표면과 아이싱에 이용한다. 일반적으로 폰당은 에클레어(Eclair) 위 또는 케이크, 도넛 등 다양한 곳에 아이싱으로 많이 쓰인다.

15. 쿠키(Cookies)

한입에 먹을 수 있는 과자의 대표적인 것이 쿠키이다. 쿠키의 어원은 네덜란드의 쿠오퀘에서 따온 말로 '작은 케이크'라는 뜻이다. 쿠키는 미국식 호칭이며, 영국에서는 비스킷, 프랑스에서는 사블레, 독일에서는 게백크 또는 테게베크(The Gebak), 우리나라에서는 건과자라고 한다. 쿠키는 차나 커피와 함께 먹는 건과자의 일종으로 기본적으로는 밀가루, 달걀, 유지, 설탕, 팽창제만 있으면 만들 수 있다. 여기에 코코아나 치즈로 풍미를 내거나 반죽에 초콜릿, 견과류, 과일 필을 섞어 구우면 종류가 무척 다양해진다. 쿠키는 제법과 반죽의 구성 성분에 따라 분류하면 짜는 쿠키, 모양틀로 찍어내는 쿠키, 냉동쿠키로 나눈다.

1) 제조특성에 따른 쿠키 분류

① 짜는 형태의 쿠키: 드롭 쿠키, 거품형 쿠키
- 달걀이 많이 들어가 반죽이 부드럽다.
- 짜낼 때에 모양을 유지시키기 위해서는 반죽이 거칠면 안 되기 때문에 녹기 쉬운 분당(슈거파우더)을 사용한다.
- 반죽을 짤 때에는 크기와 모양을 균일하게 짜준다.

② 밀어서 찍는 형태의 쿠키: 스냅 쿠키, 쇼트브레드 쿠키
- 버터가 적고 밀가루 양이 많이 들어가는 배합이다.
- 반죽을 하여 냉장고에서 휴지시킨 다음 성형을 하면 작업하기가 편하다.
- 반죽은 덩어리로 뭉치기 쉬워야 하고 밀어서 다양한 모양의 형틀로 찍어 내어 굽는다.
- 과도한 덧가루 사용은 줄이고 반죽의 두께를 일정하게 밀어준다.

③ 아이스박스 쿠키(냉동 쿠키)
- 버터가 많고 밀가루가 적은 배합이다.
- 반죽을 냉장고에서 휴지시킨 다음 뭉쳐서 밀대모양으로 성형하여 냉동실에 넣는다.
- 실온에서 해동한 후 칼을 이용하여 일정한 두께로 자른 다음 팬에 굽는다.

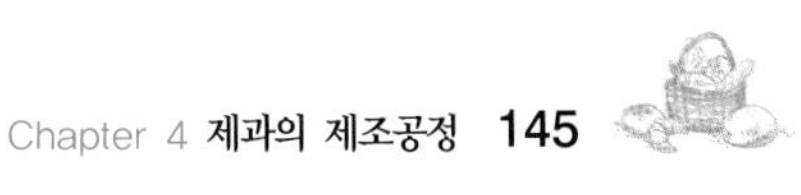

2) 쿠키 구울 때 주의사항

① 쿠키는 얇고 크기가 작아서 오븐에서 굽는 동안 수시로 색깔을 보고 확인해야 한다.

② 반죽을 오븐에 넣을 때 적정온도가 되지 않으면 바삭한 쿠키가 나오지 않는다. 오븐온도가 낮으면 수분이 한 번에 증발하지 않기 때문이다.

③ 실리콘 페이퍼를 사용하면 쿠키반죽이 타지 않고 원하는 모양의 제품을 얻을 수 있다.

3) 쿠키의 기본 공정

① 유지 녹이기

쿠키반죽을 시작하기 전 유지류는 냉장고에서 미리 꺼내어 실온에서 부드럽게(손으로 눌렀을 때 자연스럽게 들어가는 정도) 하여 사용한다.

② 밀가루와 팽창제 체에 내리기

밀가루와 팽창제를 고운체에 내린다. 내리는 과정에서 이물질 제거와 밀가루 입자 사이에 공기가 들어가 바삭바삭한 쿠키를 만들 수 있다.

③ 패닝 준비하기

구워진 쿠키가 달라붙지 않게 오븐 팬에 버터나 코팅용 기름을 바른다.

④ 유지 크림화하기

유지를 실온에 두어 부드럽게 한 후 볼에 넣고 크림상태로 만든다.

⑤ 설탕 넣고 반죽하기

유지에 설탕을 두세 번 나누어 넣으면서 섞는다.

⑥ 달걀 넣기

달걀을 조금씩 나누어 넣는다. 여러 번에 나누어 넣어야 유지와 달걀이 서로 분리되지 않고 잘 섞인다.

⑦ 바닐라 향 넣기

바닐라 향을 넣고 고루 섞는다. 바닐라 향이 달걀의 비릿한 맛을 없애고 향을 돋운다.

⑧ 밀가루 넣고 섞기

체에 내린 밀가루를 넣고 밀가루가 보이지 않을 정도로 잘 섞는다. 고무주걱으로 천천히 섞어야 바삭한 쿠키가 된다.

4) 쿠키의 기본 배합에 따른 분류

① 설탕과 유지의 비율이 같은 반죽(Pate de Milan)

- 밀가루 100%, 설탕 50%, 유지 50%
- 이탈리아 밀라노풍의 반죽이라고 불리는 반죽이 쿠키의 표준반죽이다.

② 설탕보다 유지의 비율이 높은 반죽(Pate Sablee)

- 밀가루 100%, 설탕 33%, 유지 66%
- 설탕보다 유지의 양이 많은 반죽은 구운 후에 잘 부스러지기 쉬우며 "샤브레"라고도 부른다.

③ 설탕보다 유지의 비율이 낮은 반죽

- 밀가루 100%, 설탕 66%, 유지 33%
- 유지보다 설탕 함량이 많은 반죽은 구운 후에도 녹지 않은 설탕 입자 때문에 약간 딱딱하다.

16. 초콜릿(Chocolate)

초콜릿의 주원료는 신의 음식이라 불리는 카카오나무의 열매다. 카카오나무 열매는 섭씨 20도 이상의 따뜻한 온도와 연 200ml 이상의 강수량이 유지되어야 하는 까다로운 성장 환경을 가지고 있다. 카카오나무는 뜨거운 태양빛과 바람을 피하기 위해 주로 다른 나무 그늘 밑에서 자라며 100년이 넘도록 까지 열매를 생산해 낼 수 있다. 카카오 포드라고 불리는 열매 속에는 카카오 빈이 들어있는데 이 카카오 빈을 갈아서 카카오 버터, 카카오 매스, 카카오 분말 등에 다른 식품을 섞어 가공한 것을 초콜릿이라 말한다.

1) 카카오의 유전학적인 형질에 따라 종류

① 크리올로(Criollo)

카카오의 왕자라고도 불리며 최고의 향과 맛을 가지고 있다. 전체 카카오 재배 지역의 5% 이하로 병충해에 약하고 수확하기가 어렵다. 중앙아메리카의 카리브해 일대, 베네수엘라, 에콰도르 등에서 주로 재배된다.

② 포라스테로(Foraster)

거의 모든 초콜릿제품의 원료로 쓰이면서 생산성이 높고 고품질인 이 제품은 세계적으로 가장 많이 재배되고 있다. 주로 브라질과 아프리카에서 재배되며 신맛과 쓴맛이 좀 강한 편이다.

③ 트리니타리오(Trinitario)

크리올로와 포라스테로의 장점을 혼합하여 만든 잡종으로 크리올로의 뛰어난 향과 포레스테로의 높은 생산성을 가지고 있다. 또한 여러 다른 종과 섞어서 다양한 맛의 초콜릿으로 변형하여 사용한다.

2) 초콜릿 수확에서 포장까지 공정

(1) 수확

카보스(Cabosse, 카카오 포드)라고 불리는 카카오 열매는 덥고 습한 열대우림 지역(남 · 북위 20°사이)에서 자라 일 년에 2번씩 열매를 맺는다. 럭비공 모양으로 자란 열매는 색과 촉감으로 완숙도를 파악하며 수확하는데 카카오 빈은 아몬드 정도의 모양과 크기이며, 한 개의 열매에 30~40개가량 들어 있다. 수확 후 카보스의 단단한 껍질을 쪼개 카카오 원두만을 꺼내 다시 원두를 한 알 한 알 수작업으로 따로따로 떼어낸다.

(2) 발효

채취한 카카오 원두는 1~6일간의 발효 과정을 거친다(종자에 따라 시간이 다르다). 발효는 다음의 세 가지 목적으로 한다.

- 카카오 원두 주위를 싸고 있는 하얀 과육을 썩혀 부드럽게 만들어 취급하기 쉽게 한다.

- 발아하는 것을 막아 원두의 보존성을 좋게 한다.
- 카카오 특유의 아름다운 짙은 갈색으로 변하여 원두가 통통하게 충분히 부풀어 쓴맛, 신맛이 생겨 향 성분을 증가시킨다. 발효에는 충분한 온도(콩의 온도가 50℃ 정도)가 필요하고 전체적으로 골고루 발효시키기 위해서는 공기가 고루 닿도록 원두를 정성껏 섞어야 한다.

(3) 건조

발효시킨 카카오 원두는 수분량이 약 60% 정도지만 이것을 최적의 상태로 보존하기 위해서는 수분량을 8% 정도까지 내릴 필요가 있다. 그래서 이 작업이 필요하며, 카카오 원두를 커다란 판 위에 펼쳐 약 2주간 햇빛에 건조시킨다. 건조를 거친 카카오 원두는 커다란 마대 자루에 담아서 세계 각지로 수출한다.

(4) 선별, 보관

초콜릿 공장에 운반된 카카오 원두는 우선 품질 검사부터 한다. 홈이 파인 가늘고 긴 통을 마대 자루 끝에 꽂아 그 안에 들어 있는 카카오 원두를 꺼내어 곰팡이나 벌레 먹은 것이 없는지, 발효가 잘 되었는지 자세히 살펴보고, 그 후 온도가 일정하게 유지되는 청결한 장소에 보관한다.

(5) 세척

카카오 원두는 팬이 도는 기계에 돌려 이물질, 먼지를 제거하고 체에 쳐서 조심스럽게 닦는다.

(6) 로스팅

카카오 원두를 로스팅 한다. 이것은 수분과 휘발성분 타닌을 제거하며, 색상과 향이 살아나게 한다. 카카오 빈의 종류와 수분함량에 따라 차이를 두며 로스팅한다.

(7) 분쇄

로스팅한 카카오 원두는 홈이 파인 롤러로 밀어 곱게 해준다. 주위의 딱딱한 껍질이나 외피는 바람으로 날리고, 카카오 니브(Grue de Cacao)라고 불리는 원두 부분만 남긴다.

(8) 배합

초콜릿의 품질을 알 수 있는 중요한 과정의 하나가 블렌드 작업이다. 여러 가지 카카오의 선택과 배합은 각 제조회사에서 설정하여 만든다.

(9) 정련

카카오 니브에는 지방분(코코아버터)이 55%나 함유되어 있으며, 이것을 갈아 으깨면 걸쭉한 상태의 카카오 매스가 만들어진다. 블랙 초콜릿은 카카오 매스에 설탕과 유성분, 화이트 초콜릿은 카카오 버터에 설탕과 유성분을 넣어 기계로 섞어 만든다. 세로로 쌓인 실린더(Cylinder) 필름 모양의 매트가 붙은 롤러 사이에서 초콜릿이 으깨져 윗부분으로 감에 따라 고운 상태가 되고, 0.02mm의 입자가 될 때까지 섞어서 마무리한다. 별도의 작업으로 카카오 매스를 프레스 기계에 돌리면 카카오 버터와 카카오의 고형분으로 만들어지는데 이 고형분을 다시 섞어서 한번 냉각시켜 굳혀 가루 상태로 만든 것을 카카오파우더라 한다.

(10) 반죽, 숙성

반죽을 저어 입자를 균일하게 하는 공정으로 휘발성 향 제거, 수분감소, 향미증가, 균질화의 효과를 얻는다. 매끄러운 상태가 된 초콜릿은 다시 콘채(Conche)라 불리는 커다란 통에 넣어 반죽을 한다. 통에서는 봉 두개로 끊임없이 섞으면서 약 24~74시간 동안 50~80℃에서 숙성시킨다. 이 시점에서 초콜릿의 상태를 보아 좀 더 매끄러워야 할 경우에는 카카오 버터를 첨가하며, 반죽하여 숙성하는 시간은 초콜릿의 종류에 따라 다르다. 특히 '그랑 크뤼(Grand Cru)'라 불리는 고급 초콜릿을 만들기에 중요한 작업으로 벨벳 같은 촉감과 반지르르한 윤기는 이렇게 만든다.

(11) 온도 조절과 성형

마지막으로 기계 안에서 초콜릿은 온도 조절(템퍼링)이 되고 안정화된 후, 컨베이어 시스템에 올려진 틀에 부어 냉각시킨 후 틀에서 꺼내 포장한다.

(12) 포장 및 숙성

은박지나 라벨로 포장하여 케이스에 담고 적당히 조정된 창고 안에서 일정기간

숙성시킨다. 이렇게 해서 초콜릿이 완성되어 유통된다.

3) 템퍼링(Tempering)

초콜릿의 생명은 템퍼링이다. 템퍼링이란 온도에 따라 변화하는 결정을 안정된 결정 상태로 유지하기 위해 온도를 맞추어 주는 작업이다. 템퍼링을 하는 이유는 초콜릿에 함유되어 있는 카카오 버터가 다른 성분과 분리되어, 카카오 버터가 떠버리기 때문에 전체를 균일하게 혼합할 필요가 있다. 템퍼링 초콜릿의 온도는 30~32℃(초콜릿을 제조하기 위한 최적의 온도)로 유지시켜야 한다. 그래야 반유동성의 적당한 점성을 가진 피복하기 적합한 상태가 된다.

(1) 템퍼링 방법

① 수냉법: 초콜릿을 잘게 자른 다음 40~50℃ 정도 중탕으로 녹인다. 중탕시킬 때 물이나 수증기가 들어가면 안 되며, 물을 넣은 용기보다 초콜릿을 넣은 용기가 크면 안전하다. 차가운 물에 중탕하여 25~27℃까지 낮춘 다음 다시 온도를 올려 30~32℃로 올린다(작업장 온도는 18~20℃까지가 좋다).

② 대리석법: 초콜릿을 40~45℃로 용해해서 전체의 1/2~2/3을 대리석 위에 부어 조심스럽게 혼합하면서 온도를 낮춘다. 점도가 세어질 때 나머지 초콜릿에 넣어 용해하여 30~32℃로 맞춘다(이때 대리석 온도는 15~20℃가 이상적).

③ 접종법: 초콜릿을 완전히 용해한 다음 온도를 36℃로 낮추고 그 안에 템퍼링한 초콜릿을 잘게 부수어 용해한다(이때의 온도는 약 30~32℃까지 낮춘다).

(2) 초콜릿 템퍼링 할 때 주의사항

① 템퍼링 할 때에는 최대한 작업 속도를 빠르게 한다.

② 커버추어(Coverture) 초콜릿을 잘라서 사용할 경우 균일하게 녹이기 위해서 최대한 같은 크기로 고르게 자른다.

③ 초콜릿 녹일 때 온도가 50℃ 이상 올라가면 완성된 제품의 광택이 좋지 않다.

④ 템퍼링 작업을 시작하면 측면이나 바닥에 초콜릿이 붙지 않도록 계속 저어준다.

⑤ 템퍼링을 대리석 위에서 하는 경우 바닥의 수분을 깨끗이 제거한 후에 시작한다.

⑥ 초콜릿 볼에 물이나 수증기가 들어가지 않도록 한다.

⑦ 초콜릿은 온도에 민감하기 때문에 가급적 온도계를 사용하여 정확하게 한다.

(3) 초콜릿의 템퍼링 효과

① 광택을 좋게 하고 입에서 잘 녹게 한다.
② 결정이 빠르고 작업이 용이하다.
③ 몰드에서 꺼낼 때 쉽게 빠진다.

(4) 초콜릿 블룸 현상

① 팻블룸(Fat Bloom): 굳히는 속도가 느리고 충분히 굳히지 않을 경우 늦게 고화하는 지방의 분자들이 표면에 결정을 이뤄 초콜릿 표면에 흰 얇은 막이 생기며, 곰팡이 핀 것처럼 보인다. 취급하는 방법이 적절하지 않거나 제품의 온도 변화가 심한 곳에 저장할 때도 생길 수 있다.
② 슈거블룸(Sugar Bloom): 습도가 높은 곳에 오래 보관하거나, 급격하게 식혔을 때 표면에 회색빛 반점이 생기는 현상으로 초콜릿에 들어 있는 설탕이 습기를 빨아들여 녹아서 결정화가 생긴다.

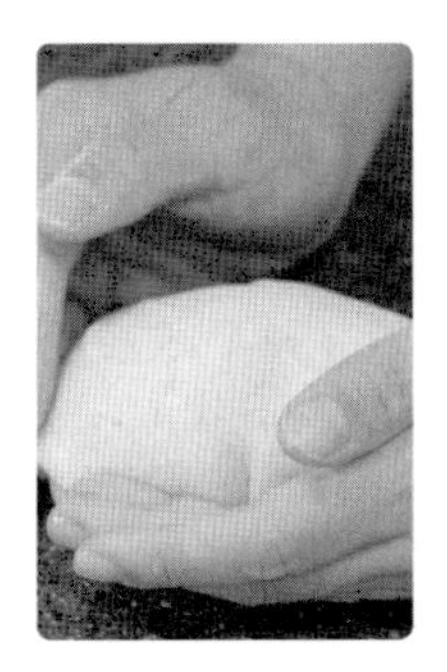

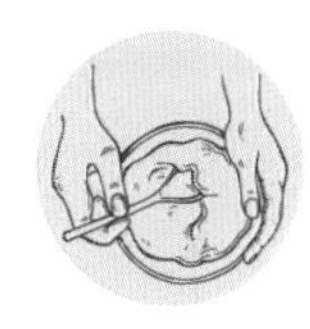
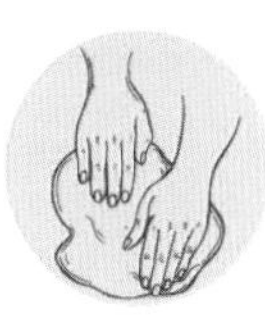

5
CHAPTER

식재료 구매활동 계획 관리

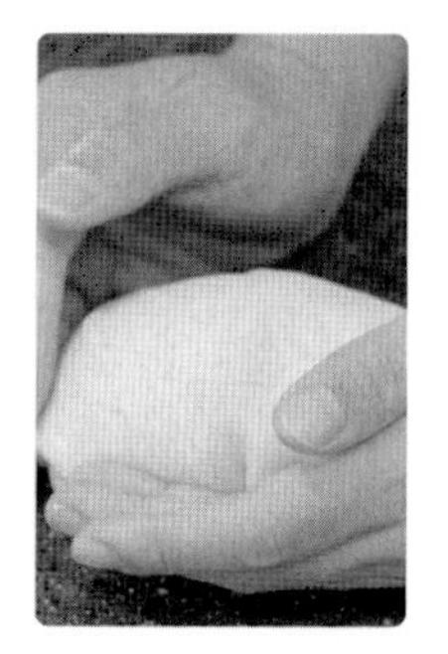

CHAPTER 5 식재료 구매활동 계획 관리

1. 구매계획 수립 시 시장조사 분석에 필요한 지식 · 기술 · 태도

- 원재료 사전품질 확인 방법을 알아야 한다.
- 식재료 공급처 선정 및 계약에 관한 지식이 있어야 한다.
- 식재료 주문 및 재고 관리 방법을 알고 있어야 한다.
- 원재료의 유통 환경과 공급업체 분석 능력이 있어야 한다.
- 식재료의 품질과 가격결정 능력이 있어야 한다.
- 식재료 공급선결정 검수 능력이 있어야 한다.
- 신선하고 품질 좋은 원재료를 구매하고자 하는 태도를 가지고 있어야 한다.
- 객관적으로 공급업체를 선정하고자 하는 태도가 있어야 한다.
- 합리적인 원재료 가격결정 노력을 해야 한다.
- 고객 지향적 사고를 가지고 있어야 한다.

1) 식재료 구매활동계획관리

(1) 구매의 정의와 목적

① 제품 생산에 필요한 양질의 식재료를 구입하기 위해 계약을 체결하고 계약조건에 따라 물품을 인수하고 대금을 지불하는 전체 과정을 말한다.

② 구매의 목적은 제품 생산에 필요한 원재료 등을 필요한 시기에 합리적이고 유리한 가격으로 적정한 공급자에게 구입하기 위함이다.

(2) 구매 관리의 정의

① 경영목적에 맞는 생산계획을 달성하기 위하여 필요한 식재료를 구매할 수 있게 계획하고 행동하고 통제하는 관리활동이다.

② 구매 관리는 좋은 품질, 적정한 수량의 상품을 합리적인 가격으로 적정한 공급원으로부터 구입하여 적합한 장소에 납품하도록 하는 것이다.

(3) 구매의 기본조건

① 경영에 적합한 구매계획에 따른 구매량을 결정한다.

② 정보와 시장조사를 통한 공급자와 최적의 식자재를 선정한다.

③ 유리한 구매조건을 확보한다.

④ 필요한 시기에 필요량이 원활하게 공급될 수 있는지 확인한다.

⑤ 식품위생법을 지키고 납품이 가능한지 여부를 확인한다.

(4) 구매 관리의 목표

① 최고 품질의 제품을 생산하여 최대의 가치를 소비자에게 제공한다.

② 원 · 부재료의 품질을 결정하고 구매량을 결정한다.

③ 시장조사를 통해 유리한 조건으로 협상 가능한 공급업체를 선정한다.

④ 적절한 시기에 납품되도록 관리한다.

⑤ 검수, 저장, 생산, 원가 관리 등을 통해 지속적인 구매활동으로 이익을 창출한다.

2) 구매를 위한 기초조사

(1) 시장조사

① 식자재의 가격과 제품원가를 생각하여 식자재의 질과 양을 조사한다.

② 우수 식자재를 확보하고 있는 납품업체를 알아본다.

③ 경영의 목적에 맞는 거래조건으로 구매 가능한지 조사한다.

④ 물가의 동향을 조사하여 선 구매를 결정한다.

(2) 업장 내의 보관 · 운송설비 확인

① 식자재를 보관할 수 있는 저장설비의 저장능력을 확인한다.

② 냉장 · 냉동 등 설비의 수용능력을 확인한다.

③ 유통구조, 운반수단, 인력을 확인한다.

(3) 업장 내 식자재 조사

① 구매식자재의 업장 내 재고를 파악한다.

② 구매식자재가 들어가는 생산계획을 조사한다.

③ 구매식자재로 생산한 제품의 판매계획을 조사한다.

3) 구매과정과 구매활동

(1) 경영방침에 따른 구매계획

① 경영계획

② 상품계획(제품의 결정)

③ 배합표의 결정

(2) 구매 식자재의 결정

① 적절한 시기와 필요한 장소에 경제적인 가격으로 공급가능한지 여부를 결정한다.

② 적당한 양과 좋은 품질의 식자재 확보가 가능한지 여부를 결정한다.

③ 제품원가의 절감방법에 맞는지 여부를 결정한다.

(3) 보관하고 있는 재고량 조사와 발주량 결정

① 재고량 파악과 적절한 발주량을 결정한다.

② 필요한 식자재의 올바른 선택과 적정량을 파악한다.

③ 낭비와 손실은 영업 손실 발생에 매우 위험하다.

(4) 공급처 결정

① 공급처와의 계약을 체결한다.

② 공급가격 결정 및 계약조건을 협상한다.

③ 공급 장소에 납품하는 방식 · 조건을 계약한다.

(5) 구매명세서 작성

① 식자재의 필요조건을 기술한다.

② 종류와 형태에 대한 구체적인 식품의 규격을 표시한다.

③ 공급조건 및 기타 계약사항

(6) 구매발주서 작성

① 필요한 식자재를 주문서에 작성하여 발주한다.

② 정확한 수량과 용도, 납품 날짜, 포장량 등을 기록한다.

(7) 검수 및 수령

① 발주서와 명세서를 근거로 식자재를 확인한다.

② 식자재의 품질상태와 유효기간을 확인한다.

2. 식재료 저장 관리 및 재고 관리

- 식재료 저장 관리의 목적은 식재료 구입 시에 원상태 유지와 손실, 폐기율의 최소화하고 체계적으로 식재료를 분류하여 보관하며, 적정 재고량을 유지하여 원활한 입·출고업무를 수행하는 것이다.
- 식재료 재고 관리 목적은 도난 및 부패방지 제품생산에 사용되는 재료, 반제품, 완제품의 품질이 변하지 않도록 실온, 냉장, 냉동저장하고 적시에 제공할 수 있도록 하며, 실온 및 냉장, 냉동 보관 시 재료와 완제품의 저장 시 위생안전 기준에 따라 생물학적, 화학적, 물리적 위해요소를 제거하고 관리하는 것을 말하며, 요약하면 다음과 같다.

1) 저장·재고 관리의 목적

① 구입 시의 원상태를 유지하기 위하여

② 손실과 폐기를 줄이고 안전하게 보관하기 위하여

③ 적정 재고량을 유지하기 위하여

④ 사용 시 원활한 입출고로 업무의 능률을 높이기 위하여

⑤ 위생적이고 안전한 식자재의 분류 및 보관을 위하여

⑥ 도난 및 부패를 방지하기 위하여

2) 식자재 저장 관리 및 재고 관리 방법

① 냉장, 냉동, 실온에서 저장할 수 있는 식자재를 각각 분리 · 보관하여 적절한 습도, 온도, 통풍, 채광 등 식자재의 조건에 맞게 저장한다.

② 외국산 식자재의 경우 한글 표시사항이 있는지 확인한다.

③ 식자재 표시기준 중 유효기간이 짧은 것을 먼저 사용할 수 있게 저장한다(선입선출).

④ 표시사항이 표기되지 않은 포장지는 제거한 후 저장하여 교차오염을 적게 한다.

⑤ 포장단위를 줄여 소포장을 할 때에는 원포장의 유효기간을 같이 보관한다.

⑥ 캔을 오픈하여 사용하고 남은 것을 다른 그릇에 옮겨 담아 보관할 때에는 유효기간의 라벨을 함께 보관한다.

⑦ 내부에서 생산한 식재료도 유효기간을 표시하여 저장한다.

⑧ 식자재의 창고에는 항상 유효기간 카드와 재고량 확인카드를 비치하여 입출시 기록한다.

⑨ 식자재의 박스를 바닥면에 바로 닿지 않게 한다.

⑩ 무거운 것은 낮은 곳에 놓아 입 · 출고를 쉽게 한다.

⑪ 시건장치와 위생안전관리에 최선을 다한다.

3) 식품의 변질 및 보존

식품을 아무런 조치 없이 장기간 방치하면 식품 중의 산소, 미생물, 일광, 수분, 효소, 온도 등의 요인으로 인하여 성분이 파괴되어 외형이 변화되고 맛과 향이 달라져 그 식품의 특성을 잃게 된다.

① 부패

단백질 식품이 미생물에 의해서 분해되어 암모니아나 아민 등이 생성되어 악취가 심하게 나고 인체에 유해한 물질이 생성되는 현상이다.

② 변패

단백질 이외의 지방질이나 탄수화물 등의 성분들이 미생물에 의하여 변질되는

현상이다.

③ 산패

유지가 산화되어 역한 냄새가 나고 점성이 증가할 뿐만 아니라 색깔이 변색되어 품질이 저하되는 현상이다.

④ 발효

발효 탄수화물이 미생물의 분해 작용을 거치면서 유기산, 알코올 등이 생성되어 인체에 이로운 식품이나 물질을 얻는 현상이다.

4) 식품의 부패 형태와 주요 원인

(1) 교차오염 정의

교차오염이란 식재료나 기구, 용수 등에 오염되어 있던 미생물이 오염되지 않은 식재료나 기구, 용수 등에 접촉 혹은 혼입되면서 전이되는 현상이다. 오염의 유형은 식재료 접촉, 기구 오염, 미흡한 손 씻기가 원인이다. 익히거나 조리된 식재료와 날 것 혹은 조리되지 않은 식재료 간의 접촉이 대표적이며, 기구 보관에 부주의했거나 세척 미흡으로 인해 해당 기구가 그렇지 않은 기구들이나 식자재와 접촉하면서 전이되는 경우가 대부분이다. 이와 같은 교차오염을 줄이기 위해서 종사원이 가장 주의해야 할 것은 올바른 손씻기 방법으로 손에 부착된 세균 및 미생물을 제거하는 것이다.

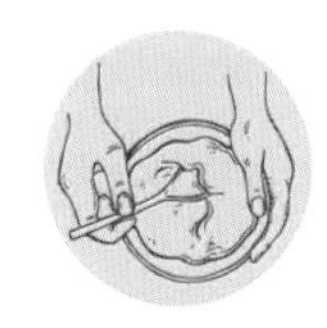
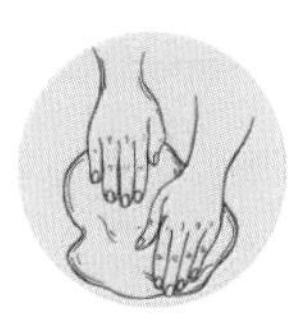
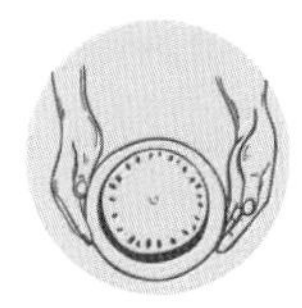

6 CHAPTER

베이커리 작업장 효율적 배치와 생산관리

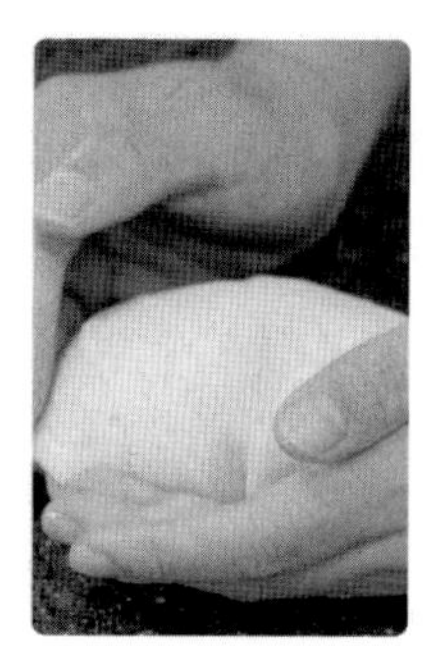

CHAPTER 6 베이커리 작업장 효율적 배치와 생산관리

1. 베이커리 공장 효율적 배치

① 작업용 바닥면적은 그 장소를 이용하는 사람들의 수에 따라 달라진다.

② 공장의 소요면적은 설치면적과 근무자의 작업을 위한 공간면적으로 이루어진다.

③ 공장의 모든 업무가 효과적으로 진행되기 위한 기본은 주방의 위치와 규모에 대한 설계이다.

④ 판매장소와 공장의 면적은 1:1이 이상적이다.

2. 베이커리 주방의 설계

① 작업의 동선을 고려하여 설계, 시공한다.

② 작업 테이블은 주방의 중앙부에 설치하는 것이 좋다.

③ 가스를 사용하는 장소에는 환기시설을 갖춘다.

④ 환기장치는 대형의 1개보다 소형의 여러 개가 효과적이다.

⑤ 냉장고와 발열 기구는 가능한 멀리 배치한다.

⑥ 방충, 방서용 금속망은 30메시(Mesh)가 적당하다.

⑦ 창의 면적은 바닥면적을 기준하여 30% 정도가 좋다.

⑧ 벽면은 매끄럽고 청소하기 편리하여야 한다.

⑨ 바닥은 미끄럽지 않고 배수가 잘되어야 한다.

⑩ 공장 배수관의 최소 내경은 10cm이다.

⑪ 적정 작업실 온도 25~28℃, 습도 70~75%

3. 공장의 조도

작업장의 조도는 작업 내용에 따라 다르지만 50Lux 이상이어야 한다.

- 포장, 장식(수작업) 등 = 500~700Lux
- 계량, 반죽, 조리, 정형 = 150~300Lux
- 굽기, 포장, 장식(기계) = 70~150Lux
- 발효 = 30~70Lux

4. 베이커리 작업장 관리하기

1) 환경 및 작업동선 관리

① 제과 · 제빵 작업장은 누수, 외부 오염물질이나 해충, 설치류의 유입을 차단할 수 있도록 밀폐 가능한 구조여야 한다.

② 작업장에서 발생할 수 있는 교차오염 방지를 위하여 물류 및 출입자의 이동 동선에 대한 계획을 세워 운영하며, 교차오염이 일어날 수 있는 근본적인 대책을 세운다.

③ 바닥, 벽, 천장, 출입문, 창문 등은 오븐, 가스 스토브 등의 사용 시 안전하고 실용적인 재질을 사용해야 하며, 바닥의 타일은 파이거나 갈라지지 않고 물기 없게 유지해야 한다.

④ 주방 안의 타일은 홈에 먼지, 곰팡이, 이물이 끼지 않도록 깨어지거나 홈이 있는 제품은 사용하지 않아야 한다.

⑤ 작업장은 배수가 잘 되어 퇴적물이 쌓이지 않아야 하며, 역류현상이 일어나지 않게 해야 한다.

⑥ 주방 내 작업자의 이동 통로에 물건을 적재하거나 다른 용도로의 사용은 자제하고 바닥에는 절대 식재료를 쌓으면 안 된다.

⑦ 채광 및 조명은 육안 확인이 필요한 조도인 540Lux 이상의 밝기를 유지해야 한다.

⑧ 재료의 입고에서부터 출고까지 물류 및 종사원의 이동 동선을 설정하고 이를 지켜야 하며, 이물의 혼입을 막아 교차오염을 방지해야 한다.
⑨ 기계, 설비, 기구, 용기 등은 사용 후 충분히 세척해야 하므로 이에 필요한 시설이나 장비를 갖추어야 한다.
⑩ 청소 도구함은 반드시 구비해야 한다.

5. 제과 · 제빵 생산관리하기

1) 생산관리의 개념

생산관리란 제품을 생산하기 위하여 과정을 준비하고 관리하며, 작업의 표준화 등의 활동을 계획, 조정, 통제하는 과정이다. 즉 사람, 재료, 자금의 3요소를 과정에 맞게 사용하여 좋은 제품을 저렴한 비용으로 필요한 물량을 필요한 시기에 만들어 내기 위한 관리 또는 경영을 말한다.

① 기업 활동의 5대 기능

- 전진기능 생산: 만드는 기능
- 전진기능 판매: 판매기능
- 지원기능 재무: 자금의 준비
- 지원기능 자재: 자재의 조달
- 지원기능 인사: 인재 확보

② 생산 활동의 구성요소(5M): 사람, 기계, 재료, 방법, 관리
③ 제1차 관리: Man(사람 질과 양), Material(재료, 품질), Money(자금, 원가)
④ 제2차 관리: Method(방법), Minute(시간, 공정), Machine(기계, 시설), Market(시장)

2) 생산계획의 개요

수요 예측에 따라 생산의 여러 활동을 계획하는 일을 생산계획이라 하며, 상품의 종류, 수량, 품질, 생산시기, 실행 예산 등의 계획을 구체적이고 과학적으로 수립하는 것을 말한다.

① 연간 생산계획을 수립할 때 고려해야 하는 기본요소

- 과거의 생산 실적(주 단위, 월 단위, 연 단위, 제품의 종류별 등)
- 경쟁 회사의 생산 동향과 경영자의 생산 방침
- 제품의 수요 예측자료와 과거 생산비용의 분석자료
- 생산 능력과 과거 생산실적 비교

② 원가의 구성요소

직접비(재료비, 노무비, 경비)에 제조 간접비를 가산한 제조원가, 그리고 그것에 판매, 일반 관리비를 가산한 총원가로 구성된다.

③ 직접비(직접원가) = 직접 재료비 + 직접 노무비 + 직접 경비

④ 제조원가(제품원가) = 직접비 + 제조 간접비

⑤ 총원가 = 제조원가 + 판매비 + 일반 관리비

⑥ 개당 제품의 노무비 = 인(사람 수) × 시간 × 시간당 노무비(인건비) ÷ 제품의 개수

3) 원가를 계산하는 목적

양질의 제품은 품질(Quality)을 나타내며, 만드는 데 들어간 비용은 원가 또는 코스트(Cost)를 뜻한다. 필요한 양을 적기에 만들어 내는 것은 납기(Delivery)로, 생산하는 능률을 말한다. 양과 능률도 중요하지만 최근에는 가치를 추구하는 데 중점을 두고 있다.

- 물건의 가치 = $\dfrac{\text{품질(Q) 또는 기능(F)}}{\text{원가(C) 또는 가격(P)}}$
- V = 가치(Value), Q = 품질(Quality), F = 기능(Function), C = 원가(Cost), P = 원가(Price)

① 이익을 산출하기 위해서 한다.

② 제품의 가격 결정을 위해서 한다.

③ 원가 관리를 위해서 한다.

4) 이익을 계산하는 방법

① 제품 이익 = 제품 가격 − 제조원가(제품원가)

② 매출 총이익 = 매출액 − 총제조원가(제품원가)

③ 순이익 = 매출 총이익 − (판매비 + 관리비)

④ 판매가격 = 총원가 + 이익

5) 제품 제조원가의 구성요소에 소요되는 실행 예산의 수립

① 실행 예산 계획: 제품 제조원가를 계획하는 일

② 예산 계획 목표: 노동생산성, 가치생산성, 노동 분배율, 1인당 이익을 세우는 일

6) 생산 시스템의 개념

베이커리에서 밀가루, 설탕, 유지, 달걀과 같은 원재료를 사용하는 것을 투입이라고 하고, 제품 생산하는 활동을 통해서 나온 제품을 산출이라 하는데, 투입에서 생산활동과 산출까지 전 과정을 관리하는 것을 생산 시스템이라 한다.

① 제과 · 제빵 제조 공정의 4대 중요 관리 항목: 시간관리, 온도관리, 습도관리, 공정관리

7) 생산가지와 노동 생산성

① 생산가치: 생산금액에서 원가 및 제비용과 부대 경비를 제외하고 남은 것을 의미한다.

- 생산가치율(%) = 생산가치/생산금액 × 100

② 노동생산성: 일정시간 투입된 노동량과 그 성과인 생산량의 비율

- 1인당 생산가치 = 생산가치/인원
- 노동 분배율(%) = 인건비/생산가치 × 100

8) 원가를 절감하는 방법

① 원료비의 원가절감

- 구매 관리는 철저히 하고 가격과 결제방법을 합리화시킨다.
- 제품의 배합표 제조 공정 설계를 최적 상태로 하여 생산 수율(원료 사용량 대비 제품 생산량)을 향상시킨다.

- 사용하는 재료의 선입선출 관리로 불량률 및 재료 손실을 최소화한다.
- 공정별 품질관리를 철저히 하여 불량률(%)을 최소화한다.
- 작업관리를 개선하여 불량률을 감소시켜 원가절감을 한다.
- 종사원의 태도, 작업 표준이나 작업 지시 등의 내용기준을 설정하여 수시로 점검한다.
- 기술 수준 향상과 숙련도를 높이고 적정 기술 보유자를 필요공정에 배치하거나 교육을 통해 개선시킨다.
- 작업 여건을 개선하고 작업 표준화를 실시하며, 작업장의 정리, 정돈과 적정 조명을 설치한다.

② 노무비의 절감

- 표준화와 단순화를 계획한다.
- 생산의 소요시간을 줄이고 공정시간을 단축한다.
- 생산기술을 높이고 제조방법을 개선한다.
- 주방설비관리를 철저히 하여 기계가 멈추는 일이 없도록 한다.
- 교육, 훈련을 통한 직업윤리의 함양으로 생산 능률을 향상시킨다.

  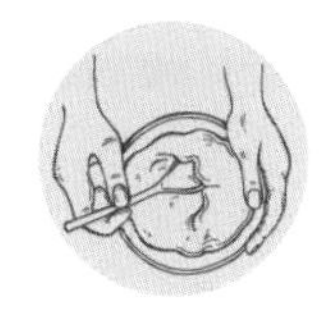 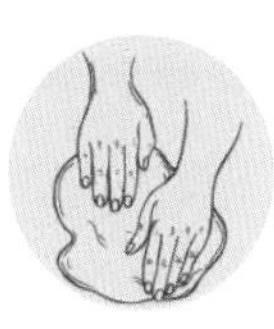 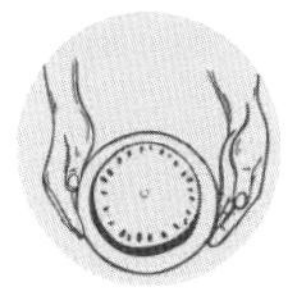

7
CHAPTER

위생 안전 관리

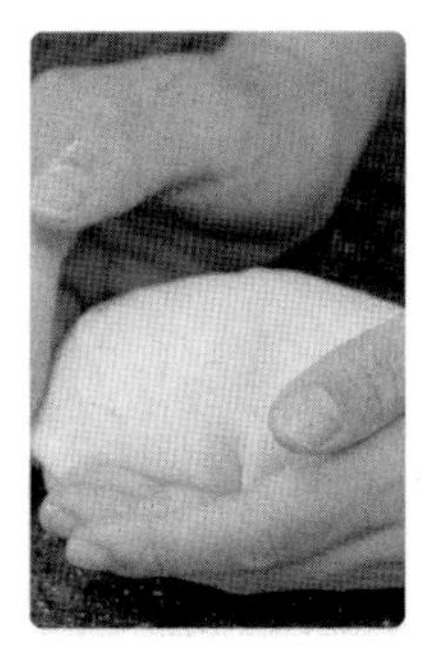

CHAPTER 7 위생 안전 관리

식중독이란 박테리아, 균류, 식물에서 생성된 독소 또는 화학적인 물질에 오염된 음식을 섭취하여 생기는 질병이다. 식중독의 임상적 평가는 식품 감염과 중독을 구별하여 진단한다. 식품 감염은 병원체가 증식된 식품을 섭취함으로써 발생하며, 박테리아에 의한 식중독은 화학적 오염, 식물, 균류, 생선, 해산물 등에 의하여 발생한다.

1. 식중독의 종류와 특성

1) 식중독의 정의

① 식중독: 세균이나 유독물질, 동 · 식물의 독 또는 유기 및 무기의 독물이 들어있는 음식물을 먹고 구토, 설사, 식욕감퇴, 복통 등을 나타내는 증세로 전염병과는 다르다.

② 원인에 따라 세균성 식중독, 화학적 식중독, 자연독 식중독, 곰팡이 식중독 등으로 나눈다.

③ 세균성 식중독 발생 시기: 여름철(6~9월)에 집중적으로 많이 발생한다.

2. 식중독의 분류

1) 세균성 식중독

(1) 감염형 식중독

① 살모넬라균

- 원인세균: 살모넬라균에 오염된 식품을 섭취
- 증상: 구토, 설사, 복통, 발열 증상이 나타나며, 잠복기(12~24시간)가 있다.
- 원인식품 및 감염경로: 단백질 식품(우유, 육류, 어패류, 어육제품, 유제품 등), 쥐, 파리, 바퀴벌레, 닭, 돼지 등이 전파매체가 된다.
- 예방: 방충 및 방서시설, 식품의 저온보존, 위생관리에 주력하며, 균은 열에 약하므로 음식물을 60℃에서 약 30분 이상 가열하여 섭취한다.

② 장염비브리오균

- 원인세균: 해수세균으로 3~4%의 식염농도에서 잘 발육한다.
- 원인식품 및 감염경로: 오염된 어패류, 생선회 생식이 주원인이다.
- 예방: 열에 약하므로 가열 처리, 식품의 저온보존이 중요하다.
- 증상: 잠복기(10~18시간), 급성 위장염(복통, 구토, 설사)

③ 병원성 대장균

- 원인세균: 병원성 대장균에 오염된 식품을 섭취(분변오염의 지표)
- 원인식품: 우유, 햄, 치즈, 소시지, 마요네즈, 두부 등
- 감염원: 환자, 보균자의 분변, 오염된 식품
- 예방: 용변 후 손의 세척, 분뇨의 위생처리, 식품의 가열조리
- 증상: 잠복기(10~12시간), 주증상은 복통과 설사

④ 아리조나균

- 원인세균: 살모넬라에서 독립된 아리조나균(닭, 오리, 파충류)
- 원인식품: 가금류고기, 살모넬라와 유사
- 증상: 잠복기(10~12시간) 주증상은 복통과 설사

(2) 독소형 식중독

식품 내에 병원체가 증식하여 생성한 독소에 의해 생기는 식중독

① 포도상구균(Staphylococcus Aureaus)

- 원인세균: 황색포도상구균(식중독 및 화농성 질환의 대표적인 원인균), 균은 열에 약하다(80℃, 30분).
- 독소: 엔테로톡신(Enterotoxin, 장독소), 독소는 열에 가장 강하여 끓여도 파괴되지 않음
- 잠복기: 잠복기가 가장 짧음(보통 1~6시간, 평균 3시간)
- 증상: 급성위장염으로 급격히 발병하며, 타액의 분비가 증가하고 구토, 복통, 설사
- 원인식품 및 감염경로: 육류, 크림, 버터, 치즈 등의 유제품이 주요 원인식이며, 조리자의 손에 화농소가 있는 경우 오염되기 쉽다.
- 예방: 식품기구 및 식기 멸균, 화농이 있는 자의 식품취급을 금하며, 식품의 저온보존

② 보툴리누스균(Clostridium Botulinum)

- 원인세균: 그람양성, 간균, 포자형성
- 독소: 보툴리누스균이 통조림이나 소시지 등 식품의 혐기성 상태에서 신경독소인 뉴로톡신(Neurotoxin, 신경독소)을 분비하여 식중독의 원인이 된다.
- 증상: 신경증상으로 눈의 시력저하, 사시, 동공확대, 현기증, 두통, 변비, 사지마비, 호흡곤란 증상, 치사율은 30~80%(사망률이 매우 높음)
- 원인식품 및 감염경로: 소시지, 통조림, 병조림의 가공공정 중 불충분한 가열로 혐기성상태에 놓이게 되는 경우 문제
- 예방: 가열처리 후 섭취, 통조림이나 소시지 등은 위생적으로 보관

③ 웰치균

- 원인세균: 웰치균의 엔테로톡신
- 원인식품: 조수육과 가공품, 어패류, 식물성 단백식품

- 증상: 잠복기(8~20시간), 복통, 설사(경우에 따라 점혈변)

(3) 노로 바이러스

① 증상: 바이러스성 장염, 메스꺼움, 설사, 복통, 구토(어린이, 노인과 면역력이 약한 사람에게는 탈수증상 발생)

② 잠복기: 1~2일

③ 원인: 사람의 분변, 구토물, 오염된 물

④ 원인 식품

- 샌드위치, 제빵류, 샐러드 등
- 케이크 아이싱, 샐러드 드레싱
- 오염된 물에서 채취된 굴, 조개, 채소류

⑤ 예방법

- 개인위생 관리가 매우 중요하다.
- 인증된 유통업자 및 검증된 곳에서 수산물 구입
- 오염지역에서 채취한 어패류를 가열 섭취, 맨손으로 음식물을 만지지 않는다.

2) 채소류를 통해 감염되는 기생충

① 회충: 경구 감염, 인분을 통해 감염

- 예방법: 청정재배, 65℃ 정도에서 10분이면 사멸, 일광 소독

② 십이지장충(구충): 경구감염, 경피감염

- 예방법: 인분의 위생적 처리, 야채의 세척철저, 오염된 토양과 접촉 금지

③ 요충: 항문 소양증(집단감염)

3) 육류를 통해 감염되는 기생충

① 민촌충(무구조충): 쇠고기를 날것으로 섭취할 때 감염

② 갈고리촌충(유구조충): 덜 익은 돼지고기를 섭취했을 때 감염

4) 어패류를 통해 감염되는 기생충

① 간디스토마

- 제1중간 숙주: 우렁이
- 제2중간 숙주: 담수어(참붕어)

② 폐디스토마

- 제1중간 숙주: 다슬기
- 제2중간 숙주: 민물게, 가재

③ 광절열두조충

- 제1중간 숙주: 물벼룩
- 제2중간 숙주: 연어, 농어, 숭어

5) 절족 동물에 의한 질병

① 쥐: 페스트, 렙토스피라
② 진드기: 쯔쯔가무시병, 유행성 출혈열,
③ 모기: 말라리아, 일본뇌염
④ 이: 발진티푸스, 발진열
⑤ 바퀴, 파리: 이질, 콜레라, 장티푸스, 파라티푸스

3. 식중독 예방

1) 식중독 예방 요령

① 손 씻기: 손은 비누 등의 세정제를 사용하여 손가락 사이, 손등까지 골고루 흐르는 물로 30초 이상 씻는다.
② 익혀 먹기: 음식물은 중심부 온도가 85℃, 1분 이상 조리하여 속까지 충분히 익혀 먹는다.
③ 식중독 예방관리: 식중독 예방을 위해서는 식품 재료의 취급, 보관 등 생산에서부터 유통, 조리, 저장, 섭취 등에 이르는 각 단계에서 식중독 세균의 오염 방지

를 위한 노력이 필요하다.

2) 개인위생 관리

① 작업 시작 전, 작업 과정이 바뀔 때, 화장실 이용 후, 배식 전 손 씻기를 생활화 한다.

② 깨끗한 복장을 유지하여 개인위생 관리를 철저히 한다.

③ 손 관리를 잘하여 교차오염을 예방한다.

4. 위생교육 및 관리하기

1) 식중독 대처 방법

① 식중독 발생 시 대처 사항을 파악

- 식중독이 의심되면 즉시 진단을 받는다.
- 의사는 환자의 식중독이 확인되는 대로 관할 보건소장 등의 행정 기관에 보고한다.
- 행정 기관은 신속·정확하게 상부 행정기관에 보고하는 동시에 추정 원인 식품을 수거하여 검사 기관에 보낸다.
- 역학 조사를 실시하여 원인 식품과 감염 경로를 파악하여 국민에게 주지시킴으로써 식중독의 확대를 막는다.
- 이에 수집된 자료는 예방 대책 수립에 활용한다.

② 현장 조치

- 건강진단 미실시자, 질병에 걸린 환자 즉시 업무 중지
- 영업 중단
- 오염 시설 사용 중지 및 현장 보존

③ 후속 조치

- 질병에 걸린 환자 치료 및 휴무 조치
- 추가 환자 정보 제공
- 시설 개선 즉시 조치

• 전처리, 조리, 보관, 해동 관리 철저

④ 예방 사후 관리

• 작업 전 종사자 건강 상태 확인, 주기적 건강진단 실시
• 조리위생 수칙 준수, 위생교육 및 훈련 강화
• 시설, 기구 등 주기적 위생 상태 확인

2) 감염병 발생의 3대 요소

① 감염원(병원체, 병원소)

• 병원체가 생활하고 증식하면서 질병을 일으키는 원인이며, 다른 숙주에 전파될 수 있는 상태로 저장되는 장소를 말한다.
• 환자, 보균자, 매개동물, 곤충, 오염 식품, 생활용품 등을 통해 감염된다.

② 감염경로(환경)

• 감염원으로부터 병원체가 전파되는 과정으로 간접적인 영향이 크다.
• 공기감염, 토양에 의한 감염, 음식물 감염, 절족동물 감염 등이 있다.

③ 숙주의 감수성

• 숙주: 생물체가 다른 생물체의 침범으로 조직이 상하거나 영양물질이 빼앗기는 생물체를 말한다.
• 감수성: 질병에 대해서 민감한 상태를 말하며, 감염이 될 수 있는 확률이 높아진 상태를 말한다. 다른 생물체(병원체)가 침입하여 증식하기 좋은 환경으로 저항력이 낮아지게 된다. 면역성이 약해지면 감수성이 높아지고 질병이 발병하기 쉽다.
• 감염병이 전파되어도 개인적으로 면역성이 있고 저항력에 따라 감염되는 정도는 다르다.

3) 감염병의 감염경로

① 직접 접촉 감염: 매독, 임질

② 간접 접촉 감염

- 비말간염: 디프테리아, 인플루엔자, 성홍열
- 진애감염: 결핵, 천연두, 디프테리아, 비말감염 환자 · 보균자의 기침, 담화 시 튀어나오는 비말에 병원균이 함유되어 감염, 진애감염 병원체가 붙어 있는 먼지를 흡입하여 감염

③ 개달물 감염: 결핵, 트라코마, 천연두

5. 감염병 관리 대책

1) 감염원 대책

① 감염원의 조기 발견

- 환자의 신고: 전염병 예방법 등에 의한 법정 전염병 등의 신고
- 보균자의 검색: 특히 식품을 다루는 업무에 종사하고 있는 사람 등에 중점적으로 실시

② 감염원에 대한 처치

- 격리와 치료: 병원체의 확산방지를 위한 환자나 보균자의 격리나 완전치료가 필요
- 환자, 보균자의 배설물 및 오염 물건의 소독

2) 감염경로 대책

① 전염원과의 접촉 기회 억제: 학교 · 학급의 폐쇄, 교통차단
② 소독, 살균의 철저: 직접 접촉에는 화학적, 기계적인 예방조치, 감염원의 배설물, 오염 물건 등의 소독, 손 씻기 · 소독 등의 실시가 필요
③ 공기의 위생적 유지, 상수도의 위생관리, 식품의 오염방지

3) 감수성 대책

① 저항력의 증진: 체력을 증진시켜 저항력의 유지 증진에 노력
② 예방접종(인공면역) 연령, 예방접종의 종류

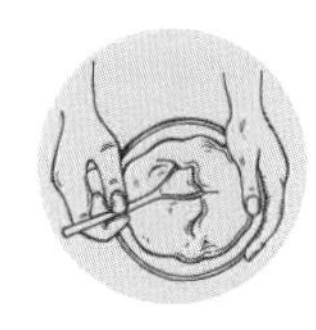
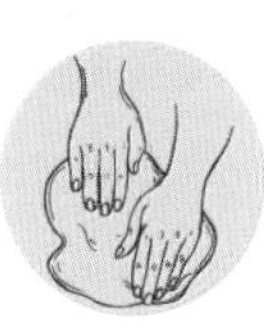
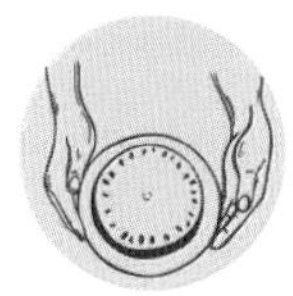

8
CHAPTER

기초 재료 과학

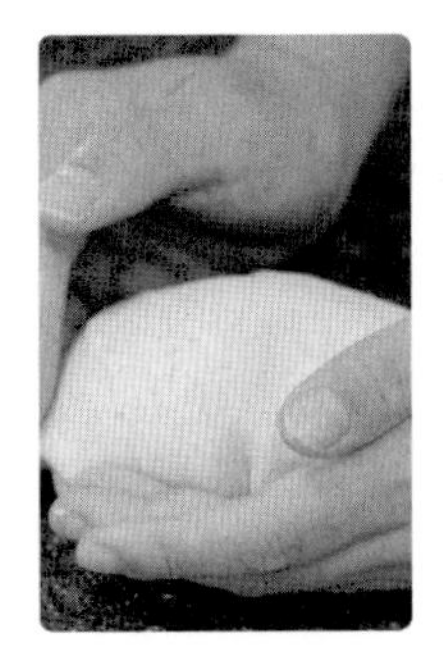

CHAPTER

8 기초 재료 과학

1. 영양소(The Nutrients)

- 체내에 섭취되어 생리적 기능을 하는 식품 속의 성분
- 탄수화물, 지방, 단백질, 무기질, 비타민, 물
- 인체구성의 영양소 비율: 수분(67%), 단백질(18%), 지방(14%), 무기질(5%), 당질(약간), 비타민(약간)

2. 종류

① 열량 영양소: 에너지원으로 이용(탄수화물, 지방, 단백질)

② 구성 영양소: 근육, 골격, 호르몬을 구성(단백질, 무기질)

③ 조절 영양소: 체내 생리작용(무기질, 비타민, 물)

3. 재료의 영양소

1) 탄수화물

① 탄수화물의 정의

- 탄수화물은 당을 함유하여 당질이라고도 하며, 지방질, 단백질과 함께 식품의 3대 기본 성분 중의 하나이다.
- 인간과 동물은 탄수화물을 합성하는 능력이 없어 식물의 광합성 탄수화물을

섭취하며, 주로 몸속에서 에너지원으로 이용하고 있다.

- 탄소, 수소, 산소의 원소로 구성되어 있기 때문에 탄수화물이라는 명칭을 사용한다.
- 수소(H)와 산소(O)의 비율이 물(H_2O)과 같은 비율로 구성되어 함수탄소라는 명칭도 사용한다.
- 화학구조상으로는 한 개의 수산(OH)기와 알데히드(Aldehyde)기 또는 케톤(Ketone)기를 가지고 있는 화합물을 총칭하여 탄수화물이라고 정의한다.

2) 단당류

(1) 포도당(Glucose)

① 환원당으로 감미도는 설탕을 100으로 했을 때 75 정도이다.
② 과즙이나 혈액 등에 함유, 혈액 중 0.1% 함유한다.
③ 동물 체내의 간에서 글리코겐 형태로 저장된다.
④ 초산, 젖산, 구연산의 생성에 사용하며, 이들 유기산은 식품의 저장과정 중 방부제의 역할을 한다.

(2) 과당(Fructose)

① 환원당으로 감미도는 설탕을 100으로 했을 때 175이다.
② 과일, 특히 꿀에 많이 존재하며, 체내에서 포도당으로 변하여 흡수한다.
③ 당류 중 단맛이 가장 강하며, 흡습성, 용해도가 크다.
④ 당뇨병 환자의 식이 감미료 및 음료 제조에 이용한다.

(3) 갈락토오스(Galactose)

① 환원당
② 포도당과 결합하여 유당으로 존재한다.
③ 물에 잘 녹지 않는다.
④ 락토오스 구성성분으로 포유동물의 유즙에 존재하며 한천의 주성분인 아가릭산의 구성 단당류이다.

3) 이당류: 가수분해하여 2분자의 단당류를 생성

(1) 자당(설탕: Sucrose)

① 포도당 + 과당(슈크라제)으로 비환원당이다.

② 설탕이 가장 많이 분포되어 있고 사탕수수와 사탕무에 존재하며, 감미제로 사용한다.

③ 가수분해로 전화당을 만들며, 160~180℃에서 캐러멜 반응을 일으킨다.

④ 설탕의 감미도는 100이며, 전화당은 130이다.

⑤ 당류의 상대적 감미도: 과당 175, 전화당 130, 자당 100, 포도당 75, 갈락토오스 · 맥아당 32, 유당 16

(2) 맥아당(엿당: Maltose)

① 감미도는 설탕을 100으로 했을 때 32이다.

② 맥아당은 글루코오스(Glucose) 두 분자가 $\alpha-1,4$ 결합된 이당류로 전분을 산이나 맥아의 아밀라아제(Amylase)로 가수분해하면 얻어진다.

③ 포도당 + 포도당(말타아제)으로 환원당이다.

④ 엿기름에 존재한다.

(3) 유당(젖당: Llactose)

① 포도당 + 갈락토오스(락타아제)로 환원당이다.

② 유당은 포유동물의 젖 중에 자연 상태로 존재한다.

③ 물에 잘 녹지 않고 다른 당에 비해 감미가 적다.

4) 다당류: 여러 개의 단당류가 결합된 화합물(기본구성 단위: 포도당)

(1) 전분(Starches)

전분은 글루코스(포도당)로 구성되는 다당류로서 곡류, 감자류, 콩류 등에 폭넓게 함유된 식품의 저장 탄수화물이다. 물보다 비중이 커서(1.65) 물에 잘 녹지 않고 침전하는 성질이 있으며, 아밀로오스와 아밀로펙틴으로 구성되어 있고 60℃에서 호화된다.

아밀로오스(Amylose)	아밀로펙틴(Amylopectin)
직쇄 결합 (α -1.4결합)이다.	측쇄 결합(α -1.4결합에 α -1.6결합)이다.
요오드 용액에서 청색을 나타내며 분자량이 적다.	요오드 용액에 청색을 나타내며 분자량이 많다.
노화속도가 빠르다.	노화속도가 느리다.
물에 쉽게 용해 및 노화되고 침전한다.	찹쌀, 찰옥수수 전분은 100%의 아밀로펙틴만으로 구성한다.
일반 곡물에는 20% 함유한다.	일반 곡물에는 80% 함유한다.

① 전분의 성질

- 무미, 무취의 흰색 가루로서 물에 녹지 않고 쉽게 가라앉는다.
- 산 또는 효소에 의해 쉽게 가수 분해되어 최종 분해산물인 포도당이 된다(전분 + 산 또는 효소 → 덱스트린 → 맥아당 → 포도당).
- 일반적으로 곡류는 아밀로오스(Amylose)가 20~25%이고 나머지는 아밀로펙틴(Amylopectin)이며, 찹쌀이나 찰옥수수는 아밀로펙틴이 100%이다.
- 뜨거운 물에 섞으면 덩어리지므로 찬물에 섞어 사용한다.

(2) 전분의 호화와 노화

① 호화(α화)

- β전분(생 전분)에 열을 가했을 때 전분입자의 팽윤과 점성이 증가하여 반죽이 끈적끈적하게 되는 현상을 호화라 한다.
- 전분은 55~60℃에서 호화가 일어난다.
- 호화는 수분이 많을수록 빨리 일어난다.
- pH가 높을수록 빨리 일어난다.
- 전분현탁액에 적당량의 수산화나트륨(NaOH)을 가하면 가열하지 않아도 호화될 수 있다.

② 노화(β화)

- α－전분이 시간이 지나면 전분 분자가 다시 모여서 미셀(Micell)구조가 규칙성을 나타내는 β－전분으로 돌아가는 현상을 전분의 노화라 한다.
- 노화현상이 일어나면 껍질이 딱딱해지고, 속결이 거칠어진다.

③ 노화 속도에 영향을 주는 요인

- 전분의 종류와 저장온도, 수분함량에 따라 다르다.
- pH의 영향(산성일수록 촉진된다)
- 노화의 최적온도: −5℃~10℃, 수분함량이 30~60%에서 가장 빠르다.

④ 전분의 노화지연방법

- 냉동저장(−18℃ 이하), 수분 10~15% 이하
- 유화제 사용
- 포장관리
- 양질의 재료사용 및 공정관리 철저

(3) 전분의 호화에 영향을 미치는 요인

① 전분의 종류

- 감자전분은 56℃에서 호화되기 시작한다.
- 옥수수전분은 68℃에서 호화되기 시작한다.
- 전분입자의 크기나 내부 미셀구조의 안전성에 의한 것으로 보인다.

② 수분

- 전분의 수분함량이 많을수록 잘 일어난다.
- 식빵을 구울 때 높은 온도에서 굽는 것은 밀가루의 수분함량이 적기 때문이다.

③ 온도

- 호화의 최적 온도는 전분의 종류나 수분의 양에 따라 다르나 대개 60℃ 전후에서 활발하다.
- 쌀은 70℃에서 호화되는 데 3~4시간이 필요하지만 100℃에서는 20분 정도 필요하다.

④ pH

- 알칼리성에서 팽윤과 호화가 촉진된다.

(4) 전분의 노화에 영향을 미치는 요인

① 전분의 종류

- 아밀로오스(Amylose) 함량이 많은 옥수수, 밀과 같은 곡류전분은 노화되기 쉽다.
- 아밀로펙틴(Amylopectin) 함량이 많은 찰옥수수, 찹쌀 같은 전분은 비교적 노화가 느리게 나타난다.

② 전분의 노화 현상 및 방지

- 노화 현상은 껍질이 딱딱해지고, 속결이 거칠어진다.
- 노화 속도에 영향을 주는 요인으로는 전분의 종류와 저장 온도, 수분함량, pH의 영향(산성일수록 촉진된다)
- 노화의 최적온도는 -5~10℃, 수분함량이 30~60%에서 가장 빠르다.
- 노화의 지연 방법으로는 냉동(−18℃ 이하)저장하고 수분은 10~15% 이하로 유지한다. 유화제와 좋은 재료를 사용하고 포장 및 공정과정 관리를 준수한다.

③ 글리코겐(Glycogen)

- 동물의 단일세포 속에 존재하는 단일 다당류 중 하나로 동물성 전분이다.
- 에너지원으로 근육에 0.5~1%, 간에 5~6% 존재한다.
- 호화나 노화 현상이 없으며, 백색분말로 무색무취이다.
- 아밀라아제의 작용을 받아 맥아당(Maltose)과 덱스트린(Dextrine)으로 분해된다.

④ 덱스트린(호정화)

- 가수분해할 때 이당류인 맥아당으로 분해되기까지 만들어지는 중간 생성물이다.
- 물에 녹기 쉽고 소화가 용이하다.

⑤ 셀룰로오스(Cellulose)

- 식물 세포막의 주성분으로 섬유소라고 한다.
- 소화효소에 의해 가수분해가 안 되며, 변비를 방지하는 데 효과가 있다.
- 찬물이나 더운물에 쉽게 분산된다.
- 저장 중의 얼음 결정화를 방지하기 위해 아이스크림 제조에 이용되고 글루텐의 작용을 보강하기 위해 제빵에도 사용한다.

⑥ 펙틴

- 과일, 채소 등의 세포벽 속에 존재하는 복합 다당류
- 뜨거운 물에 녹아 설탕과 산의 존재로 겔(Gel)화되므로 잼, 젤리 등의 응고제로 사용
- 겔(Gel)화에 필요한 펙틴의 농도는 0.5~1.5%

⑦ 한천(Agar-Agar)

- 우뭇가사리 등의 홍조류를 조려 녹인 뒤 동결 · 해동 · 건조시킨 것이다.
- 응고제로서 제과에서 양갱을 만들 때 많이 쓰인다.

⑧ 알긴산(Alginic Acid)

- 다시마, 미역 등의 갈조류의 세포막 구성성분으로 존재한다.
- 아이스크림, 유산균 등에 유화안정제로 많이 쓰인다.

⑨ 이눌린(Inulin)

- 과당의 중합체로 이루어진 다당류이다.
- 돼지감자, 우엉 등에 많이 들어 있다.

5) 지질

지질은 탄소(C), 수소(H), 산소(O)로 구성되며, 3분자의 지방산과 1분자의 글리세린으로 결합된 에스테르(트리글리 세라이드)이다.

(1) 지방의 분류

① 단순지방: 중성 지방, 납(왁스, 밀납) 등이다.
② 복합지방: 인지질, 당지질, 단백지질 등이다.
③ 유도지방: 지방산, 스테롤 등이다.
④ 전분당(Starch Sugar): 전분을 산이나 효소에 의해 가수 분해시켜 물엿, 포도당, 과당 등과 각종 중간분해 산물들이 형성되는데 이를 총칭하여 전분당이라 한다. 제품의 종류로는 물엿, 포도당, 이성화당 등으로 분류한다.

6) 지방산

(1) 포화지방산

① 탄소(C)와 탄소(C) 사이가 단일결합으로 이루어진 지방산이다.

② 탄소(C) 수가 증가할수록 융점과 비점이 높아진다.

③ 상온에서 고체, 동물성 유지에 많이 함유(뷰티르산, 팔미트산, 스테아르산 등)된다.

(2) 불포화지방산

① 탄소(C)와 탄소(C) 사이에 이중결합(C=C)을 1개 이상 가지고 있는 지방산이다.

② 이중결합수가 많을수록, 탄소수가 작을수록 융점은 낮아진다.

③ 상온에서 액체, 식물성 유지에 많이 함유한다.

ex) 올레산, 리놀레산, 리놀렌산, 아라키돈산

(3) 필수지방산(비타민 F)

체내에서 합성되지 않아 음식물에서 반드시 섭취해야 하는 것이다.

ex) 리놀레산, 리놀렌산, 아라키돈산

(4) 글리세린: 3개의 수산기(−OH)를 갖고 있으며, 지방을 가수분해하여 얻는다.

① 보습성을 가지며 무색, 무취, 감미를 가진 시럽으로 물보다 비중이 크다.

② 용매 작용: 향미제는 케이크 제품의 맛과 향을 더해 준다.

③ 물·기름 유착액에 대한 안전성을 부여(유화제 역할)한다.

7) 지방의 산화

① 가수분해: 지방산 + 글리세린

② 지방의 산화를 가속시키는 요소

지방산의 불포화도, 금속(구리, 철 등), 생물학적 촉매(니켈 등), 자외선, 온도, 습도, 이물질 등이 해당된다.

- 산화작용 : 유지가 대기 중의 산소와 반응하여 산패(자기산화)되는 현상
- 유리 지방산가

- 1g의 유지에 함유된 유리지방산을 중화시키는 데 필요한 수산화칼륨(KOH)의 mg수, %로 표시
- 지방의 가수분해 정도를 나타내는 지수이며, 유지의 질을 판단하는 척도

8) 단백질(Protein)

단백질은 탄소(C), 수소(H), 산소(O), 질소(N), 철(Fe), 황(S), 인(P), 요오드 (I), 구리(Cu) 등을 함유한 유기화합물로서 약 16%의 질소를 함유하고 있다.

(1) 단백질의 구성

① 단백질을 구성하고 있는 것은 20여 종의 아미노산 등이며, 아미노산 2분자 중의 아미노기가 카르복실기에 탈수 축합한 형태로 되어있다.

② 단백질은 인체에서 체조직을 구성하여 혈액, 호르몬, 효소, 항체 등을 합성하며, 필요에 따라 열량으로도 사용되고 있다.

③ 단백질은 동물에 15% 정도 함유되어 있다.

(2) 단백질의 기능과 역할

① 탄소(53%), 수소(7%), 산소(23%) 외에 질소(약 16%)를 함유한다.

② 소량의 원소로 유황, 인, 철 등으로 이루어진 유기화합물이다.

③ 일반식품은 질소를 정량하여 단백계수 6.25를 곱하면 단백질함량이다.

④ 체내에서 일어나는 각종 효소와 호르몬 작용의 주요 구성성분이며, 혈장 단백질 및 혈색소, 항체 등의 형성에 필요하다.

⑤ 단백질의 기본 구성요소는 아미노산으로 산 또는 효소로 가수분해 될 때 생성된다.

⑥ 단백질 1g은 4kcal의 열량을 내는 에너지원으로 몸의 근육을 비롯하여 조직을 형성하는 구성성분으로 작용하여 체액의 조절소로 이용된다.

⑦ 단백질의 기능으로 조직의 신생과 보수, 에너지원, 효소, 항체 등의 형성, 완충작용 등을 들 수 있다.

(3) 단백질 섭취의 과부족 현상

① 과잉: 신장에 부담을 준다. 저항력이 약해지고 수분대사에 이상이 발생한다.

② 부족: 성장부진, 저항력의 약화, 부종, 성기능 이상, 기초대사 저하 등이 온다.

(4) 단백질의 평가

① 생물학적 평가법

- 단백질을 종류별로 먹여서 체중증가 등의 현상을 직접 측정하는 것으로 체중증가법, 생물가, 정미단백질 이용률 등이 있다.

② 화학적 평가법

- 필수아미노산의 필요량과 식품 중에 존재하는 양의 비교에 의해 제1 제한 아미노산을 찾아서 기준(FAO, WHO, 한국영양권장량기준, 모유, 달걀 등)과 비교한 것을 말한다.

9) 단백질의 분류

(1) 단순단백질

가수분해로 알파아미노산이나 그 유도체만 생성되는 단백질을 말한다.

알부민, 글로불린, 글루테닌, 글리아딘, 프롤라민(알코올에 용해), 히스톤 등 가수분해에 의해 아미노산이나 그 유도체만이 생성되는 단백질이다.

① 알부민(Albumin)

- 물이나 묽은 염류용액에 녹기 쉽다.
- 75℃ 정도로 가열하면 응고한다.
- 달걀흰자, 혈청, 우유, 콩류 등에 존재한다.

② 글로불린(Globulin)

- 물에는 불용성이나 염류에는 녹는다.
- 산이나 열에 응고된다.
- 달걀, 혈청, 대마씨, 우유, 콩, 감자, 완두 등에 존재한다.

③ 글루테닌(Glutelin)

- 물에는 녹지 않으나 묽은 산이나 염기에는 녹는다.

- 가열해도 응고되지 않는다.
- 쌀의 오리제닌(Oryzenin), 밀의 글루테닌(Glutenin)이 여기에 속한다.

④ 글리아딘(Gliadin)

- 물에는 녹지 않으나 묽은 산이나 알칼리에는 녹는다.
- 70~80%의 강한 알칼리에서 용해되는 점이 특이하다.

⑤ 히스톤(Histone)

- 알칼리성 단백질로 물과 묽은 산에는 녹지 않는다.
- 암모니아에 침전되고 열에는 응고하지 않는다.
- 동물의 세포에만 존재하며, 핵단백질, 헤모글로빈을 만든다.

⑥ 프롤라민(Prolamin)

- 물에는 녹지 않으나 70~80%의 산이나 알칼리에는 녹는다.
- 가열해도 응고되지 않는다.

(2) 복합단백질

아미노산에 다른 물질(유기화합물)이 결합되어 있는 단백질을 말한다.
ex) 핵단백질, 당단백질, 인단백질(카세인), 색소단백질, 금속단백질 등이 있다.

① 핵단백질(Nucleoprotein)

- 세포활동을 지배하는 세포핵을 구성하는 단백질이다.
- RNA나 DNA와 결합하여 존재하는 단백질이다.
- 동물의 장기, 식물체의 종자, 발아, 효모 등에 존재한다.

② 당단백질(Glycoprotein)

- 단순단백질이 탄수화물 및 그 유도체와 결합된 화합물이다.
- 물에는 녹지 않으나 알칼리에는 녹는다.
- 동물의 점액성 분비물에 존재한다.

③ 인단백질(Phosphoprotein)

- 단순단백질이 인산과 에스테르결합한 단백질이다.

• 우유의 카세인, 달걀노른자의 오보비텔린과 같은 동물계의 단백질로 존재한다.

(3) 유도단백질

① 단순단백질 또는 복합단백질이 미생물, 효소, 산, 열, 알칼리 등에 의해 성질이나 모양이 변화된 단백질을 말한다.

② 제1유도 단백질(변성단백질): 열, 자외선 등의 물리적 작용이나 산, 알칼리, 알코올 등의 화학적 작용 또는 효소의 작용으로 조금 변화된 단백질을 말한다. 젤라틴 등의 단백질이 여기에 속한다.

③ 제2유도 단백질(분해단백질): 단백질이 가수 분해되어 제1유도 단백질이 되고 다시 분해되어 아미노산이 되기까지의 중간산물로 프로테오스, 펩톤 등이 있다.

10) 비타민(Vitamin)

(1) 비타민의 역할

① 신체기능을 정상으로 움직이기 위한 필수적인 미량의 원소이다.

② 체내 효소계의 구성요소로 신진대사를 촉진시켜 정상의 상태로 유지시키는 생명의 성장 유지에 꼭 필요한 유기화합물이다.

③ 3대 영양소인 탄수화물, 지질, 단백질의 대사에 필요한 조효소이다.

④ 호르몬은 내분비기관에서 합성되는 반면 비타민은 체내에서 합성되지 않는다.

11) 비타민의 분류

(1) 지용성 비타민

① 기름과 유기용매에 녹는다.

② 열에 강해 조리에 의한 손실이 적다.

③ 필요 이상이면 체내에 저장 축적되며, 결핍증은 서서히 나타난다.

④ 비타민 A, D, E, K가 여기에 속한다.

(2) 수용성 비타민

① 물에 잘 녹는다.

② 필요량 이상이면 체외 배출이 잘 되므로 자주 섭취해야 한다.

③ 소량이 필요하지만 정상적인 대사 작용에 중요한 역할을 한다.

4. 효소

효소는 단백질로 생명체 내부의 화학반응을 매개하는 생체촉매(Biocatalyst)이며, 기질 특이성(Specificity)이 있다. 촉매란 화학반응에 있어서 다른 물질의 반응을 촉진시키거나 지연시키는 물질이다. 기질은 효소가 맥아당에 작용하여 포도당으로 분해하는데 이때 맥아당을 말타아제(Maltase)의 '기질'이라고 한다.

1) 효소의 반응 속도에 영향을 미치는 요인

① 효소의 양: 효소의 농도가 커지면 기질에 대한 반응속도는 증가한다.
② 기질의 농도: 농도가 증가함에 따라 효소의 반응속도도 최고점까지 증가하나 그 이상으로는 속도의 증가가 없다.
③ 온도: 효소의 작용은 10℃ 상승 시 2배 정도 빨라지고, 40℃ 이상에서는 반응속도가 급격히 감소된다.
④ pH: pH가 변하면 단백질의 입체구조가 변하기 때문에 효소 구조가 변하게 되어 반응속도가 떨어진다. 적정 pH는 펩신 pH 2, 아밀라아제 pH 7, 트립신 pH 8이다.

2) 효소의 분류(작용기질에 따른 분류)

(1) 탄수화물 분해효소

① 이당류 분해효소

- 인베르타아제: 설탕을 포도당 + 과당으로 분해하며 이스트, 장액, 췌액에 존재한다.
- 락타아제: 유당(젖당)을 포도당 + 갈락토오스로 분해하며 췌액과 장액에 존재한다.
- 이스트에는 락타아제의 분해효소가 존재하지 않으므로 제품에 잔류 당으로 남는다.

- 말타아제: 맥아당을 포도당+포도당으로 분해하며 이스트, 장액, 췌액에 존재한다(미생물에 존재).

② 산화효소

- 치마아제: 단당류를 알코올과 이산화탄소(CO_2)로 분해하며, 제빵용 이스트에 존재한다.
- 퍼옥시다아제: 카로틴계의 황색 색소를 무색으로 산화시키는 효소이며, 색상을 희게 하고 대두분에 많이 존재한다.

(2) 단백질 분해효소

① 프로테아제: 단백질을 아미노산으로 분해하는 효소

② 펩신: 위액에 존재

③ 트립신: 췌액에 존재

④ 레닌: 단백질을 응고, 위액에 존재

(3) 지방 분해효소

① 리파아제: 가수분해 효소로 에스테르 결합을 분해하며 장액 등에 존재한다. (밀가루, 이스트)

② 스테압신: 췌액에 존재한다.

  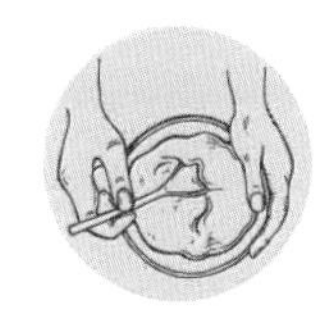 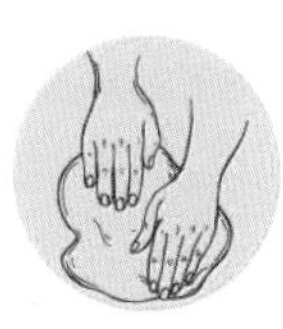 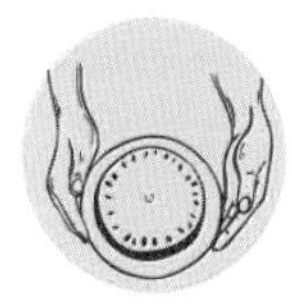

9 CHAPTER

식품위생 관련 법규 및 규정

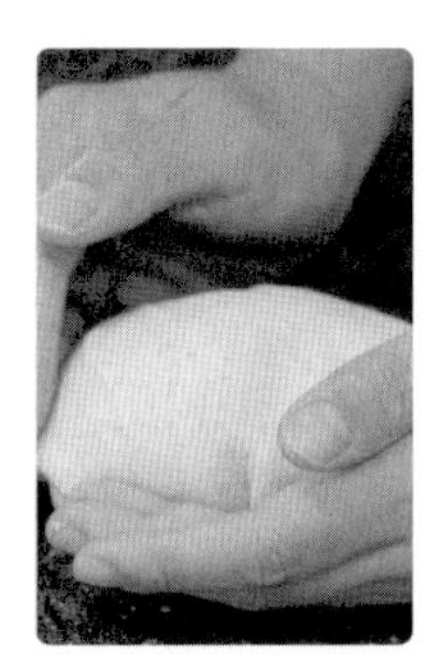

CHAPTER 9 식품위생 관련 법규 및 규정

1. 식품위생법 관련법규

1) 식품위생법의 목적(식품위생법 제1조) 식품으로 인하여 생기는 위생상의 위해를 방지, 식품영양의 질적 향상, 국민보건의 증진에 이바지한다.

2) 용어의 정의(식품위생법 제2조)

① 식품: 모든 음식물(의약으로 섭취하는 것은 제외)을 말한다.

② 식품첨가물: 식품을 제조 · 가공 또는 보존하는 과정에서 감미, 착색, 표백 또는 산화방지 등을 목적으로 식품에 사용되는 물질을 말한다. 이 경우 기구, 용기, 포장을 살균, 소독하는 데에 사용되어 간접적으로 식품으로 옮아갈 수 있는 물질을 포함한다.

③ 화학적 합성품: 원소 또는 화합물에 분해반응 외의 화학반응을 일으켜 얻은 물질을 말한다.

④ 기구: 식품 또는 식품첨가물에 직접 닿는 기계, 기구나 그 밖의 물건(농업과 수산업에서 식품을 채취하는 데에 쓰는 기계 · 기구나 그 밖의 물건은 제외)

⑤ 용기 · 포장: 식품 또는 식품첨가물을 넣거나 싸는 것으로서 식품 또는 식품첨가물을 주고 받을 때 함께 건네는 물품을 말한다.

⑥ 위해: 식품, 식품첨가물, 기구, 용기, 포장에 존재하는 위험요소로서 인체 건강을 해치거나 해칠 우려가 있는 것

⑦ 영업: 식품 또는 식품첨가물을 채취, 제조, 가공, 조리, 저장, 소분, 운반 또는 판매하거나 기구 또는 용기, 포장을 제조, 수입, 운반, 판매하는 업(농업과 수산업에 속하는 식품 채취업은 제외)

⑧ 영업자: 영업허가를 받은 자나 영업신고를 한 자 또는 영업등록을 한 자

⑨ 집단 급식소: 영리를 목적으로 하지 아니하면서 특정 다수인(50명 이상)에게 계속하여 음식물을 공급하는 다음의 어느 하나에 해당하는 곳의 급식시설로서 대통령령으로 정하는 시설(기숙사, 학교, 병원, 사회복지시설, 산업체, 국가 지방자치단체 및 공공 기관, 그 밖의 후생기관 등)

3) 시행규칙 제49조(건강진단 대상자)

① 건강진단을 받아야 하는 사람은 식품 또는 식품첨가물(화학적 합성품 또는 기구 등의 살균 · 소독제는 제외한다)을 채취 · 제조 · 가공 · 조리 · 저장 · 운반 또는 판매하는 일에 직접 종사하는 영업자 및 종업원으로 한다. 다만, 완전 포장된 식품 또는 식품첨가물을 운반하거나 판매하는 일에 종사하는 사람은 제외한다.

② 제1항에 따라 건강진단을 받아야 하는 영업자 및 그 종업원은 영업 시작 전 또는 영업에 종사하기 전에 미리 건강진단을 받아야 한다.

4) 시행규칙 제50조(영업에 종사하지 못하는 질병의 종류)

① 「감염병의 예방 및 관리에 관한 법률」에 따른 결핵(비감염성인 경우는 제외)

② 「감염병의 예방 및 관리에 관한 시행규칙」에 따른 감염병(콜레라, 장티푸스, 파라티푸스, 세균성이질, 장출혈성대장균감염증, A형감염)

③ 피부병 또는 그 밖의 화농성질환

④ 후천성면역결핍증(성병에 관한 건강진단을 받아야 하는 영업에 종사하는 사람만 해당)

2. HACCP(Hazard Analysis and Critical Control Point)

1) HACCP의 개념

식품의 안정성 확보를 위해 원재료 생산에서 부터 최종소비자가 섭취하기 전까지 각 단계에서 생물학적, 화학적, 물리적 위해요소가 해당 식품에 혼입되거나 오염되는 것을 방지하기 위한 위생관리 시스템

- 최근 식품의약품안전처에서는 일정한 규모의 사업장은 필히 심사를 통과해야만 영업이 가능하도록 규제를 대폭 강화하고 있음
- 과거에는 최종 제품에 대한 무작위 검사로 위생관리가 이루어졌으나 HACCP은 중요 관리점에서 위해 발생 우려를 사전에 차단하여 최종 제품에 잠재적 위해 우려를 제거하고자 함

2) HACCP의 12단계 7원칙

- 1단계: HACCP팀 구성
  HACCP을 진행할 팀을 설정하고, 수행할 업무와 담당을 기재한다.
- 2단계: 생산제품 설명서 작성
  생산하는 모든 제품에 대해 설명서를 작성한다. 제품명, 제품유형 및 성상, 제조 단위, 완제품규격, 보관 및 유통방법, 포장방법, 표시사항 등이 해당한다.
- 3단계: 제품의 의도된 사용방법 및 대상 소비자를 확인
  섭취방법 및 조리가공 다른 식품의 원료사용 여부예측 제품에 포함될 잠재성을 가진 위해물질에 민감한 대상 소비자를 파악하는 단계이다.
- 4단계: 공정과정 흐름도 작성
  원료 입고에서부터 완제품의 출하까지 모든 공정 단계를 파악하여 흐름도 작성한다.
  모든 공정별 위해요소의 교차오염 또는 2차 오염 증식 등을 파악하는 데 중요함.
- 5단계: 공정과정 현장 확인
  작성된 공정과정이 현장과 일치하는지를 검증하는 단계
  작성된 공정흐름도, 공정별 가공방법, 작업장평면도가 현장과 일치하는지 확인한다.

- 6단계(1원칙): 위해요소 분석

원 · 부재료 및 제조공정 중 발생 가능한 잠재적인 위해요소 도출 및 분석하는 단계로 원료, 제조공정 등에 대해 생물학적, 화학적, 물리적인 위해요소를 분석한다.

- 7단계(2원칙): 중요 관리점(CCP)결정

HACCP을 적용하여 확인된 위해요소를 방지, 제어하거나 안전성을 확보할 수 있는 단계 또는 공정을 결정하는 단계이다.

- 8단계(3원칙): 중요 관리점(CCP) 한계기준 설정

결정된 중요 관리점에서 위해를 방지하기 위해 한계 기준을 설정하는 단계로, 육안 관찰이나 측정으로 현장에서 쉽게 확인할 수 있는 수치 또는 특정 지표로 나타내어야 한다(온도, 시간, 습도).

- 9단계(4원칙): 중요 관리점(CCP) 모니터링 체계 확립

중요 관리점에서 해당되는 공정이 한계기준을 벗어나지 않고 안정적으로 운영되도록 관리하기 위해 종업원 또는 기계적인 방법으로 수행하는 일련의 관찰 또는 측정할 수 있는 모니터링 방법을 설정한다.

- 10단계(5원칙): 개선조치방법 수립

HACCP 시스템이 유효하게 운영되고 있는지 확인할 수 있는 방법 수립하고 한계기준을 벗어날 경우 취해야 할 개선조치를 사전에 설정하여 신속하게 대응할 수 있도록 방안을 수립한다.

- 11단계(6원칙): 검증 절차 및 방법 수립

HACCP 시스템이 적절하게 운영되고 있는지를 확인하기 위한 검증 방법을 설정하는 것으로 현재의 HACCP 시스템이 설정한 안전성과 목표를 달성하는 데 효과적인지, 관리가 계획대로 실행되는지, 관리계획의 변경필요성이 있는지 등을 체크한다.

- 12단계(7원칙): 문서화 및 기록 유지

HACCP 체계를 문서화하는 효율적인 기록 유지(HACCP 운영근거확보)및 문서관리 방법을 설정하는 것으로 이전에 유지 관리하고 있는 기록을 우선 검토하여 현재의 작업 내용을 쉽게 통합한 가장 단순한 것으로 한다.

3. 중요 관리점(Critical Control Points, CCP)

파악된 위해 요소를 예방, 제거 또는 허용 가능한 수준까지 감소시킬 수 있는 최종 단계 또는 공정을 말한다. 중요 관리점 결정도를 이용하며, 위해 요소의 위해 평가 결과 중요위해로 선정된 위해 요소에 대하여 적용한다.

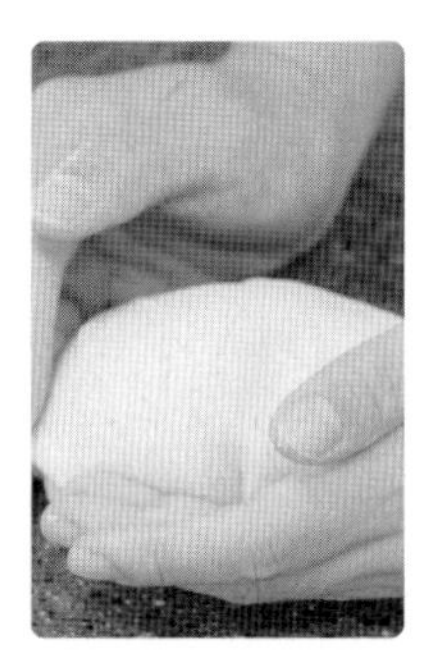

  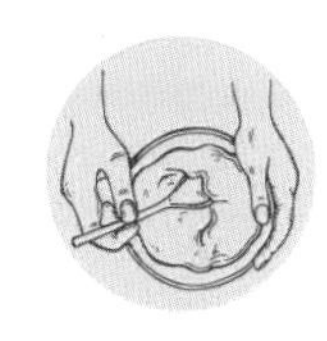 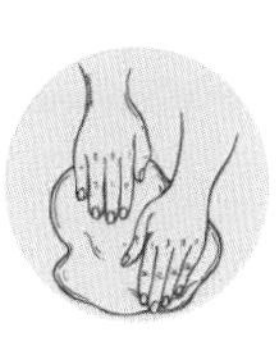 

제과기능사 필기 최근 기출 문제

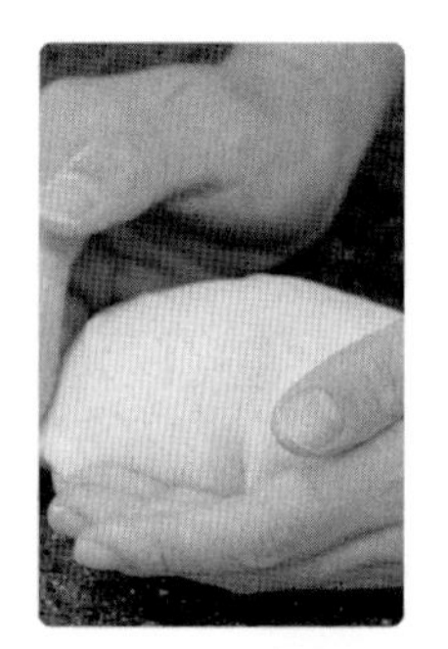

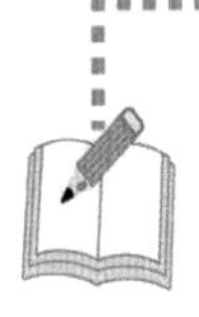

1회 제과기능사 필기 최근 기출 문제

01 비중컵 무게 40g, 비중컵+물=240g, 비중컵+반죽=140g일 때 비중은?

가. 0.3 나. 0.4
다. 0.5 라. 0.8

tip 비중=반죽 무게-컵 무게/반죽 무게-컵 무게

02 로마지팬(raw mazipan)에서 아몬드:설탕의 적합한 혼합비율은?

가. 1 : 0.5 나. 1 : 1.5
다. 1 : 2.5 라. 1 : 3.5

tip 로마지팬 : 아몬드 1에 대해 설탕 0.5의 비율로 만든 반죽이다. 독일에서는 1:0.5로 만들도록 정해 놓았고, 프랑스식은 처음부터 아몬드와 설탕의 비율을 1:2로 하여 만든다.

03 완제품 600g짜리 파운드케이크 1,200개를 만들고자 한다. 이때 믹싱 손실이 1%, 굽기 손실이 19%라고 한다면 총재료량은?

가. 720kg 나. 780kg
다. 840kg 라. 900kg

tip 반죽의 무게=완제품의 무게÷(1-손실량)
㉮ 굽기 전 반죽 무게=(600×1200)÷(1-0.01)
=720kg÷0.99=727.272727
㉯ 믹싱 전 반죽의 무게=727.27÷(1-0.19)
=727.272727÷0.81=897.86≒900kg

04 화이트레이어케이크 제조 시 쇼트닝 40%를 쓸 때 흰자 사용량은?

가. 43.5 나. 48.3%
다. 54.1% 라. 57.2%

tip 흰자=쇼트닝×1.43
=40%×1.43=57.2%

05 스펀지케이크에 사용되는 필수 재료가 아닌 것은?

가. 달걀 나. 박력분
다. 설탕 라. 베이킹파우더

tip 스펀지케이크의 필수 재료는 박력분, 달걀, 설탕이다.

06 식품과 부패에 관여하는 주요 미생물의 연결이 옳지 않은 것은?

가. 육류 — 세균
나. 어패류 — 곰팡이
다. 통조림 — 포자형성세균
라. 곡류 — 곰팡이

tip 어패류의 부패에 주요 관여하는 미생물은 세균이다.

07 케이크류의 제조와 관계가 먼 재료는?

가. 달걀 나. 설탕
다. 강력분 라. 박력분

tip 케이크류에는 박력분이나 중력분을 사용한다.

08 밀알 중에서 밀가루가 되는 부분은?

가. 껍질 나. 배아
다. 내배유 라. 밀알 전부

tip 내배유는 밀가루가 되는 부분이다.

09 다음 중 발병 시 전염성이 가장 낮은 것은?

가. 콜레라 나. 장티푸스
다. 납 중독 라. 폴리오

tip 납 중독은 중금속에 의한 화학적 식중독이며 전염성이 없다.

10 밀가루 수분함량이 1% 감소할 때마다 흡수율은 얼마나 증가하는가?

가. 0.3~0.5% 나. 0.75~1%
다. 1.3~1.6% 라. 2.5~2.8%

tip 밀가루의 수분함량이 1% 감소할 때마다 흡수율은 1.3~1.6% 정도 증가한다.

11 글루텐의 구성 물질 중 반죽을 질기고 탄력성 있게 하는 물질은?

가. 글리아딘 나. 글루테닌
다. 메소닌 라. 알부민

tip 글루테닌은 중성 용매에 불용성이며, 약 20%를 차지한다. (탄력성)

12 분당의 저장 중 덩어리가 되는 것을 방지하기 위하여 옥수수 전분을 몇 %정도 혼합하는가?

가. 3% 나. 7%
다. 12% 라. 15%

tip 분당은 설탕을 곱게 갈아 덩어리가 되는 것을 방지하기 위하여 전분 3%를 혼합한다.

13 거친 설탕 입자를 마쇄하여 고운 눈금을 가진 채로 통과시킨 후 덩어리 방지제를 첨가한 제품은?

가. 액당 나. 분당
다. 전화당 라. 포도당

tip 설탕을 갈아서 뭉치는 것을 방지하기 위해 전분을 혼합한 것이다.

14 환원당과 아미노화합물의 축합이 이루어질 때 생기는 갈색 반응은?

가. 마이야르(Maillard) 반응
나. 캐러멜(Caramel)화 반응
다. 효소적 갈변
라. 아스코르빈산(Ascorbic acid)의 산화에 의한 갈변

tip 마이야르 반응은 잔당이 아미노산과 환원당으로 반응하여 껍질색을 내는 것이다.

15 설탕 시럽 제조 시 주석산 크림을 사용하는 주된 이유는?

가. 냉각 시 설탕의 재결정을 막아 준다.
나. 시럽을 빨리 끓이기 위함이다.
다. 시럽을 하얗게 만들기 위함이다.
라. 설탕을 빨리 용해하기 위함이다.

tip 설탕 시럽 제조 중 설탕 냉각 시 재결정을 막기 위해 주석산 크림을 사용한다.

16 퐁당 아이싱의 끈적거림을 배제하는 방법으로 잘못된 것은?

가. 아이싱에 최소의 액체를 사용한다.
나. 안정제(한천)를 사용한다.
다. 흡수제(전분)를 사용한다.
라. 케이크 온도가 높을 때 사용한다.

tip 끈적거림을 배제하기 위해서는 케이크 온도가 낮을 때 사용하는 것이 좋다.

17 케이크 제조에 사용되는 달걀의 역할이 아닌 것은?

가. 결합제 역할
나. 글루텐 형성 작용
다. 유화력 보유
라. 팽창 작용

tip 글루텐은 빵반죽에 형성되는 것이고, 케이크 달걀과는 상관없다.

18 과자 제품으로 커스터드 푸딩은 달걀의 가공적성 중 무엇을 이용한 것인가?

가. 열응고성 나. 기포성
다. 유화성 라. 변색성

tip 푸딩은 달걀, 설탕, 우유 등을 혼합하여 중탕으로 구운 제품으로 달걀의 열변성에 의한 농후화 작용(열응고성)을 이용한 제품이다.

19 케이크를 부풀게 하는 증기압의 주 재료는?

가. 달걀
나. 쇼트닝
다. 밀가루
라. 베이킹파우더

tip 증기압은 수분이며 달걀의 수분함량은 75%이다.

20 달걀흰자의 고형분 함량은 약 몇 % 정도인가?

가. 12% 나. 24%
다. 30% 라. 40%

tip 달걀흰자는 수분이 88%, 고형분이 12%이다.

21 밀가루의 숙성에 대한 설명으로 틀린 것은?

가. 반죽의 기계적 적성을 좋게 한다.
나. 제빵 적성을 양호하게 한다.
다. 산화제 사용은 숙성기간을 증가시킨다.
라. 숙성기간은 온도와 습도 조건에 따라 다르다.

tip 밀가루 숙성 시 산화제를 사용하면 숙성기간을 촉진한다.

22 **미나마타병은 중금속에 오염된 어패류를 먹고 발생 되는데 그 원인이 되는 금속은?**

가. 수은(Hg) 나. 카드뮴(Cd)
다. 납(Pb) 라. 아연(Zn)

tip 미나마타병: 수은, 이타이이타이병: 카드뮴

23 **달걀 전란의 고형질은 일반적으로 몇 g인가?**

가. 11.5g 나. 12.5g
다. 13.5g 라. 14.5g

tip 전란의 고형질은 25%이다. 가식 부분인 54g에 고형질 함량은 54 × 0.25 = 13.5g

24 **마요네즈를 만드는 데 노른자가 500g 필요하다. 껍질 포함 60g짜리 달걀을 몇 개 준비해야 하는가?**

가. 10개 나. 14개
다. 28개 라. 56개

tip 마요네즈는 달걀노른자로 만들며, 달걀은 껍질:노른자:흰자의 비율이 10:30:60로 500 ÷ (60 × 0.3) = 27.7, 반올림하여 28개

25 **머랭(meringue)을 만드는 데 1kg의 흰자가 필요하다면 껍질을 포함한 평균 무게가 60g인 달걀은 약 몇 개가 필요한가?**

가. 20개 나. 24개
다. 28개 라. 32개

tip 달걀 60g, 전란(90%) = 54g, 노른자(30%) = 18g, 흰자(60%) = 36g
1000g ÷ 36 = 27.777, 반올림하여 28개

26 **데블스푸드케이크 제조 시 중조를 8g 사용했을 경우 가스 발생량으로 비교했을 때 베이킹파우더 몇g과 효과가 같은가?**

가. 8g
나. 16g
다. 24g
라. 32g

tip 데블스푸드케이크는 코코아를 사용하여 검붉은색을 내며 데블스라고 한다.
중조 = 베이킹 파우더의 3배(8 × 3 = 24g)

27 **다음 세균성 식중독 중 잠복기가 가장 짧은 것은?**

가. 살모넬라 식중독
나. 포도상구균 식중독
다. 장염 비브리오 식중독
라. 보툴리누스 식중독

tip 잠복기: 포도상구균(평균 3시간), 장염비브리오(평균 12시간), 살모넬라(평균 18시간), 보툴리누스(평균 12~36시간)

28 **식중독 발생의 주요 경로인 배설물-구강-오염경로(fecal-oral route)를 차단하는 방법으로 가장 적합한 것은?**

가. 손 씻기 등 개인위생 지키기
나. 음식물 철저히 가열하기
다. 조리 후 빨리 섭취하기
라. 남은 음식물 냉장 보관하기

tip 배설물 – 구강 – 오염경로(fecal–oral route)를 차단하기 위하여 손 씻기 등 개인위생을 지킨다.

29 함께 사용한 재료들에 향미를 제공하고 껍질색 형성을 빠르게 하여 색상을 진하게 하는 것은?

가. 지방　　나. 소금

다. 우유　　라. 유화제

tip 소금은 당류의 열 반응을 촉진하여 빵 껍질의 색상을 진하게 한다.

30 다음 유지의 설명 중 크래커에서 가장 중요한 것은?

가. 크림가

나. 쇼트닝가

다. 가소성

라. 발연점

tip 크래커에서 쇼트닝가를 높이기 위해서는 유지 중 라드를 쿠키, 크래커, 파이 등에 사용한다.

31 시유의 일반적인 수분과 고형질 함량은?

가. 물 68%, 고형질 38%

나. 물 75%, 고형질 25%

다. 물 88%, 고형질 12%

라. 물 95%, 고형질 5%

tip 시유(우유)의 성분은 크게 수분과 고형물로 나눌 수 있는데 그 비율은 수분 88%, 고형물 12%이다.

32 신선한 우유의 평균 pH는?

가. 12.8　　나. 10.8

다. 6.8　　라. 3.8

tip 박력분 pH 5.2 / 흰자 pH 8.8~9 / 우유 pH 6.6~6.8 / 증류수 pH 7

33 우유 가공품과 가장 거리가 먼 것은?

가. 치즈　　나. 마요네즈

다. 연유　　라. 생크림

tip 마요네즈는 달걀노른자와 식용유로 만드는 것이다.

34 다음 중 경구전염병이 아닌 것은?

가. 맥각중독　　나. 이질

다. 콜레라　　라. 장티푸스

tip 맥각중독은 곰팡이 독(에르고 톡신)에 속하며, 맥각은 자연독식중독으로 전염성이 없다.

35 비중이 1.035인 우유에 비중이 1인 물을 1:1 부피로 혼합하였을 때 물을 섞은 우유의 비중은?

가. 2.035　　나. 1.0175

다. 1.035　　라. 0.035

tip (우유의 비중 + 물의 비중) ÷ 2 = (1.035 + 1) ÷ 2 = 1.0175

36 유당에 대한 설명으로 틀린 것은?

가. 우유에 함유된 당으로 입상형, 분말형, 미분말형 등이 있다.

나. 감미도는 설탕 100에 대하여 16 정도이다.

다. 환원당으로 아미노산의 존재 시 갈변 반응을 일으킨다.

라. 포도당이나 자당에 비해 용해도가 높고 결정화가 느리다.

tip 유당은 물에 잘 녹지 않고 단맛이 적다.

37 포도당의 설명 중 틀린 것은?

가. 포도당은 물엿을 완전히 전환시켜 만든다.
나. 설탕에 비해 삼투압이 높으며 감미가 높다.
다. 입에서 용해될 때 시원한 느낌을 준다.
라. 효모의 영양원으로 발효를 촉진한다.

tip 설탕(자당)의 감미도: 100, 포도당의 감미도: 75

38 다음 중 이당류만 묶인 것은?

가. 맥아당, 유당, 설탕
나. 포도당, 과당, 맥아당
다. 설탕, 갈락토오스, 유당
라. 유당, 포도당, 설탕

tip 단당류: 포도당, 과당, 갈락토오스, 이당류: 자당(설탕), 맥아당, 유당

39 유당이 가수분해되어 생성되는 단당류는?

가. 갈락토오스 + 갈락토오스
나. 포도당 + 갈락토오스
다. 포도당 + 포도당
라. 맥아당 + 포도당

tip 유당 → 포도당 + 갈락토오스, 맥아당 → 포도당 + 포도당, 자당(설탕) → 포도당 + 과당

40 식품위생법규상 무상 수거 대상 식품은?

가. 도 · 소매업소에서 판매하는 식품 등을 시험 검사용으로 수거할 때
나. 식품 등의 기준 및 규격 제정을 위한 참고용으로 수거할 때
다. 식품 등을 검사할 목적으로 수거할 때
라. 식품 등의 기준 및 규격 개정을 위한 참고용으로 수거할 때

tip 식품위생법규상 식품 등을 검사할 목적으로는 무상 수거를 할 수 있다.

41 과자류 반죽에 사용했을 때 곰팡이의 발생을 억제할 수 있는 물질이 아닌 것은?

가. 유기산　　나. 프로피온산
다. 초산　　라. 아스코르빈산

tip 아스코르빈산은 비타민 C이다.

42 전분이 호화됨에 따라 나타나는 현상이 아닌 것은?

가. 팽윤에 의한 부피팽창
나. 방향 부동성의 손실
다. 용해 현상의 감소
라. 점도의 증가

43 다음 중 감미도가 가장 높은 당은?

가. 유당(lactose)
나. 포도당(glucose)
다. 설탕(sucrose)
라. 과당(fructose)

tip 상대적 감미도는 과당(175) 〉 전화당(130) 〉 자당(100) 〉 포도당(75) 〉 맥아당, 갈락토오스(32) 〉 유당(16)

44 포장을 완벽하게 해도 제과 제품에 노화가 일어나는 이유가 아닌 것은?

가. 전분의 호화

나. 향의 변화

다. 단백질 변성

라. 수분의 이동

tip 전분에 물과 열을 가하면 익은 전분이 되어 전분 입자가 팽윤하고 점성이 증가해 반투명한 풀 상태가 되는데, 이를 호화라 한다.

45 반죽형 케이크 제조 시 분리 현상이 일어나는 원인이 아닌 것은?

가. 반죽 온도가 낮다.

나. 노른자 사용 비율이 높다.

다. 반죽 중 수분량이 많다.

라. 일시에 투입하는 달걀의 양이 많다.

tip 반죽 온도가 너무 낮을 때(달걀이 너무 차갑다)나 반죽 온도가 너무 높을 때, 또는 노른자 사용 비율이 너무 낮을 때나 반죽 중 수분량이 너무 많을 때, 한 번에 투입하는 달걀의 양이 많을 때 일어난다.

46 지방산의 이중결합 여부에 따른 분류는?

가. 트랜스지방, 시스지방

나. 유지, 라드

다. 지방산, 글리세롤

라. 포화지방산, 불포화지방산

tip 단일결합 - 탄소와 탄소 사이의 전자가 1개
이중결합 - 탄소와 탄소 사이의 전자가 2개
단일결합과 이중결합은 포화지방산과 불포화지방산을 분류하는 기준이다.

47 HACCP 실시단계 7원칙에 해당하지 않는 것은?

가. 위해 요소 분석

나. HACCP 팀 구성

다. 한계기준설정라.

기록유지 및 문서 관리

tip HACCP 실시단계 7가지 원칙: 위해분석, 중요관리점 설정, 허용 한계기준 설정, 모니터링 방법의 결정, 시정조치의 결정, 검증 방법의 설정, 기록 유지

48 다음 중 포화지방산을 가장 많이 함유한 식품은?

가. 올리브유 나. 버터

다. 콩기름 라. 홍화유

tip 포화지방산은 대표적으로 버터, 마가린이 있고 불포화지방산은 대두유, 올리브유가 있다.

49 콜레스테롤에 관한 설명 중 잘못된 것은?

가. 담즙의 성분이다.

나. 비타민 D3의 전구체가 된다.

다. 탄수화물 중 다당류에 속한다.

라. 다량 섭취 시 동맥경화의 원인 물질이 된다.

tip 콜레스테롤은 유도지방이며, 담즙의 성분이고 비타민 D3의 전구체가 된다.

50 다음 중 반죽형 반죽에 속하지 않는 반죽법은?

가. 스펀지 반죽

나. 블렌딩법

다. 설탕 · 물 반죽법

라. 1단계법

tip 스펀지 반죽은 달걀에 설탕을 넣고 거품을 낸 후 다른 재료와 섞는 방법으로 거품형 반죽에 속한다.

51 세균이 분비한 독소에 의해 감염을 일으키는 것은?

가. 감염형 세균성 식중독

나. 독소형 세균성 식중독

다. 화학적 식중독

라. 진균독 식중독

tip 독소형 식중독은 원인균의 증식 과정에서 생성된 독소를 먹고 발병하는 식중독이다. (웰치균, 보툴리누스, 포도상구균 식중독 등)

52 반죽형 케이크의 특징으로 틀린 것은?

가. 반죽의 비중이 낮다.

나. 주로 화학 팽창제를 사용한다.

다. 유지의 사용량이 많다.

라. 식감이 부드럽다.

tip 반죽형 케이크는 거품형 케이크보다 비중이 높다.(무겁다)

53 식품위생법상 수입식품검사의 종류가 아닌 것은?

가. 서류검사 나. 관능검사

다. 정밀검사 라. 종합검사

tip 식품위생법상 수입식품 검사의 종류에는 서류검사, 관능검사, 정밀검사가 있다.

54 머랭의 최적 pH는?

가. 5.5~6.0 나. 6.5~7.0

다. 7.5~8.0 라. 8.5~9.0

tip 머랭의 최적 pH는 5.5~6.0이다.

55 거품형 제품 제조 시 가온법의 장점이 아닌 것은?

가. 껍질색이 균일하다.

나. 기포 시간이 단축된다.

다. 기공이 조밀하다.

라. 달걀의 비린내가 감소한다.

tip 가온법이란 거품형 케이크의 더운 방법을 말하는 것으로 껍질색이 균일하고, 공정(기포)시간을 단축할 수 있으며, 달걀의 비린내를 줄이고 기공은 크다.

56 거품형 케이크(foam-type cake)를 만들 때 녹인 버터는 언제 넣는 것이 가장 좋은가?

가. 처음부터 다른 재료와 함께 넣는다.

나. 밀가루와 섞어 넣는다.

다. 설탕과 섞어 넣는다.

라. 반죽이 거의 다 만들어졌을 때 넣는다.

tip 거품형 케이크는 제조 시 녹인 버터를 사용할 때는 반죽 마지막 단계에서 넣고 부드럽게 혼합한다.

57 다음 중 미생물에 의한 변질이 아닌 것은?

가. 산패
나. 부패
다. 발효
라. 변패

tip 산패는 유지가 산소, 열, 금속, 이물질 등에 의해 산화된 것

58 식품첨가물에 의한 식중독 원인이 아닌 것은?

가. 허용되지 않은 첨가물의 사용
나. 불순한 첨가물의 사용
다. 허용된 첨가물의 과다 사용
라. 독성물질을 식품에 고의로 첨가

tip 식품첨가물은 허용되지 않은 첨가물, 불순한 첨가물, 허용된 첨가물이라 할지라도 기준량을 초과하여 사용하면 안 된다.

59 다음 중 HACCP 적용의 7가지 원칙에 해당하지 않는 것은?

가. 위해요소 분석
나. 중요관리지점 설정
다. HACCP 팀구성
라. 개선조치 설정

tip HACCP 7원칙: ① 위해요소 분석, ② CCP(중요관리지점) 설정, ③ CCP(중요관리지점) 한계 기준 설정, ④ CCP(중요관리지점) 모니터링 방법 설정, ⑤ 개선조치 설정, ⑥ 검증방법 설정, ⑦ 기록 및 문서 관리

60 튀김 시 과도한 흡유 현상이 나타나지 않는 경우는?

가. 반죽 수분이 과다할 때
나. 믹싱 시간이 짧을 때
다. 글루텐이 부족할 때
라. 튀김기름 온도가 높을 때

tip 흡유 현상은 기름이 반죽에 흡수되는 현상으로 튀김기름 온도가 높을 때는 반죽에 기름이 적게 흡수된다.

정답

01 다	02 가	03 라	04 라	05 라	06 나	07 다	08 다	09 다	10 다
11 나	12 가	13 나	14 가	15 가	16 라	17 나	18 가	19 가	20 가
21 다	22 가	23 다	24 다	25 다	26 다	27 나	28 가	29 나	30 나
31 다	32 다	33 나	34 가	35 나	36 라	37 나	38 가	39 나	40 다
41 라	42 다	43 라	44 가	45 나	46 라	47 나	48 나	49 다	50 가
51 나	52 가	53 라	54 가	55 다	56 라	57 가	58 라	59 다	60 라

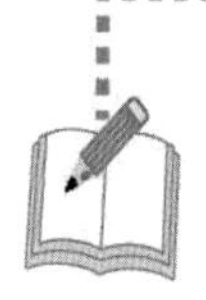

2회 제과기능사 필기 최근 기출 문제

01 마지팬의 기본재료로 옳은 것은?

가. 물, 전분, 아몬드
나. 물, 아몬드, 설탕
다. 전분, 흰자, 물
라. 아몬드, 전분, 흰자

tip 마지팬의 기본재료는 아몬드, 물, 설탕, 흰자이다.

02 제과에서 머랭이라고 하는 것은 어떤 것을 의미하는가?

가. 달걀흰자를 건조 시킨 것
나. 달걀흰자를 중탕한 것
다. 달걀흰자에 설탕을 넣어 믹싱한 것
라. 달걀흰자에 식초를 넣어 믹싱한 것

tip 제과에서의 머랭은 달걀흰자에 설탕을 넣어 믹싱한 것을 뜻한다.

03 다음 세균성 식중독 중 섭취 전에 가열하여도 예방하기가 가장 어려운 것은?

가. 살모넬라 식중독
나. 포도상구균 식중독
다. 클로스트리디움 보툴리눔 식중독
라. 장염 비브리오 식중독

tip 포도상구균 식중독은 독소형이기 때문에 가열 조리로는 예방하기가 어렵다.

04 푸딩을 제조할 때 경도의 조절을 해주는 재료는 무엇인가?

가. 달걀 나. 우유
다. 소금 라. 설탕

tip 달걀의 양을 늘리면 구조력이 강해져 푸딩을 제조할 때 경도 조절이 가능하다.

05 머랭(meringue) 중에서 설탕을 끓여서 시럽으로 만들어 제조하는 것은?

가. 이탈리안 머랭
나. 스위스 머랭
다. 냉제 머랭
라. 온제 머랭

tip 이탈리안 머랭 제조 시 설탕을 끓여서 만든 시럽을 넣는 이유는 달걀흰자에 있을 수도 있는 미생물을 사멸시켜 무스나 냉과를 만들 때 오염을 방지하기 위함이다.

06 케이크 반죽의 pH가 적정 범위를 벗어나 알칼리일 경우 제품에서 나타나는 현상은?

가. 부피가 작다.

나. 향이 약하다.

다. 껍질색이 여리다.

라. 기공이 거칠다.

tip 케이크 반죽이 알칼리일 경우 제품은 부피가 크고, 향이 강하며, 껍질색이 진하고, 기공이 거칠다.

07 고율배합에 대한 설명으로 틀린 것은?

가. 믹싱 중 공기 혼입이 많다.

나. 설탕 사용량이 밀가루 사용량보다 많다.

다. 화학 팽창제를 많이 쓴다.

라. 촉촉한 상태를 오랫동안 유지시켜 신선도를 높이고 부드러움이 지속되는 특징이 있다.

tip 고율배합은 설탕 사용량이 밀가루 사용량보다 많은 배합을 말하며, 제품의 신선도를 높이고 부드러움을 지속시켜준다.

08 다음 중 화학적 팽창 제품이 아닌 것은?

가. 과일케이크

나. 팬케이크

다. 파운드케이크

라. 시폰케이크

tip 시폰케이크는 기본적으로 달걀흰자를 팽창에 이용한 방법이다.

09 전염병의 병원소가 아닌 것은?

가. 감염된 가축

나. 오염된 음식물

다. 건강보균자

라. 토양

tip 병원소 병원체가 증식하고 생존을 계속하면서 인간에게 전파될 수 있는 상태로 저장되는 장소를 말한다. (사람, 동물, 토양 등) 오염된 음식물은 병원소가 아니라 매개체이다.

10 버터케이크 반죽으로 제조되는 제품은?

가. 파운드케이크

나. 스펀지케이크

다. 슈크림

라. 파이

tip 파운드케이크는 밀가루, 설탕, 달걀, 버터 4가지가 기본재료이며 각각 1파운드씩 같은 양이 들어가서 만들어져 붙여진 명칭이다.

11 파운드케이크를 구운 직후 달걀노른자에 설탕을 넣어 칠할 때 설탕의 역할이 아닌 것은?

가. 광택제 효과

나. 보존기간 개선

다. 탈색 효과

라. 맛의 개선

tip 노른자에 설탕을 넣는 이유는 광택과 보존기간의 개선과 맛을 향상하기 위해서다.

12 **엔젤푸드케이크의 반죽 온도가 높았을 때 일어나는 현상은?**
가. 증기압을 형성하는 데 걸리는 시간이 길다.
나. 기공이 열리고 거칠다.
다. 케이크의 부피가 작다.
라. 케이크의 표면이 터진다.

tip 반죽의 온도가 높다는 것은 공기의 혼입량이 많은 것으로 완제품의 기공이 열리고 거칠어진다.

13 **고율배합 케이크와 비교하여 저율배합 케이크의 특징은?**
가. 믹싱 중 공기 혼입량이 많다.
나. 굽는 온도가 높다.
다. 반죽의 비중이 낮다.
라. 화학 팽창제 사용량이 적다.

tip 고율배합 케이크와 비교하였을 때 저율배합 케이크가 굽는 온도가 높다.

14 **다음 중 달걀노른자를 사용하지 않는 케이크는?**
가. 파운드케이크
나. 엔젤푸드케이크
다. 소프트롤케이크
라. 옐로레이어케이크

tip 엔젤푸드케이크와 화이트레이어케이크는 달걀노른자를 사용하지 않는다.

15 **기본적인 스펀지케이크의 필수 재료가 아닌 것은?**
가. 밀가루 나. 설탕
다. 분유 라. 소금

tip 스펀지케이크의 필수재료는 밀가루, 설탕, 소금, 달걀이다.

16 **밀가루 수분함량이 1% 감소할 때마다 흡수율은 얼마나 증가하는가?**
가. 0.3~0.5% 나. 0.75~1%
다. 1.3~1.6% 라. 2.5~2.8%

tip 밀가루의 수분함량이 1% 감소할 때마다 흡수율은 1.3~1.6% 정도 증가한다.

17 **시유의 탄수화물 중 함량이 가장 많은 것은?**
가. 포도당 나. 과당
다. 맥아당 라. 유당

tip 시유는 우유를 뜻하는 것으로 탄수화물 중 유당이 가장 많다.

18 **퍼프 페이스트리 반죽에 혼합하는 유지와 물의 적당한 비율은?**
가. 유지 100 : 물 50
나. 유지 100 : 물 100
다. 유지 100 : 물 150
라. 유지 100 : 물 200

tip 퍼프 페이스트리 반죽은 유지와 밀가루의 양은 같으며 밀가루 : 100 / 유지 : 100 / 냉수 : 50 / 소금 : 1

19 **다음 밀가루 중 면류를 만드는 데 주로 사용되는 것은?**
가. 박력분 나. 중력분
다. 강력분 라. 대두분

tip 강력분은 제빵용 중력분은 면류 박력분은 쿠키류, 케이크류

20 베이킹파우더 성분 중 이산화탄소(CO2)를 발생시키는 것은?

가. 전분

나. 주석산

다. 인산칼슘

라. 탄산수소나트륨

tip 탄산수소나트륨은 중조, 베이킹소다이며 열을 가하면 탄산가스(이산화탄소)를 발생시켜 과자를 부풀린다.

21 파이 반죽을 냉장고에서 휴지시키는 효과가 아닌 것은?

가. 밀가루의 수분 흡수를 돕는다.

나. 유지의 결 형성을 돕는다.

다. 반점 형성을 방지한다.

라. 유지가 흘러나오는 것을 촉진한다.

tip 파이 반죽을 냉장고에 휴지시키면 유지가 나오는 것을 방지한다.

22 우유에서 산에 의해 응고되는 물질은?

가. 단백질　　나. 유당

다. 유지방　　라. 회분

tip 우유에서 산에 의해 응고되는 물질은 우유의 단백질인 카세인이다.

23 노로바이러스 식중독의 특징으로 틀린 것은?

가. 잠복기: 24~28시간

나. 지속시간: 7일 이상 지속

다. 주요증상: 설사, 탈수, 복통, 구토 등

라. 발병률: 40~70% 발병

tip
- 노로바이러스는 오심, 구토, 설사, 복통 등의 증상을 유발하는 바이러스이다.
- 오심, 구토, 설사, 복통, 등의 증상을 보이지만 1~2일 지나면 자연 회복된다.

24 사과파이 껍질의 결의 크기는 어떻게 조절하는가?

가. 쇼트닝의 입자크기로 조절한다.

나. 쇼트닝의 양으로 조절한다.

다. 접기 수로 조절한다.

라. 밀가루 양으로 조절한다.

tip 파이 껍질 결은 유지의 입자크기로 조절하며 큰 결(호두 크기), 중간 결(공알 크기), 작은 결(깨 크기)로 조절한다.

25 거품형 쿠키로서 전란을 사용하여 만드는 쿠키는?

가. 드롭 쿠키

나. 스냅 쿠키

다. 스펀지 쿠키

라. 머랭 쿠키

tip 반죽형 쿠키는 드롭 쿠키, 스냅 쿠키, 스펀지 쿠키(전란 사용), 머랭 쿠키(흰자 사용)

26 케이크 도넛의 제조방법으로 올바르지 않은 것은?

가. 정형기로 찍을 때 반죽 손실이 적도록 찍는다.

나. 정형 후 곧바로 튀긴다.

다. 덧가루를 얇게 사용한다.

라. 튀긴 후 그물망에 올려놓고 여분의 기름을 배출시킨다.

tip 정형 후 덧가루가 많으면 털어내고 10~15분 중간 휴지시킨 후 튀긴다.

27 젤리를 만드는 데 사용되는 재료가 아닌 것은?

가. 젤라틴 나. 한천

다. 레시틴 라. 알긴산

tip 안정제는 젤라틴, 한천, 알긴산, 펙틴, C.M.C.가 있으며 레시틴은 인지질의 하나로 노른자에 들어 있다.

28 제분 직후의 미숙성 밀가루는 노란색을 띠는데 그 원인 색소는?

가. 플라본 나. 퀴논

다. 클로로필 라. 크산토필

tip 밀가루에 있는 황색 색소인 카로티노이드가 미숙성 상태인 크산토필을 만들어 밀가루에 노란색이 나타난다.

29 맥아당이 분해되면 포도당과 무엇으로 되는가?

가. 포도당 나. 유당

다. 과당 라. 설탕

tip 맥아당이 분해되면서 포도당 두 분자로 분해된다.

30 푸딩 제조공정에 관한 설명으로 틀린 것은?

가. 모든 재료를 섞어서 체에 거른다.

나. 푸딩컵에 반죽을 부어 중탕으로 굽는다.

다. 우유와 설탕을 섞어 설탕이 캐러멜화될 때까지 끓인다.

라. 다른 그릇에 달걀 소금 및 나머지 설탕을 넣고 혼합한 후 우유를 섞는다.

tip 우유와 설탕을 섞어 80~90℃가 될 때까지 데운 후 사용한다.

31 무스(mousse)의 원뜻으로 알맞은 것은?

가. 생크림 나. 젤리

다. 거품 라. 광택제

tip 무스란 프랑스어로 거품이란 뜻으로, 초콜릿, 과일 퓌레에 생크림, 머랭, 젤라틴 등을 넣고 굳혀 만든 제품으로 오븐에 가열하지 않으며 보통 무스에 사용하는 머랭은 이탈리안 머랭이다.

32 초콜릿, 과일퓌레에 생크림, 머랭, 젤라틴을 넣어 굳혀 만든 제품으로 표면의 젤리가 거울처럼 광택이 난다는 데서 붙여진 제품의 이름은?

가. 푸딩(pudding)

나. 바바루아(bavarois)

다. 무스(mouesse)

라. 블랑망제(blancmanger)

tip 무스란 프랑스어로 거품이란 뜻으로, 초콜릿, 과일 퓌레에 생크림, 머랭, 젤라틴 등을 넣고 굳혀 만든 제품으로 오븐에 가열하지 않으며 보통 무스에 사용하는 머랭은 이탈리안 머랭이다.

33 케이크 반죽을 혼합할 때 반죽의 온도가 최적 범위 이상이나 이하로 설정될 경우에 나타나는 현상이 아닌 것은?

가. 쇼트닝의 크림성이 감소한다.

나. 공기의 혼합능력이 떨어진다.

다. 팽창속도가 변화한다.

라. 케이크의 체적이 증가한다.

tip 반죽 온도가 매우 높거나 낮으면 체적(부피)이 작아진다.

34 반죽 온도 조절에 대한 설명 중 틀린 것은?

가. 파운드케이크의 반죽 온도는 23℃가 적당하다.

나. 버터스펀지케이크(공립법)의 반죽 온도는 25℃가 적당하다.

다. 사과파이 반죽의 물 온도는 38℃가 적당하다.

라. 퍼프 페이스트리의 반죽 온도는 20℃가 적당하다.

tip 사과파이 반죽의 물 온도 18~20℃가 적정하며, 물의 온도가 높으면 유지가 녹기 때문에 20℃ 이하가 적당하다. 따라서 사과파이 제조 시 물은 냉수를 사용한다.

35 다음 중 반죽 온도가 가장 낮은 것은?

가. 퍼프페이스트리

나. 레이어케이크

다. 파운드케이크

라. 스펀지케이크

tip 퍼프 페이스트리, 데니시 페이스트리는 차가운 물로 반죽하여 반죽온도 20℃가 적정하며 제과의 케이크류는 대부분 24℃이다.

36 화이트레이어케이크에서 설탕 120%, 흰자 78%를 사용한 경우 유화쇼트닝의 사용량은?

가. 50%　　나. 55%

다. 60%　　라. 66%

tip 흰자 = 쇼트닝 × 1.43, 쇼트닝 = 흰자/1.43 (78/1.43 = 54.5)

37 다음 중 반죽의 얼음사용량 계산 공식으로 옳은 것은?

가. 얼음 = 물 사용량 × (수돗물 온도 - 사용수 온도) / 80 + 수돗물 온도

나. 얼음 = 물 사용량 × (수돗물 온도 + 사용수 온도) / 80 + 수돗물 온도

다. 얼음 = 물 사용량 × (수돗물 온도 × 사용수 온도) / 80 + 수돗물 온도

라. 얼음 = 물 사용량 × (계산된 물 온도 - 사용수 온도) / 80 + 수돗물 온도

tip 얼음사용량 = [물 사용량 × (수돗물 온도 - 사용할 물 온도)] ÷ 80 + 수돗물 온도

38 실내 온도 20℃, 밀가루 온도 20℃, 설탕 온도 20℃, 쇼트닝 온도 22℃, 달걀 온도 20℃, 물 온도 18℃의 조건에서 반죽의 결과 온도가 24℃가

나왔다면 마찰계수는?

가. 18　　나. 20

다. 22　　라. 24

tip
- 마찰계수 = (실제 반죽 온도 × 6) − (실내 온도 + 밀가루 + 설탕 + 쇼트닝 + 달걀 + 수돗물)
- 마찰계수 = (24 × 6) − (20 + 20 + 20 + 22 + 20 + 18) = 144 − 120 = 24

39 달걀흰자 540g을 얻으려고 한다. 달걀 한 개의 평균 무게가 60g이라면 몇 개의 달걀이 필요한가?

가. 10개　　나. 15개

다. 20개　　라. 13개

tip 달걀은 보통 무게의 60%가 흰자로 구성되어 있다. 60g의 달걀은 약 36g의 흰자를 포함하고 있다. 필요한 달걀의 수는 540 ÷ 36 = 15개

40 17℃의 물 2kg을 15℃로 낮추면 실제 사용한 물의 양은?

가. 1,756g　　나. 1,841g

다. 1,900g　　라. 1,959g

tip 실제 물 사용량 =사용할 물의 양 - 얼음 양 = 2,000 −(2,000 × (17−15) / 80 + 17)=1,959

41 동물에게 유산을 일으키며 사람에게는 열병을 나타내는 인수공통전염병은?

가. 탄저병　　나. 리스테리아증

다. 돈단독　　라. 브루셀라증

tip 브루셀라증은 소, 돼지, 동물의 젖이나 고기를 거쳐 경구 감염된다. (파상열)

42 제분 시 조절(Tempering and Conditioning)을 하는 이유가 아닌 것은?

가. 밀기울을 강인하게 하여 밀가루에 섞이는 것을 방지하기 위하여

나. 배유와 밀기울의 분리를 용이하게 해주기 위하여

다. 배유가 잘 분쇄되게 해주기 위하여

라. 전분입자를 호화시키기 위해

tip 원료 밀로 하여 최적의 제분 조건에 이르게 하기 위한 처리가 조절이다. 전분의 호화는 밀가루로 빵을 만들 때 일어난다.

43 밀가루에서 전분, 단백질, 펜토산, 손상된 전분이 동량이라면 어느 것이 흡수율이 가장 좋은가?

가. 전분　　나. 단백질

다. 펜토산　　라. 손상된 전분

tip 밀가루에서 전분, 단백질, 펜토산, 손상된 전분이 동량이라면 펜토산 흡수율이 가장 높다.

44 다음 설명 중 기공이 열리고 조직이 거칠어지는 원인이 아닌 것은?

가. 크림화가 지나쳐 많은 공기가 혼입되고 큰 공기 방울이 반죽에 남아있다.

나. 기공이 열리면 탄력성이 증가되어 거칠고 부스러지는 조직이 된다.

다. 과도한 팽창제는 필요량 이상의 가스를 발생하여 기공에 압력을 가해 기공이 열리고 조직이 거칠어진다.

라. 낮은 온도의 오븐에서 구우면 가스가 천천히 발생하여 크고 열린 기공을 만든다.

tip 제품의 기공이 열린다는 것은 제품에 탄력성이 감소한다는 것을 뜻한다.

45 반죽의 비중과 관련이 없는 것은?

가. 완제품의 조직
나. 기공의 크기
다. 완제품의 부피
라. 팬 용적

tip 반죽의 비중은 조직과 기공, 부피와 관계가 많다.

46 흰자를 거품 내면서 뜨겁게 끓인 시럽을 부어 만든 머랭은?

가. 냉제 머랭
나. 온제 머랭
다. 스위스 머랭
라. 이탈리안 머랭

tip 이탈리아 머랭 볼에 흰자와 설탕(흰자 양의 20%)을 넣고 휘핑 한다. 동 그릇에 남은 설탕과 물(설탕량의⅓)을 넣고 116~118°C로 끓인 후 흰자에 부어준다.

47 포화지방산의 탄소수가 다음과 같을 때 일반적으로 융점이 가장 높은 것은?

가. 4개 나. 8개
다. 14개 라. 18개

tip 탄소수가 높을수록 융점이 높다.

48 이당류가 아닌 것은?

가. 설탕(sucrose)
나. 유당(lactose)
다. 셀룰로스(cellulose)
라. 맥아당(maltose)

tip 셀룰로스는 다당류에 속한다.

49 데블스푸드케이크를 만들려고 할 때 반죽의 비중을 측정하기 위하여 필요한 무게가 아닌 것은?

가. 비중컵의 무게
나. 코코아를 담은 비중컵의 무게
다. 물을 담은 비중컵의 무게
라. 반죽을 담은 비중컵의 무게

tip 비중이란 반죽 무게와 물 무게로 비중을 위해서는 반죽 무게와 물 무게 반죽을 담은 비중컵의 무게를 알아야 비중을 알 수 있다.

50 베이킹파우더의 특징으로 올바르지 않은 것은?

가. 베이킹파우더의 팽창력은 알코올에 의한 것이다.
나. 과량의 산은 반죽의 pH을 낮게 만들고, 과량의 중조는 pH를 높게 한다.
다. 탄산수소나트륨(중조/소다)이 기본이 되고 여기에 산을 첨가하여 중화가를 맞춘 것이다.
라. 일반적으로 과자 제품인 케이크나 쿠키를 제조할 때 많이 쓴다.

51 포도당과 결합하여 젖당을 이루며 뇌신경 등에 존재하는 당류는?

가. 과당(fructose)

나. 만노오스(mannose)

다. 리보오스(ribose)

라. 갈락토오스(galactose)

tip 젖당(유당)은 포도당 + 갈락토오스의 결합체이다.

52 다음 중 비중이 가장 낮은 제품은?

가. 파운드케이크

나. 옐로레이어케이크

다. 초콜릿케이크

라. 엔젤푸드케이크

tip
- 반죽형 반죽: 0.80~0.85 (파운드케이크, 옐로레이어케이크, 초콜릿케이크)
- 거품형 반죽: 0.50~0.60 (엔젤푸드케이크, 버터스펀지케이크)

53 우유 2kg을 사용하는 반죽에 분유로 대체할 때 분유와 물의 사용량으로 적정한 것은?

가. 200 : 1,800

나. 300 : 1,700

다. 400 : 1,600

라. 500 : 1,500

tip 분유 2,000 × 10% = 200g, 물 2,000g × 90% =1,800g

54 비중이 가장 낮은 제품은?

가. 파운드케이크

나. 엔젤푸드케이크

다. 옐로레이어케이크

라. 화이트레이어케이크

tip 거품형 케이크는 비중이 가장 낮으며, 스펀지케이크, 롤케이크, 카스텔라, 다쿠아즈가 있고 엔젤푸드케이크는 0.35~0.4 반죽형 케이크는 비중이 높으며, 파운드케이크, 레이어케이크, 과일케이크가 있다. 화이트레이어케이크, 옐로레이어케이크는 0.85~0.9 파운드케이크는 0.75~0.85이다.

55 식품 등의 표시기준을 수록한 공전을 작성, 보급하여야 하는 자는?

가. 식품의약품안전처장

나. 보건소장

다. 시, 도지사

라. 식품위생감시원

tip 식품첨가물의 기준 및 규격을 기록해 놓은 것을 공전이라 하고, 이는 식품의약품안전처장이 정한다.

56 도넛의 흡유량이 높았을 때 그 원인은?

가. 고율배합 제품이다.

나. 튀김 시간이 짧다.

다. 튀김 온도가 높다.

라. 휴지 시간이 짧다.

tip 튀김 시간이 길거나, 튀김기름의 온도가 낮거나, 고율배합 제품일 경우 흡유량이 높다.

57 식품보존료로서 갖추어야 할 요건으로 적합한 것은?

가. 공기, 광선에 안정할 것

나. 사용법 까다로울 것

다. 일시적 효력이 나타날 것

라. 열에 의해 쉽게 파괴될 것

tip 공기, 광선에 안정하고 사용법이 간단해야 한다. 장기적으로 효력이 나타나고 열에 의해 쉽게 파괴되지 않아야 한다.

58 **다음 중에서 위해분석(HA: hazard analysis)에 해당하지 않는 것은?**

가. 생물학적 요인

나. 화학적 요인

다. 물리적 요인

라. 과학적 요인

tip 위해분석: 원재료와 제조공정에서 발생 가능한 생물학적, 화학적, 물리적 위해 요인이 있다.

59 **다음 중에서 HACCP의 7원칙 중에서 검증사항에 포함되어야 할 사항이 아닌 것은?**

가. CCP가 적절히 관리되고 있는지의 확인

나. 모니터링은 관리상황을 적절히 평가

다. HACCP 시스템 및 기록의 검토

라. 한계기준 이탈 및 개선조치 검토

tip 검증 방법의 설정: HACCP 시스템이 계획대로 수행되고 있는지를 평가하기 위하여 위해 원인 물질에 대한 검사를 포함하는 검증 방법을 설정한다.

60 **반죽의 비중에 대한 설명이 틀린 것은?**

가. 비중이 낮을수록 공기 함유량이 많아서 제품이 가볍고 조직이 거칠다.

나. 비중이 높을수록 공기 함유량이 적어서 제품의 기공이 조밀하다.

다. 비중이 같아도 제품의 식감은 다를 수 있다.

라. 비중은 같은 부피의 반죽 무게를 같은 부피의 달걀 무게로 나눈 것이다.

tip 부피가 같은 물의 무게를 숫자로 나타낸 값이다.

정답

01 나	02 다	03 나	04 가	05 가	06 라	07 다	08 라	09 나	10 가
11 다	12 나	13 나	14 나	15 다	16 다	17 라	18 가	19 나	20 라
21 라	22 가	23 나	24 가	25 다	26 나	27 다	28 라	29 가	30 다
31 다	32 다	33 라	34 다	35 가	36 나	37 가	38 라	39 나	40 라
41 라	42 라	43 다	44 나	45 라	46 라	47 라	48 다	49 나	50 가
51 라	52 라	53 가	54 나	55 가	56 가	57 가	58 라	59 나	60 라

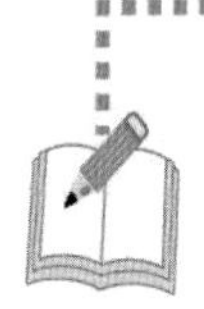

3회 제과기능사 필기 최근 기출 문제

01 40g의 계량컵에 물을 가득 채웠더니 240g이었다. 과자 반죽을 넣고 달아보니 220g이 되었다면 이 반죽의 비중은 얼마인가?

가. 0.85 나. 0.9

다. 0.92 라. 0.95

tip 비중 = (반죽 무게 – 컵 무게) ÷ (물 무게 – 컵 무게) (220–40) ÷ (240–40) = 0.9

02 맥아당(maltose)은 말타아제에 의하여 무엇으로 분해되는가?

가. 포도당 + 과당

나. 포도당 + 갈락토오스

다. 포도당 + 포도당

라. 포도당 + 유당

tip 맥아당은 말타아제에 의해 포도당 2분자로 분해된다.

03 전란의 수분함량은 몇 % 정도인가?

가. 30~35% 나. 50~53%

다. 72~75% 라. 92~95%

tip 전란의 고형분은 25%, 수분은 75%이다.

04 아이싱에 사용되는 재료 중 다른 세 가지와 조성이 다른 것은?

가. 이탈리안 머랭

나. 퐁당

다. 버터크림

라. 스위스 머랭

tip 버터크림은 유지를 크림화 상태로 만든 크림이다.

05 파이 반죽을 냉장고에서 휴지시키는 효과가 아닌 것은?

가. 밀가루의 수분 흡수를 돕는다.

나. 유지의 결 형성을 돕는다.

다. 반점 형성을 방지한다.

라. 유지가 흘러나오는 것을 촉진한다.

tip 파이 반죽을 냉장고에 휴지시키면 유지가 나오는 것을 방지한다.

06 다음 중 병원체가 바이러스인 질병은?

가. 폴리오 나. 결핵
다. 디프테리아 라. 성홍열

tip 바이러스: 폴리오, 급성회백수염, 홍역

07 달걀흰자가 360g 필요하다고 할 때 전란 60g짜리 달걀이 몇 개 정도 필요한가? (단, 달걀 중 난백의 함량은 60%)

가. 6 나. 8
다. 10 라. 13

tip 달걀은 껍질 : 노른자 : 흰자 1 : 3 : 6의 비율이다. 따라서 60g짜리 달걀의 껍질은 6g, 노른자 18g, 흰자는 36g이다.
∴360 ÷ 36 =10개

08 보존료의 이상적인 조건과 거리가 먼 것은?

가. 독성이 없거나 매우 적을 것
나. 저렴한 가격일 것
다. 사용 방법이 간편할 것
라. 다량으로 효력이 있을 것

tip 보존료는 소량에서 효력이 있어야 한다.

09 생크림을 휘핑할 때의 가장 적당한 온도는?

가. -5~1℃ 나. 1~10℃
다. 15~18℃ 라. 22~26℃

tip 생크림은 우유의 지방을 추출한 것으로 온도가 중요하며 지방의 특징은 온도가 높으면 거품이올라오지 않기 때문에 냉장 온도에서 휘핑해야 한다.

10 케이크의 배합에서 고율배합이 저율배합에 비하여 높거나 많은 항목은?

가. 믹싱 중 공기 혼입 정도
나. 비중
다. 화학팽창제의 사용량
라. 굽는 온도

tip 고율배합은 믹싱 중 공기 혼입이 많지만, 저율배합은 믹싱 중 공기 혼입이 적다.

11 퐁당에 대한 내용 중 맞는 것은?

가. 시럽을 214℃까지 끓인다.
나. 20℃ 전후로 식혀서 휘젓는다.
다. 물엿, 전화당 시럽을 첨가하면 수분 보유력을 높일 수 있다.
라. 유화제를 사용하면 부드럽게 할 수 있다.

tip 퐁당은 설탕을 물에 녹여 끓인 뒤 다시 희뿌연 상태로 결정화시킨 것으로, 빵·과자의 윗면을 아이싱하는 데 많이 사용한다.

12 감염형 식중독에 해당하지 않는 것은?

가. 살모넬라균 식중독
나. 포도상구균 식중독
다. 병원성대장균 식중독
라. 장염비브리오균 식중독

tip 포도상구균은 독소형 식중독이다.

13 다음 중 독소형 세균성식중독의 원인균은?

가. 보툴리누스균
나. 살모넬라균

다. 장염비브리오균

라. 대장균

tip • 독소형 식중독: 포도상구균, 보툴리누스
• 감염형 식중독: 살모넬라, 장염비브리오, 대장균

14 반죽에 레몬즙이나 식초를 첨가하여 굽기를 하였을 때 나타나는 현상은?

가. 조직이 치밀하다.

나. 껍질색이 진하다.

다. 향이 짙어진다.

라. 부피가 증가한다.

tip 레몬즙이나 식초에 의하여 반죽이 산성화되면, 글루텐이 응고되어 부피는 작고 조직은 치밀해진다.

15 다음 중에는 화학적 위해요소로 부적합한 것은?

가. 중금속

나. 다이옥신

다. 잔류농약

라. 기생충

tip • 생물학적 위해요소: 병원성 미생물, 부패세균, 대장균, 기생충, 바이러스, 곰팡이
• 화학적 위해요소: 중금속, 농약, 항생물질, 사용기준 초과 또는 사용 금지된 식품첨가물 등 화학적 원인 물질

16 머랭(meringue) 중에서 설탕을 끓여서 시럽으로 만들어 제조하는 것은?

가. 이탈리안 머랭

나. 스위스 머랭

다. 냉제 머랭

라. 온제 머랭

tip 이탈리안 머랭 제조 시 설탕을 끓여서 만든 시럽을 넣는 이유는 달걀흰자에 있을 수도 있는 미생물을 사멸시켜 무스나 냉과류를 만들 때 오염을 방지하기 위해서다.

17 가나슈 크림에 대한 설명으로 옳은 것은?

가. 생크림은 절대 끓여서 사용하지 않는다.

나. 초콜릿과 생크림의 배합 비율은 10 : 1이 원칙이다.

다. 초콜릿 종류는 달라도 카카오 성분은 같다.

라. 끓인 생크림에 초콜릿을 더한 크림이다.

tip 끓인 생크림에 초콜릿을 더한 크림으로 초콜릿과 생크림의 비율은 1:1 정도가 적정하다.

18 달걀흰자의 기포성과 안정성에 도움이 되는 재료가 아닌 것은?

가. 주석산 크림

나. 레몬즙

다. 설탕

라. 버터

tip 흰자의 기포성에 영향을 주는 재료는 주석산, 레몬즙, 식초, 과일즙 등이 있으며, 흰자의 안정성 재료에는 설탕, 산성 재료가 있다.

19 도넛에서 발한을 제거하는 방법은?

가. 도넛에 묻힌 설탕의 양을 줄인다.

나. 기름을 충분히 예열한다.

다. 결착력이 없는 기름을 사용한다.

라. 튀김 시간을 늘린다.

tip 도넛에서 발한을 제거하는 방법으로는 튀김 시간을 늘린다.

20 꽃을 짜거나 조형물을 만들 머랭을 제조하려 할 때 흰자에 대한 설탕의 사용 비율로 가장 알맞은 것은?

가. 50% 나. 100%
다. 200% 라. 400%

tip 꽃이나 장식물 제조 시 흰자에 대한 설탕의 비율은 200%이다.

21 반죽형 케이크가 아닌 것은?

가. 옐로레이어케이크
나. 화이트레이어케이크
다. 소프트롤케이크
라. 데블스푸드케이크

tip 소프트롤케이크는 거품형 케이크이다.

22 달걀 난황계수를 측정한 결과가 다음과 같을 때 가장 신선하지 않은 것은?

가. 0.1 나. 0.2
다. 0.3 라. 0.4

tip 난황계수 = 높이 ÷ 직경으로 구한 값이므로 난황계수의 값이 적을수록 노른자가 옆으로 퍼진다. (신선하지 않다)

23 케이크 반죽의 패닝에 대한 설명으로 틀린 것은?

가. 케이크의 종류에 따라 반죽의 양을 다르게 패닝한다.
나. 새로운 팬은 비용적을 구하여 패닝한다.
다. 팬 용적을 구하기 어려운 것은 유채씨로 부피를 측정한다.
라. 비중이 무거운 반죽은 분할량을 적게 한다.

tip 비중이 무거운 반죽은 부피가 작게 나오기 때문에 분할량을 크게 한다.

24 세균성 식중독과 비교하여 경구전염병의 특성이 아닌 것은?

가. 미량의 균으로도 감염된다.
나. 비교적 잠복기가 짧다.
다. 2차 감염이 빈번하다.
라. 음용수로 인해 감염된다.

tip 경구전염병은 비교적 잠복기가 길다.

25 케이크의 배합에서 고율배합이 저율배합에 비하여 높거나 많은 항목은?

가. 믹싱 중 공기 혼입 정도
나. 비중
다. 화학팽창제의 사용량
라. 굽는 온도

tip 고율배합은 믹싱 중 공기 혼입 정도가 많지만, 저율배합은 믹싱 중 공기 혼입 정도가 적다.

26 퍼프 페이스트리 제품 모양이 균일하지 않을 때의 원인이 아닌 것은?

가. 밀가루가 너무 많이 사용되었다.
나. 화학 팽창제가 너무 많이 사용되었다.

다. 충전용 유지가 너무 적게 사용되었다.
라. 첨가된 물의 양이 너무 적었다.

tip 퍼프 페이스트리는 화학 팽창제를 사용하지 않는다.

27 같은 용적의 팬에 같은 무게의 반죽을 패닝하였을 경우 부피가 가장 작은 제품은?

가. 시퐁케이크
나. 레이어케이크
다. 파운드케이크
라. 스펀지케이크

tip 각 제품의 비용적 반죽 1g당 차지하는 부피를 의미하며, 파운드케이크 2.40㎤/g, 레이어케이크 2.96㎤/g, 엔젤푸드케이크 4.70㎤/g, 스펀지케이크 5.08㎤/g이다.

28 캐러멜 커스터드푸딩에서 캐러멜 소스는 푸딩 컵의 어느 정도 깊이로 붓는 것이 적합한가?

가. 0.2cm　　나. 0.4cm
다. 0.6cm　　라. 0.8cm

tip 캐러멜 소스는 푸딩 컵 바닥에 얇게 부어주고 반죽 패닝은 푸딩컵에 95%가량 넣는다.

29 직경이 10cm, 높이가 4.5cm인 원형 팬에 부피 2.4㎤당 1g인 반죽을 70%로 패닝한다면 채워야 할 반죽의 무게는 대략 얼마인가?

가. 147g　　나. 120g
다. 103g　　라. 80g

tip 반지름×반지름×3.14×높이÷비용적×패닝
(5 × 5 × 3.14 × 7 ÷ 2.4 × 0.7 = 103g)

30 퍼프 페이스트리를 제조할 때 주의할 점으로 틀린 것은?

가. 성형한 반죽을 장기간 보관하려면 냉장하는 것이 좋다.
나. 파치(scrap pieces)가 최소가 되도록 정형한다.
다. 충전물을 넣고 굽는 반죽은 구멍을 뚫고 굽는다.
라. 굽기 전에 적정한 최종 휴지를 시킨다.

tip 성형한 반죽을 장시간 보관하려면 반듯이 냉동고에 넣는 것이 좋다.

31 맥아당(maltose)은 말타아제에 의하여 무엇으로 분해되는가?

가. 포도당 + 과당
나. 포도당 + 갈락토오스
다. 포도당 + 포도당
라. 포도당 + 유당

tip 맥아당은 말타아제에 의해 포도당 2분자로 분해된다.

32 설탕의 재결정성을 이용하여 만드는 퐁당을 끓일 때 시럽의 적정 온도는?

가. 106~110℃
나. 130~134℃
다. 120~126℃
라. 114~118℃

tip 퐁당은 설탕 100g, 물 30g 정도를 넣고 114~118℃로 끓인 뒤 다시 희뿌연 상태로 결정화한 것이다.

33 세균성 식중독과 비교하여 경구전염병의 특성이 아닌 것은?

가. 병원균의 독력은 경구전염병이 더 강하다.
나. 경구전염병의 잠복기는 세균성 식중독보다 짧다.
다. 경구전염병은 균량이 적더라도 발병한다.
라. 경구전염병은 사람으로부터 사람에게 전염된다.

tip 경구전염병의 잠복기는 세균성 식중독에 비해 길다.

34 달걀에 대한 설명 중 옳은 것은?

가. 달걀노른자에 가장 많은 것은 단백질이다.
나. 달걀흰자는 대부분이 물이고 그 다음 많은 성분은 지방질이다.
다. 달걀껍질은 대부분 탄산칼슘으로 이루어져 있다.
라. 달걀은 흰자보다 노른자 중량이 더 크다.

tip 노른자는 지방 32%, 단백질 16% 흰자는 수분 88%, 고형분 12% (고형분 대부분은 단백질)

35 파운드케이크 제조에 대한 설명으로 맞는 것은?

가. 오븐 온도가 너무 높으면 케이크의 표피가 갈라진다.
나. 너무 뜨거운 오븐에서는 표피에 비늘 모양이나 점이 형성된다.
다. 여름철에는 유지온도가 30℃ 이상이 되어야 크림성이 좋다.
라. 윗면이 터지게 하려면 굽기 전후에 스팀을 분무한다.

tip 너무 낮은 오븐에서 굽게 되면 표피에 비늘 모양이나 점이 형성되며, 윗면을 안 터지게 하려면 처음부터 뚜껑을 덮고 굽거나 굽기 전에 윗면에 스팀을 분무한다.

36 다음 중 다당류에 속하는 것은?

가. 올리고당
나. 맥아당
다. 포도당
라. 설탕

tip 다당류에는 전분, 글리코겐, 섬유소, 펙틴, 올리고당, 한천이 있다.

37 용적이 2050㎤인 파운드틀에 알맞은 반죽 분할무게는?

가. 554g
나. 654g
다. 754g
라. 854g

tip 파운드 케이크 1g당 용적은 2.40㎤이다. (2050㎤ / 2.4 = 854)

38 당류의 감미도가 강한 순서부터 나열된 것은?

가. 설탕 – 포도당 – 맥아당 – 유당
나. 포도당 – 설탕 – 맥아당 – 유당
다. 설탕 – 포도당 – 유당 – 맥아당
라. 유당 – 맥아당 – 포도당 – 설탕

39 다음 제품 중 반죽의 pH가 가장 낮을 때 좋은 제품이 나오는 것은?

가. 엔젤푸드케이크

나. 데블스푸드케이크

다. 초콜릿케이크

라. 옐로레이어케이크

40 유당불내증이 있는 사람에게 적합한 식품은?

가. 우유

나. 크림소스

다. 요구르트

라. 크림수프

tip 유당불내증: 유당(lactose)을 분해하는 효소인 락타아제가 없어서 소화를 못 시키는 경우를 말하며, 이런 사람들에게 적합한 식품으로는 요구르트가 있다.

41 식중독이 발생했을 때 해야 하는 조치 사항 중 잘못된 것은?

가. 환자의 상태를 메모한다.

나. 보건소에 신고한다.

다. 식중독 의심이 있는 환자는 의사의 진단을 받게 한다.

라. 환자가 먹던 음식물은 발견 즉시 전부 버린다.

tip 의사는 진단 행정 기관에 신고하고 행정 기관에서는 역학조사와 함께 환자와 보균자를 격리하고, 접촉자에 대한 진단과 검변을 시행한다. 환자가 먹던 음식물은 보관한다.

42 파이를 냉장고 등에서 휴지시키는 이유와 가장 거리가 먼 것은?

가. 전 재료의 수화 기회를 준다.

나. 유지와 반죽의 굳은 정도를 같게 한다.

다. 반죽을 경화 및 긴장시킨다.

라. 끈적거림을 방지하여 작업성을 좋게 한다.

tip 휴지는 재료가 수화되고, 이산화탄소 가스가 발생하며, 반죽을 조절하고 표피가 마르는 현상을 느리게 한다.

43 반죽 온도가 정상보다 낮을 때 나타나는 제품의 결과로 틀린 것은?

가. 부피가 작다.

나. 큰 기포가 형성된다.

다. 기공이 조밀하다.

라. 오븐에 굽는 시간이 약간 길다.

tip 반죽의 온도가 정상보다 낮으면 작고 조밀한 기포가 형성되며, 반죽 온도가 정상보다 높을 때는 큰 기포가 형성된다.

44 스펀지케이크 제조 시 강력분이나 중력분을 사용하면 전분으로 몇 %까지 대체 가능한가?

가. 12%　　나. 19%

다. 29%　　라. 30%

tip 스펀지케이크 제조 시 강력분이나 중력분을 사용할 때는 전분을 12% 이하까지 대체할 수 있다.

45 전염병 발생을 일으키는 3가지 조건이 아닌 것은?

가. 충분한 병원체

나. 숙주의 감수성

다. 예방접종

라. 감염될 수 있는 환경조건

tip 전염병 발생의 3대 요소
- 병원체(병인): 질병 발생의 직접적인 원인이 되는 요소이다.
- 환경: 질병 발생 분포과정에서 병인과 숙주 간의 맥 역할을 하거나 양자의 조건에 영향을 주는 요소
- 인간(숙주): 병원체의 침범을 받으면 그에 대한 반응은 사람에 따라 다르게 나타난다.

46 클로스트리디움 보툴리늄 식중독과 관련 있는 것은?

가. 화농성 질환의 대표균

나. 저온살균 처리 및 신속한 섭취로 예방

다. 내열성 포자 형성

라. 감염형 식중독

tip 보툴리늄(보툴리스균) 식중독은 독소형 식중독으로 이 균은 내열성 포자를 형성시킨다.

47 반죽 온도를 너무 낮게 하여 만든 케이크 도넛의 설명 중 맞는 것은?

가. 흡유율이 적다.

나. 점도가 강하게 된다.

다. 팽창이 커진다.

라. 표면이 매끄럽다.

tip 반죽 온도가 높고 낮음에 따라 반죽 상태와 발효의 속도가 달라진다.

48 단순 아이싱(flat icing)을 만드는 데 들어가는 재료가 아닌 것은?

가. 분당　　나. 달걀

다. 물　　라. 물엿

tip 단순 아이싱을 만드는 데는 분당, 물, 물엿, 향료 등이 들어간다.

49 파이 정형 시 유의점 설명으로 틀린 것은?

가. 반죽은 품온이 낮아야 좋다.

나. 반죽 후 냉장고에 넣어 휴지시킨 후 사용한다.

다. 충전물 충전 시 적온은 38℃이며 충전물 온도가 낮으면 굽기 중 끓어 넘친다.

라. 성형 시 껍질 위에 구멍을 뚫어 주는 것은 수증기가 빠져나오게 하기 위함이다.

tip 충전물의 충전 시 적당한 온도는 20℃이며, 충전물 온도가 높으면 굽기 중 끓어 넘친다.

50 반죽 온도 조절에 대한 설명 중 틀린 것은?

가. 반죽 온도가 낮으면 기공이 조밀하다.

나. 반죽 온도가 낮으면 부피가 작아지고 식감이 나쁘다.

다. 반죽 온도가 높으면 기공이 열리고 큰 구멍이 생긴다.

라. 반죽 온도가 높은 제품은 노화가 느리다.

tip 제품의 노화는 반죽 온도와는 상관이 없고 오븐에서 구워져 나오는 순간부터 노화가 시작된다.

51 **퍼프 페이스트리 제조 시 휴지의 목적이 아닌 것은?**

가. 밀가루가 수화를 완전히 하여 글루텐을 안정시킨다.

나. 밀어 펴기를 쉽게 한다.

다. 저온처리를 하므로 향이 좋아진다.

라. 반죽과 유지의 되기를 같게 한다.

tip 휴지는 냉장고에서 하며 퍼프 페이스트리에는 이스트가 들어가지 않으므로 저온처리로 발효향이 좋아지지 않는다.

52 **도넛을 글레이즈할 때의 적정한 품온은?**

가. 24~27℃

나. 28~32℃

다. 33~36℃

라. 43~49℃

tip 글레이즈는 분당에 물을 넣으면서 물이 고루 분산되도록 섞어서 퐁당 상태로 만들며 도넛 글레이즈의 사용 온도는 45~50℃가 적당하다.

53 **다음 중 윗불이 아랫불에 비해 높아야 하는 제품은?**

가. 오렌지 쿠키

나. 파운드케이크

다. 시폰 케이크

라. 머핀케이크

tip 쿠키는 고온에서 단시간 굽는 제품으로 윗불이 더 높아야 한다.

54 **커스터드 푸딩을 컵에 채워 몇 도의 오븐에서 중탕으로 굽는 것이 가장 적당한가?**

가. 160~170℃

나. 190~200℃

다. 210~220℃

라. 230~240℃

tip 푸딩은 160~170℃의 오븐에서 낮은 온도로 중탕하여 구워야 하며 중탕물이 끓으면 안 된다.

55 **과일케이크(fruit cake)을 구울 때 오븐에 증기를 넣고 굽기를 했다. 다음 설명 중 틀린 것은?**

가. 껍질을 두껍게 만든다.

나. 향의 손실을 방지한다.

다. 수분 손실을 방지한다.

라. 제품 표면의 번짐을 방지한다.

tip 과일케이크 구울 때 오븐에 증기를 넣고 굽게 되면 껍질을 얇게 만든다.

56 **베이킹파우더에 전분을 사용하는 목적으로 틀린 것은?**

가. 중조와 산재료의 격리 효과

나. 흡수제 역할

다. 취급제 계량 용이

라. 산도 조절

tip 베이킹파우더에 전분은 사용은 산도와는 관련이 없다.

57 스펀지케이크에서 달걀 사용량을 15% 감소시킬 때 고형분과 수분량을 고려한 밀가루와 물의 사용량은?

가. 밀가루 3.75% 증가, 물 11.25% 감소

나. 밀가루 3.75% 감소, 물 11.25% 증가

다. 밀가루 3.75% 감소, 물 11.25% 감소

라. 밀가루 3.75% 증가, 물 11.25% 증가

tip 달걀(전란)은 수분 75%, 고형분 25%이다. 흰자는 수분 88%, 고형분 12%이며, 노른자 수분 50%, 고형분 50%이다. 달걀 사용량을 15% 감소하면, 15%만큼 고형분과 수분이 증가해야 한다. 따라서 고형분인 밀가루는 3.75% 증가하며, 물은 11.25% 증가한다.

58 다음에서 HACCP의 제2절차 중 제품(원재료 포함)에 관한 기술 내용으로 부적합한 것은?

가. 제품의 사용방법

나. 제품의 성분조성

다. 물리적/화학적 특성

라. 미생물학적 처리

tip 제품(원재료 포함)에 대한 기술: 제품에 대한 명칭 및 종류, 원재료, 특성, 포장형 등을 분류한다.

59 포장 재료가 갖추어야 할 조건에서 가장 거리가 먼 것은?

가. 흡수성이 있고 통기성이 없어야 한다.

나. 가격이 저렴해야 한다.

다. 제품의 상품 가치를 높일 수 있어야 한다.

라. 위생적이어야 한다.

tip 방수성이 있고 통기성이 없어야 하며, 가격이 저렴하고 포장 시 제품의 변형되지 않아야 한다. 포장 시 상품 가치를 높일 수 있고 위생적이며 작업성이 좋아야 한다.

60 다음 중에서 HACCP의 실천단계로 부적합한 것은?

가. 검증방법 설정

나. CCP의 설정

다. 위해분석

라. 한계기준 설정

tip HACCP의 실천단계(7원칙): ① 위해요소 분석, ② CCP(중요관리지점) 설정, ③ CCP(중요관리지점) 한계 기준 설정 ④ CCP(중요관리지점) 모니터링 방법 설정, ⑤ 개선조치 설정, ⑥ 검증방법 설정, ⑦ 기록 및 문서 관리

정답

01 가	02 다	03 다	04 다	05 라	06 가	07 다	08 라	09 나	10 가
11 다	12 나	13 라	14 가	15 라	16 가	17 라	18 라	19 라	20 다
21 다	22 가	23 라	24 나	25 가	26 나	27 다	28 가	29 다	30 가
31 다	32 라	33 나	34 다	35 가	36 가	37 라	38 가	39 가	40 다
41 라	42 다	43 나	44 가	45 다	46 다	47 나	48 나	49 다	50 라
51 다	52 라	53 가	54 가	55 가	56 라	57 라	58 가	59 가	60 가

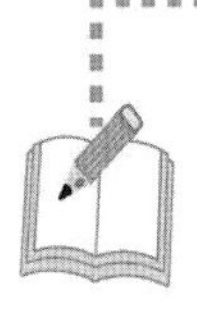

4회 제과기능사 필기 최근 기출 문제

01 포도당의 감미도가 높은 상태인 것은?

가. 결정형 나. 수용액
다. β－형 라. 좌선성

tip 포도당의 감미도는 결정형 포도당일 때에 감미도가 가장 높다.

02 케이크 제조 시 이중팬을 사용하는 목적이 아닌 것은?

가. 제품 바닥의 두꺼운 껍질형성을 방지하기 위하여
나. 제품 옆면의 두꺼운 껍질형성을 방지하기 위하여
다. 제품의 조직과 맛을 좋게 하기 위하여
라. 오븐에서의 열효율을 높이기 위하여

tip 제품 바닥, 옆면의 두꺼운 껍질 형성을 방지하고 제품의 조직과 맛을 높이기 위해서 이중팬을 사용한다.

03 나가사키 카스텔라 제조 시 굽기 과정에서 휘젓기를 하는 이유가 아닌 것은?

가. 반죽 온도를 균일하게 한다.
나. 껍질표면을 매끄럽게 한다.
다. 내상을 균일하게 한다.
라. 팽창을 원활하게 한다.

tip 휘젓기를 하면 가열에 의해 팽창한 기포가 제거되므로 반죽의 팽창을 방해한다.

04 다음 중 소화가 가장 잘 되는 달걀은?

가. 생달걀
나. 반숙 달걀
다. 완숙 달걀
라. 구운 달걀

tip 반숙 달걀이 소화가 제일 잘 된다.

05 반죽형 쿠키 중 수분을 가장 많이 함유하는 쿠키는?

가. 쇼트 브레드 쿠키

나. 드롭 쿠키

다. 스냅 쿠키

라. 스펀지 쿠키

06 케이크 도넛을 튀긴 후 과도한 흡유 현상이 일어나는 이유가 아닌 것은?

가. 긴 반죽 시간

나. 과다한 팽창제 사용

다. 낮은 튀김 온도

라. 반죽의 수분이 과다

tip 반죽 시간이 길다는 것은 글루텐이 발전된다는 뜻으로 반죽의 구조가 단단해져 튀김 시 흡유 현상이 줄어든다.

07 다음 제품 중 냉과류에 속하는 제품은?

가. 무스케이크

나. 젤리롤케이크

다. 양갱

라. 시폰케이크

tip 냉과류란 차게 해서 굳힌 모든 과자를 뜻하며 바바루아, 무스, 푸딩, 젤리, 등이 있다.

08 다음 제품 중 굽기 전 충분히 휴지한 후 굽는 제품은?

가. 오믈렛

나. 버터스펀지케이크

다. 오렌지 쿠키

라. 퍼프페이스트리

tip 오븐에 굽기 전 휴지가 필요한 제품은 퍼프페이스트리이다.

09 다음 중 전분의 노화가 가장 잘 일어나는 온도는?

가. -50℃ 나. -20℃

다. 2℃ 라. 30℃

tip 전분의 노화가 가장 잘 일어나는 온도는 2~5℃이다. 즉 냉장 온도를 뜻한다.

10 쿠키의 퍼짐성이 결핍되는 이유가 아닌 것은?

가. 반죽 내의 설탕 입자가 너무 곱다.

나. 반죽 시간을 너무 오랫동안 실시했다.

다. 반죽이 알칼리성이다.

라. 오븐 온도가 너무 높다.

tip 쿠키의 반죽이 알칼리성인 것은 퍼짐성과 관련이 없다.

11 당분이 있는 슈 껍질을 구울 때의 영향으로 가장 적합하지 않은 것은?

가. 껍질의 팽창이 좋아진다.

나. 상부가 둥글게 된다.

다. 내부에 구멍 형성이 좋지 않다.

라. 표면에 균열이 생기지 않는다.

tip 슈 껍질(반죽)에 당분이 있으면 단백질 구조가 약해져 껍질 팽창이 부족해진다.

12 스펀지케이크를 부풀리는 방법은?

가. 달걀의 기포성에 의한 법
나. 이스트에 의한 법
다. 화학 팽창제에 의한 법
라. 수증기 팽창에 의한 법

tip 스펀지케이크는 달걀의 기포성을 이용한 대표적인 케이크이다.

13 다음 제품 중 굽기 전 침지 또는 분무하여 굽는 제품은?

가. 슈 나. 오믈렛
다. 핑거 쿠키 라. 다쿠아즈

tip 오븐에 굽기 전, 침지 또는 분무하여 수분을 주어 증기에 의한 팽창이 일어나게 하는 것은 슈 제품이다. 윗면에 색이 빨리 나면 속의 수분이 남아서 팽창이 안 되고 양배추 모양이 나오지 않는다.

14 슈 제조 시 굽기 중간에 오븐 문을 자주 열어주면 완제품은 어떻게 되는가?

가. 껍질색이 유백색이 된다.
나. 부피 팽창이 적게 된다.
다. 제품 내부에 공간이 크게 된다.
라. 울퉁불퉁하고 벌어진다.

tip 슈, 퍼프페이스트리는 굽는 중에 오븐 문을 자주 열면 팽창이 덜 된다. 따라서 오븐 문을 자주 열어주면 찬 공기가 들어가서 수증기 형성을 방해하여 굽는 도중에 주저앉아 부피가 작아진다.

15 젤리(jelly)에 대한 설명 중 틀린 것은?

가. 한천 젤리는 한천, 설탕, 물엿, 과즙을 동시에 가열한다.
나. 펙틴 젤리 제조에 가장 중요한 것은 산의 함량과 당도이다.
다. 구연산과 향료는 불을 끈 후 첨가한다.
라. 한천과 젤라틴을 섞어 쓰는 젤리도 있다.

tip 한천을 사용할 때는 찬물에 한천을 장시간 불린 다음 뜨거운 물에 녹인 후 설탕, 물엿, 과즙을 넣는다.

16 쿠키의 퍼짐이 나빠지는 원인이 아닌 것은?

가. 높은 오븐 온도
나. 과도한 믹싱
다. 입자가 고운 설탕 사용
라. 알칼리성 반죽

tip 쿠키반죽 시 과도한 믹싱을 하면 설탕 입자가 많이 녹아 퍼짐이 커지게 되고, 알칼리성이 되면 단백질이 용해되어 제품의 퍼짐성이 커지게 된다.

17 일반적으로 옐로레이어케이크의 반죽 온도는 어느 정도가 가장 적당한가?

가. 10℃ 나. 16℃
다. 24℃ 라. 34℃

tip 옐로레이어케이크의 반죽 온도: 22~24℃

18 스펀지케이크의 굽기 공정 중에 나타나는 현상이 아닌 것은?

가. 공기의 팽창
나. 전분의 호화
다. 밀가루의 혼합
라. 단백질의 응고

tip 밀가루의 혼합은 굽기 공정이 아니고 케이크 반죽의 제조공정에 해당한다.

19 푸딩을 제조할 때 경도의 조절은 어떤 재료를 증감하면 되는가?

가. 베이킹파우더
나. 설탕
다. 달걀
라. 소금

tip 달걀은 푸딩의 경도 조절을 한다.

20 도넛 설탕 아이싱을 사용할 때 온도로 적합한 것은?

가. 20℃ 전후
나. 25℃ 전후
다. 40℃ 전후
라. 60℃ 전후

tip 도넛 설탕 아이싱의 온도는 40℃ 전후가 적합하다.

21 거품을 올린 흰자에 뜨거운 시럽을 첨가하면서 고속으로 믹싱하여 만드는 아이싱은?

가. 마시멜로 아이싱
나. 콤비네이션 아이싱
다. 초콜릿 아이싱
라. 로얄 아이싱

tip 거품 올린 흰자에 뜨거운 시럽을 첨가하면서 고속으로 믹싱하여 만드는 아이싱은 마시멜로 아이싱이다.

22 인수공통전염병인 것은?

가. 탄저병 나. 콜레라
다. 이질 라. 장티푸스

tip
- 인수공통전염병: 탄저병(소), 브루셀라증(소), 결핵(소), 야토병(토끼), 돈단독(돼지)
- 소화기계 전염병: 장티푸스, 콜레라, 이질

23 다음 중 일정한 용적 내에서 팽창이 가장 큰 제품은?

가. 파운드케이크
나. 스펀지케이크
다. 레이어케이크
라. 엔젤푸드케이크

tip 일정한 용적 내에서 팽창(부피)이 가장 큰 제품은 스펀지케이크이다.
스펀지케이크 〉 엔젤푸드케이크 〉 레이어케이크 〉 파운드케이크

24 다음 파이 종류 중 성형의 형태가 다른 것은?

가. 호박파이
나. 파인애플파이
다. 사과파이
라. 체리파이

tip 호박파이는 윗면 뚜껑을 만들지 않고 나머지는 윗면 뚜껑을 만든다.

25 실내 온도 30℃, 실외온도 35℃, 밀가루 온도 24℃, 설탕 온도 20℃, 쇼트닝 온도 20℃, 달걀 온도 24℃, 마찰계수가 22이다. 반죽 온도가 25℃가 되기 위해서 필요한 물의 온도는?

가. 8℃ 나. 9℃
다. 10℃ 라. 12℃

tip 물온도 = (희망온도 × 6)–(실내 온도 + 밀가루 온도 + 설탕 온도 + 쇼트닝 온도 + 달걀 온도 + 마찰계수) = (25 × 6)–(30 + 24 + 20 + 20 + 24 + 22) = 10℃

26 고율배합의 제품을 굽는 방법으로 알맞은 것은?

가. 저온 단시간

나. 고온 단시간

다. 저온 장시간

라. 고온 장시간

tip 고율배합은 밀가루보다 설탕이 많이 들어간 제품이라 낮은 온도에서 장시간 굽는다.

27 케이크 팬 용적 410㎤에 100g의 스펀지케이크 반죽을 넣어 좋은 결과를 얻었다면, 팬 용적 1230㎤에 넣어야 할 스펀지케이크의 반죽 무게(g)는?

가. 123 나. 200

다. 300 라. 410

tip
- 비용적 = 410(㎤) ÷ 100(g) = 4.1㎤/g
- 반죽 무게 = 팬의 부피 ÷ 비용적 = 1230(㎤) ÷ 4.1(㎤/g) = 300g

28 굽기는 제품을 결정하는 중요한 공정이다. 굽기 원칙의 설명으로 틀린 것은?

가. 설탕, 유지, 분유량이 적을 경우 높은 온도에서 굽는다.

나. 분할량이 적은 반죽은 높은 온도에서 짧게, 분할량이 많은 반죽은 낮은 온도에서 길게 굽는다.

다. 과자빵은 식빵보다 낮은 온도로 길게 굽는다.

라. 일반적인 오븐의 사용온도는 180~220℃이다.

tip 과자빵류는 식빵보다 높은 온도에서 짧게 굽는다.

29 오버 베이킹(over baking)에 대한 설명으로 옳은 것은?

가. 낮은 온도의 오븐에서 굽는다.

나. 윗면 가운데가 올라오기 쉽다.

다. 제품에 남는 수분이 많아진다.

라. 중심 부분이 익지 않을 경우 주저앉기 쉽다.

tip 오버 베이킹은 낮은 온도로 긴 시간 구운 상태로 제품에 수분이 적고 노화가 빠르게 진행된다.

30 1,000g의 물을 사용하는데, 수돗물 20℃, 사용할 물의 온도가 −10℃일 때 얼음사용량은?

가. 100g 나. 200g

다. 300g 라. 400g

tip 얼음사용량 = 물 사용량×(수돗물 온도 − 사용할 물의 온도) / 80 + 수돗물 온도 = 1,000×20–(–10) / 80 + 20 = 300g

31 냉동 페이스트리를 구운 후 옆면이 주저앉은 원인으로 틀린 것은?

가. 토핑물이 많은 경우

나. 잘 구워지지 않은 경우

다. 2차 발효가 과다한 경우

라. 해동 온도가 2~5℃로 낮은 경우

tip 냉동 페이스트리는 냉장 온도 0~10℃에서 해동시켜 사용한다.

32 도넛 튀김기에 붓는 기름의 평균 깊이로 가장 적당한 것은?

가. 5~8cm　　나. 9~12cm
다. 12~15cm　　라. 16~19cm

tip 튀김용 기름의 평균 깊이 : 12~15cm

33 다음 제품 중 정형하여 패닝할 경우 제품의 간격을 가장 충분히 유지하여야하는 제품은?

가. 슈
나. 오믈렛
다. 애플파이
라. 쇼트브레드쿠키

tip 패닝할 때 반죽의 간격을 충분히 유지하여야 하는 제품은 슈이다. 간격이 좁으면 많이 커지기 때문에 붙는다.

34 비병원성 미생물에 속하는 세균은?

가. 결핵균
나. 이질균
다. 젖산균
라. 살모넬라균

tip 결핵, 이질, 살모넬라는 전염병과 식중독을 일으키는 병원성 미생물이고, 젖산균은 비병원성 미생물에 속한다.

35 다음 중 케이크의 아이싱에 주로 사용되는 것은?

가. 마지팬　　나. 프랄린
다. 글레이즈　　라. 휘핑크림

tip 휘핑크림이나 생크림은 주로 케이크의 아이싱에 사용된다.

36 도넛의 적당한 튀김 온도로 가장 적당한 범위는?

가. 105℃ 내외
나. 145℃ 내외
다. 185℃ 내외
라. 225℃ 내외

tip 도넛의 적당한 튀김 온도 = 185℃ 내외

37 반죽 비중에 대한 설명으로 옳지 않은 것은?

가. 비중이 높으면 부피가 작아진다.
나. 비중이 낮으면 부피가 커진다.
다. 비중이 낮으면 기공이 열려 조직이 거칠어진다.
라. 비중이 높으면 기공이 커지고 노화가 느리다.

tip 비중이 높으면 제품의 부피가 작고 기공이 조밀하며 무겁고 비중이 낮으면 제품의 부피가 크고 기공이 열려 조직이 거칠며 가볍다.

38 커스터드 푸딩(custard pudding)을 제조할 때 설탕 : 달걀의 사용 비율로 적합한 것은?

가. 1 : 1　　나. 1 : 2
다. 2 : 1　　라. 3 : 2

tip 푸딩은 달걀의 열변성에 의한 농후화 작용을 이용한 제품으로 기본 배합은 우유 100%, 설탕 25%, 달걀 50% = 1 : 2

39 찜(수증기)을 이용하여 만들어진 제품이 아닌 것은?

가. 소프트롤 나. 찜케이크

다. 중화 만두 라. 호빵

tip 소프트롤은 고 배합으로 만든 롤케이크로 오븐을 이용하여 만든다.

40 케이크 도넛에 대두분을 사용하는 목적이 아닌 것은?

가. 흡유율 증가

나. 껍질 구조 강화

다. 껍질색 개선

라. 식감의 개선

tip 대두분은 콩을 갈아서 만든 가루이다. 껍질 구조를 강화하며, 색과 식감을 개선한다.

41 가압하지 않은 찜기의 내부 온도로 가장 적합한 것은?

가. 65℃ 나. 99℃

다. 150℃ 라. 200℃

tip 가압하지 않은 찜기의 내부 온도는 물이 끓는 정도가 알맞다.

42 어떤 제품을 다음과 같은 조건으로 구웠을 때 제품에 남는 수분이 가장 많은 것은?

가. 165℃에서 45분간

나. 190℃에서 35분간

다. 205℃에서 30분간

라. 220℃에서 25분간

tip 수분함량이 가장 많은 것은 고온 단시간 굽는 제품이다.

43 화이트레이어케이크에서 설탕 120%, 흰자 78%를 사용한 경우 유화쇼트닝의 사용량은?

가. 50% 나. 55%

다. 60% 라. 66%

tip 흰자 = 쇼트닝 × 1.43, 쇼트닝 = 흰자/1.43 (78/1.43 = 54.5)

44 케이크 제조에 있어 달걀의 기능으로 가장 거리가 먼 것은?

가. 결합작용

나. 팽창작용

다. 유화작용

라. 수분 보유작용

tip 케이크 제조 시 달걀의 기능 중 수분 보유작용과는 거리가 멀다.

45 케이크 반죽의 온도가 낮은 경우 설명으로 틀린 것은?

가. 부피가 작다.

나. 굽는 시간이 길어진다.

다. 속결이 조밀하다.

라. 큰 기공이 많다.

tip 케이크 반죽의 온도가 낮은 경우 큰 기공이 없다.

46 이탈리안 머랭에 대한 설명 중 틀린 것은?

가. 흰자를 30% 정도의 거품을 만들고 설탕을 넣으면서 50% 정도의 머랭을 만든다.

나. 흰자가 신선해야 거품이 튼튼

하게 나온다.

다. 뜨거운 시럽에 머랭을 한꺼번에 넣고 거품을 올린다.

라. 강한 불에 구워 착색하는 제품을 만드는 데 알맞다.

tip 머랭에 뜨거운 시럽을 조금씩 넣으면서 거품을 올려야 한다.

47 어떤 과자 반죽의 비중을 측정하기 위하여 다음과 같이 무게를 알았다면 이반죽의 비중은? (단, 비중컵 = 50g, 비중컵 + 물 = 250g, 비중컵 + 반죽 =170g)

가. 0.40　　나. 0.60

다. 0.68　　라. 1.47

tip 비중 = (반죽 무게 - 컵 무게) ÷ (물 무게 - 컵 무게) = (170 - 50) ÷ (250 - 50) = 0.60

48 스펀지케이크 반죽을 팬에 담을 때 팬 용적의 어느 정도가 가장 적당한가?

가. 10~20%　　나. 20~30%

다. 40~50%　　라. 50~60%

tip 스펀지케이크의 반죽의 패닝 양은 50~60% 적정하다.

49 굽기 공정에서 일어나는 변화가 아닌 것은?

가. 전분의 호화

나. 오븐팽창(oven spring)

다. 전분의 노화

라. 캐러멜 반응

tip 전분의 노화는 오븐에서 제품이 나오면 시작된다. 또한 냉장고 온도에서 노화는 촉진된다.

50 굽기를 할 때 일어나는 반죽의 변화가 아닌 것은?

가. 오븐팽창

나. 단백질 열변성

다. 전분의 호화

라. 전분의 노화

tip 전분의 노화는 오븐에서 꺼낸 직후부터 시작된다.

51 제과용 밀가루의 단백질과 회분의 함량으로 가장 적합한 것은?

단백질(%) 회분(%)

가. 4~5.5, 0.2　　나. 6~6.5, 0.3

다. 7~9, 0.4　　라. 10~11, 0.5

tip 제과에 많이 사용하는 밀가루는 박력분으로 7~9%이다.

52 다음 중 굽기 과정에서 일어나는 변화로 틀린 것은?

가. 글루텐이 응고된다.

나. 반죽 온도가 90℃일 때 효소의 활성이 증가한다.

다. 오븐팽창이 일어난다.

라. 향이 생성된다.

tip 굽기 중 변화는 오븐팽창, 오븐라이즈, 전분의 호화, 글루텐응고, 효소의 활동(68~83℃에 불활성화 됨), 껍질의 갈색 변화, 향의 생성, 껍질의 갈색 변화 등이 있다.

53 굽기 중에 일어나는 변화로 가능 높은 온도에서 발생하는 것은?

가. 이스트의 사멸

나. 전분의 호화

다. 탄산가스 용해도 감소
라. 단백질 형성

tip 이스트의 사멸: 63℃, 전분의 호화: 54℃, 탄산가스 용해도 감소: 49℃, 단백질 변성: 74℃

54 굽기 과정을 글루텐이 응고하기 시작하는 온도는?

가. 74℃ 나. 90℃
다. 13℃ 라. 180℃

tip 굽기 과정 중 오븐 열에 의해 반죽 온도가 54℃를 넘으면 이스트가 사멸하고 전분이 호화하기시작한다. 잔당에 의한 캐러멜화, 단백질 변성(74℃) 등을 거치며 빵 속의 구조를 형성하게 된다.

55 설탕 시럽을 115℃까지 끓인 후 40℃로 식히면서 교반했을 때, 결정이 일어나면서 희고 뿌연 상태로 되는 것은?

가. 폰당 나. 광택제
다. 생크림 라. 마지팬

56 식품위해요소 중점관리기준(HACCP)에 대한 설명 중 가장 거리가 먼 것은?

가. 안전성 확보의 예방적 차원의 관리이다.
나. 원료 생산부터 최종제품 생산에 대한 관리이다.
다. 저장 및 유통 단계까지 관리이다.
라. 소비자의 식습관과 만족도까지 관리한다.

tip HACCP는 식품의 원료부터 유통의 전 과정을 관리하며 최종 소비자가 먹기 전까지 관리함으로써 식품의 안전성을 보증한다.

57 아몬드 분말을 이용하여 만든 장식 재료는?

가. 초콜릿
나. 버터 크림
다. 마지팬
라. 글레이즈

tip 마지팬은 아몬드 분말과 분당을 이용하여 만든다.

58 다음 중 HACCP에 대한 설명 중 틀린 것은?

가. 식품위생의 수준을 향상할 수 있다.
나. 원료로부터 유통의 전 과정에 대한 관리이다.
다. 종합적인 위생관리 체계이다.
라. 사후 처리의 완벽을 추구한다.

tip HACCP은 원료의 생산에서부터 최종제품의 생산과 저장 및 유통의 각 단계에 최종제품의 위생 안전 확보에 꼭 필요한 관리점을 설정하고, 관리함으로써 식품위생, 안전성을 확보라는 예방적 차원의 식품위생관리 방식이다.

59 보존료의 구비 조건으로 바람직하지 않은 것은?

가. 미량으로 효과가 클 것
나. 독성이 없거나 극히 낮을 것
다. 공기, 광선에 잘 분해될 것
라. 무미, 무취일 것

tip 보존료는 무미, 무취하여 소량으로도 효과가 커야 하고, 독성이 없거나 극히 낮아야 하며 공기, 광선에 강해야 한다.

60 케이크류에 사용이 허가된 보존료는?

가. 탄산수소나트륨

나. 포름알데히드

다. 탄산암모늄

라. 프로피온산

tip 탄산수소나트륨, 탄산암모늄: 화학팽창제.
포름알데히드: 유해보존료

정답

01 가	02 라	03 라	04 나	05 나	06 가	07 가	08 라	09 다	10 다
11 가	12 가	13 가	14 나	15 가	16 다	17 다	18 다	19 다	20 다
21 가	22 가	23 나	24 가	25 다	26 다	27 가	28 다	29 가	30 다
31 라	32 다	33 가	34 다	35 라	36 다	37 라	38 나	39 가	40 가
41 나	42 라	43 나	44 라	45 라	46 다	47 나	48 라	49 다	50 라
51 다	52 나	53 라	54 가	55 가	56 라	57 다	58 라	59 다	60 라

5회 제과기능사 필기 최근 기출 문제

01 흰자에 설탕을 1:1 이상으로 섞은 것으로 꽃이나 동물 모양 등을 짜서 말려서 사용하는 장식물은?

가. 모델링 반죽

나. 머랭

다. 마카롱

라. 쿠키

tip 스위스머랭은 단단하고 안정적으로 주로 장식물, 머랭쿠키, 파블로바 등을 만들 때 사용하는 머랭법이다.

02 생과일을 모양내서 장식할 경우 수분 증발을 막기 위해 발라주는 것은?

가. 초콜릿 나. 머랭

다. 생크림 라. 나파주

tip 코팅제(광택제)로 잼 또는 미로와를 발라주며, 광택제는 프랑스에서는 나파주, 일본에서 미로와라고 한다.

03 장식에 대한 설명으로 알맞지 않은 것은?

가. 먹을 수 없는 재료는 사용해서는 안 된다.

나. 제품의 가치를 상승시킨다.

다. 적절하게 장식하는 것이 중요하다.

라. 아이싱이란 냉각된 과자류 제품의 표면을 씌우는 것을 말한다.

tip 장식이란 먹을 수 있는 재료나 먹을 수 없는 재료(식품위생법 준수)를 사용하여 제품의 가치를 증진하는 것이다.

04 일반적으로 밀가루의 단백질이 1% 증가할 때 흡수율은 어떻게 변하는가?

가. 1.5% 감소 나. 1.5% 증가

다. 2.5% 감소 라. 2.5% 증가

05 다음 중에서 쿠키의 포장 온도로 가장 적당한 것은?

가. 2~5℃ 나. 8~10℃

다. 25~30℃ 라. 45~50℃

tip 쿠키는 수분이 5% 이하로 크기가 작은 과자이며, 쿠키의 반죽 온도는 18~24℃, 보관 온도 10℃

06 다음 중에서 다른 플라스틱과 증착(laminate)이 용이하여 식품 포장재로 사용되 는 것은?

가. P.E(poly ethylene)

나. O.P.P(oriented poly propylene)

다. P.P(poly propylene)

라. 일반 형광종이

tip 폴리에틸렌(polyethylene): 에틸렌의 중합으로 생기는 사슬 모양의 고분자 화합물이다. 각종용기 및 포장용 필름 등에 사용된다.

07 쿠키가 잘 퍼지지(spread) 않은 이유가 아닌 것은?

가. 고운 입자의 설탕 사용

나. 과도한 믹싱

다. 알칼리 반죽 사용

라. 너무 높은 굽기 온도

tip 알칼리 반죽은 제품의 모양과 형태를 유지시키는 단백질이 용해되어 쿠키가 잘 퍼지게 된다.

08 기체 투과성과 투습성이 높으므로 축육, 야채, 어묵 식품 및 간장, 식초, 식용유 등의 액체 식품의 용기로 이용되는 용기로 적합한 것은?

가. P.E(폴리에틸렌, polyethylene)

나. O.P.P(oriented poly propylene)

다. P.P(폴리프로필렌, polypropylene)

라. P.S(폴리스티렌, polystyrene)

tip 폴리스티렌(polystyrene): 비닐계 합성섬유의 일종, 내열성이 작다. 연화 온도가 낮다.

09 퍼프 페이스트리 제조 시 과도한 덧가루를 사용할 때의 영향이 아닌 것은?

가. 산패취가 난다.

나. 결을 단단하게 한다.

다. 제품이 부서지기 쉽다.

라. 생 밀가루 냄새가 나기 쉽다.

tip 산패취란 지방이 상하여 이상한 냄새가 나는 것을 의미한다.

10 거품을 올린 흰자에 뜨거운 시럽을 첨가하면서 고속으로 믹싱하여 만드는 아이싱은?

가. 마시멜로 아이싱

나. 콤비네이션 아이싱

다. 초콜릿 아이싱

라. 로얄 아이싱

tip 거품 올린 흰자에 뜨거운 시럽을 첨가하면서 고속으로 믹싱하여 만드는 아이싱은 마시멜로 아이싱이다.

11 도넛 반죽의 휴지 효과가 아닌 것은?

가. 밀어펴기 작업이 쉬워진다.

나. 표피가 빠르게 마르지 않는다.

다. 각 재료에서 수분이 발산된다.

라. 이산화탄소가 발생하여 반죽이 부푼다.

tip 휴지하는 이유는 밀어펴기 작업을 쉽게 하고, 표피가 빨리 마르지 않게 하고 이산화탄소를 발생시켜 반죽을 부풀게 하는 것 등이 있다.

12 포장된 케이크류에서는 곰팡이에 의한 변패가 많은데 변패의 가장 중요한 원인은?

가. 흡습 나. 고온
다. 저장 기간 라. 작업자

tip 변패(탄수화물 식품의 변질)의 가장 큰 이유는 흡습이다.

13 데커레이션 케이크 재료인 생크림에 대한 설명으로 적당하지 않은 것은?

가. 크림 100에 대하여 1.0~1.5%의 분설탕을 사용하여 단맛을 낸다.
나. 유지방 함량 35~45% 정도의 진한 생크림을 휘핑하여 사용한다.
다. 휘핑시간이 적정시간보다 짧으면 기포의 안정성이 약해진다.
라. 생크림의 보관이나 작업 시 제품온도는 3~7℃가 좋다.

tip 생크림의 단맛을 내기 위해서는 설탕을 사용한다.

14 다음 제품 중 일반적으로 비중이 가장 낮은 것은?

가. 파운드케이크
나. 레이어케이크
다. 스펀지케이크
라. 과일케이크

tip 파운드케이크: 0.75, 레이어케이크: 0.85, 스펀지케이크: 0.55

15 수돗물 온도 20℃, 사용할 물온도 10℃, 사용한 물의 양이 4kg일 때 사용하는 얼음의 양은?

가. 100g 나. 200g
다. 300g 라. 400g

tip 얼음사용량 = 물 사용량 × (수돗물 온도 = 계산된 물 온도) / (80 + 수돗물 온도) = 4,000g × (20 − 10) / (80 + 20) = 400g

16 맥아당(maltose)은 말타아제에 의하여 무엇으로 분해되는가?

가. 포도당 + 과당
나. 포도당 + 갈락토오스
다. 포도당 + 포도당
라. 포도당 + 유당

tip 맥아당은 말타아제에 의해 포도당 2분자로 분해된다.

17 다음 중에서 포장된 케이크류에서 변패의 가장 중요한 원인은?

가. 저장시간 나. 고온
다. 작업자 라. 흡습

tip 변패(식품의 변질)의 원인: 흡습

18 전체중량 80kg인 반죽으로 파운드케이크를 만들 때 분할무게가 800g, 분할반죽의 손실이 800g, 굽기 중 망가진 제품이 3개라면 제조손실은?

가. 2% 나. 3%
다. 4% 라. 5%

tip 제조손실 = (손실 제품 수 / 전체 제품 수) × 100 = (4 / 100) × 100 = 4%

19 제과 제품을 평가하는 데 있어 외부 특성에 해당하지 않는 것은?

가. 부피 나. 껍질색
다. 기공 라. 균형

tip 기공은 내부 특성에 속한다.

20 **용적 2050㎤인 팬에 스펀지케이크 반죽을 400g으로 분할할 때 좋은 제품이되었다면 용적 2870㎤인 팬에 적당한 분할무게는?**

가. 440g 나. 480g
다. 560g 라. 600g

tip
- 비용적(반죽 1g이 차지하는 부피) = 2050 ÷ 400 = 5.125㎤/g
- 반죽 무게 = 팬의 부피 ÷ 비용적 = 2870 ÷ 5.125 = 560g

21 **다음 제품 중 달걀흰자만을 사용하는 것은?**

가. 스펀지케이크
나. 엔젤푸드케이크
다. 파운드케이크
라. 초콜릿케이크

tip 달걀흰자만을 사용하는 케이크에는 엔젤푸드케이크가 있다.

22 **노화를 지연시키는 방법으로 올바르지 않은 것은?**

가. 방습 포장재를 사용한다.
나. 다량의 설탕을 첨가한다.
다. 냉장 보관시킨다.
라. 유화제를 사용한다.

tip 노화를 촉진하는 온도는 냉장 온도이다.

23 **다음 중 감미도가 가장 높은 당은?**

가. 유당(lactose)
나. 포도당(glucose)
다. 설탕(sucrose)
라. 과당(fructose)

tip 과당 〉 전화당 〉 자당 〉 포도당 〉 맥아당, 갈락토오스 〉 유당

24 **과당이 함유되어 있지 않은 것은?**

가. 과즙 나. 분당
다. 벌꿀 라. 전화당

tip 과당은 과일이나 꿀 중에 존재하며 단맛이 강하고 흡수성과 조해성을 갖고 있다. 당류 중 가장 단맛이 강하고 흡수성이 있으며, 상대적 감미도는 175이다.

25 **제품의 유통기간 연장을 위해서 포장에 이용되는 불활성 가스는?**

가. 산소 나. 질소
다. 수소 라. 염소

tip 제품의 유통기간 연장을 위해 포장에 이용하는 불활성 가스는 질소이다.

26 **아이싱 즉, 당의(Frostings)를 제조하였는데 너무 되게 되었다. 이때의 조치법중 적당하지 않은 것은?**

가. 물을 사용한다.
나. 설탕 시럽(설탕 : 물 = 2 : 1)을 사용한다.
다. 가온을 시킨다.
라. 젤라틴을 녹여 넣는다.

tip 젤라틴을 사용하게 되면 농도는 더 되게 된다.

27 과자류 제품의 저장유통 중 변질을 예방하기 위해 오염원을 관리하는 방법으로 적합하지 않은 것은?

가. 제품의 적재 상태가 양호한지 확인한다.

나. 벽과 바닥 사이에 틈이 생기면 안 되므로 붙여 놓는다.

다. 냉동식품은 검수 후 즉시 겉 포장 상자를 제거 후 냉동고에 저장한다.

라. 재료, 반제품, 완제품을 분리하여 보관한다.

tip 벽과 바닥에서 10cm 이상 떨어져서 보관한다.

28 제과 반죽이 너무 산성에 치우쳐 발생하는 현상과 거리가 먼 것은?

가. 연한 향

나. 여린 껍질색

다. 빈약한 부피

라. 거친 기공

tip 제과 반죽이 너무 산성에 치우치게 되면 연한 향, 여린 껍질색, 빈약한 부피가 되어 버린다. 거친 기공과는 거리가 멀다.

29 유통 시 유의 사항이 잘못된 것은?

가. 냉동과자류는 -18℃에 보관하고 해동 시 습기를 피하고 미풍 해동시킨다.

나. 실온 유통 제품은 계절에 따라 차이가 있으나 1~30℃에서 유통 가능하다.

다. 상온 유통 제품은 15~25℃ 상태에서 유통한다.

라. 냉장 유통 제품은 10~20℃ 상태를 유지하며 유통한다.

tip 냉장제품은 0~10℃ 상태를 유지하며 유통해야 한다.

30 지름이 22cm, 높이가 4.6cm의 원기둥 팬이 있다. 팬의 용적은?

가. 1747㎤　　나. 1757㎤

다. 1847㎤　　라. 1857㎤

tip 원기둥 모양팬의 용적 : 반지름 × 반지름 × 3.14 × 높이(11 × 11 × 3.14 × 4.6 = 1747.724㎤)

31 곰팡이의 발생원이 아닌 것은?

가. 냉각 컨베이어

나. 빵 슬라이서

다. 작업자

라. 오븐

tip 오븐은 굽는 기능으로 곰팡이와는 관련이 없다

32 식품위생법상 허위표시, 과대광고, 비방광고 및 과대포장의 범위에 해당하지않는 것은?

가. 허가·신고 또는 보고한 사항이나 수입신고한 사항과 다른 내용의 표시·광고

나. 제조방법에 관하여 연구하거나 발견한 사실로서 식품학·영양학 등의분야에서 공인된 사항의 표시

다. 제품의 원재료 또는 성분과 다른 내용의 표시 · 광고
라. 제조연월일 또는 유통기한을 표시함에 있어서 사실과 다른 내용의 표시 · 광고

tip 제조방법에 관하여 연구하거나 발견한 사실에 대한 식품학 · 영양학 등의 문헌을 인용하여 내용을 정확히 표시하고, 연구자의 성명, 문헌명, 발표 연월일을 명시하는 표시 · 광고는 허위표시 및 과대광고에 해당하지 않는다.

33 쿠키에서 구조형성 역할을 하는 재료는?

가. 밀가루　　나. 설탕
다. 쇼트닝　　라. 중조

tip 쿠키 구조형성 역할을 하는 재료는 밀가루, 달걀이다.

34 스펀지케이크 제조 시 달걀의 사용량을 줄이려고 한다. 옳지 않은 것은?

가. 물을 조금 더 사용한다.
나. 유화제를 더 사용한다.
다. 밀가루 사용량을 줄인다.
라. 베이킹파우더 사용량을 늘린다.

tip 물을 추가로 넣고 노른자(레시틴)량이 감소하므로 유화제 증가시키고 팽창 효과가 감소하므로베이킹파우더 사용량을 증가시킨다.

35 푸딩 표면에 기포 자국이 많이 생기는 경우는?

가. 가열이 지나친 경우
나. 달걀의 양이 많은 경우
다. 달걀이 오래된 경우
라. 오븐 온도가 낮은 경우

tip 오븐에서 굽는 시간이 지나친 경우 발생한다.

36 위해요소의 예방, 제거 및 감소를 위해 엄정한 관리가 요구되는 단계를무엇이라 하는가?

가. GMP　　나. HA
다. CCP　　라. HACCP

tip CCP(Critical Control Point 중요관리지점): 위해요소의 예방, 제거 및 감소를 위해 엄정한 관리가 요구되는 공정이나 단계를 말한다.

37 식품의 원료관리, 제조, 가공, 조리 및 유통의 모든 과정에서 위해한 물질이식품에 혼입되거나 오염되는 것을 방지하기 위하여 각 공정을 중심적으로 관리하는 기준을 무엇이라 하는가?

가. SSOP(위생표준 운영기준)
나. GMP(우수 제조기준)
다. SOP(표준 운영기준)
라. HACCP(해썹)

tip HACCP(식품위해요소중점관리기준)이란 식품의 원료 관리, 제조, 가공 조리 및 유통의 모든 과정에서 위해한 물질이 식품에 혼합되거나 오염되는 것을 방지하기 위하여 각 공정을 중점적으로 관리하는 것이다.

38 비중이 0.75인 과자 반죽 1ℓ 의 무게는?

가. 75g　　나. 750g
다. 375g　　라. 1750g

tip 비중 = 반죽 무게 ÷ 물 무게 / 0.75 = χ ÷ 1000 = 750g

39 퍼프페이스트리 제조 시 팽창이 부족하여 부피가 빈약해지는 결점의 원인에 해당하지 않는 것은?

가. 반죽의 휴지가 길었다.

나. 밀어 펴기가 부적절하였다.

다. 부적합한 유지를 사용하였다.

라. 오븐 온도가 너무 높았다.

tip 반죽의 휴지가 길면 퍼프페이스트리는 팽창이 잘 일어난다.

40 다음 중 크림법을 사용하여 만들 수 있는 제품은?

가. 슈

나. 마블파운드케이크

다. 버터스펀지케이크

라. 엔젤푸드케이크

tip 마블파운드케이크는 반죽형 케이크로, 크림법으로 만들며 파운드케이크, 레이어케이크류 등이 있다.

41 살균제와 보존료의 설명으로 맞는 것은?

가. 살균제는 세균에만 효과가 있고 곰팡이에는 효과가 없다.

나. 보존료는 미생물에 의한 부패를 방지할 목적으로 사용된다.

다. 보존료는 사용기준과 허용량이 대부분 정해져 있지 않다.

라. 합성살균제로서 프로피온산나트륨이 있다.

tip
- 보존료: 미생물에 의한 식품의 부패나 변질을 막기 위하여 식품에 첨가하는 물질의 하나.
- 살균제: 식품의 부패 원인균이나 병원균을 사멸시키기 위해 사용한다. 표백분, 차아염소산나트륨 등을 사용한다.

42 다음 유제품 중 일반적으로 100g당 열량을 가장 많이 내는 것은?

가. 요구르트

나. 가공치즈

다. 탈지분유

라. 시유

tip 가공치즈는 지방 함량이 높아서 유제품 중에서 비교적 열량이 높다.

43 생과자에 사용할 수 있는 보존료는?

가. 안식향산

나. 파라옥시안식향산부틸

다. 파라옥시안식향산에틸

라. 프로피온산나트륨

tip 빵에 사용하는 보존료는 프로피온산나트륨이다.

44 액체재료(물, 우유)의 응고제로 부적당한 것은?

가. 탄산수소나트륨

나. 젤라틴

다. 한천

라. 전분

tip 탄산수소나트륨 팽창제이다.

45 과산화수소의 사용 목적으로 알맞은 것은?

가. 보존료 나. 발색제
다. 살균료 라. 산화방지제

tip 과산화수소는 살균제이다.

46 유해감미료가 아닌 것은?

가. 둘신
나. 사이클라메이트
다. 에틸렌글리콜
라. 과산화벤조일

tip 과산화벤조일은 밀가루 개량제이고, 유해감미료에는 니트로 콜루이딘, 에틸렌글리콜, 페릴라틴, 둘신 등이 있다.

47 세균성 식중독의 일반적인 특징으로 옳은 것은?

가. 전염성이 거의 없다.
나. 2차 감염이 빈번하다.
다. 경구전염병보다 잠복기가 길다.
라. 극소량의 균으로도 발생할 수 있다.

tip 세균성 식중독: 다량의 생균이나 균의 증식 과정에서 생기며 면역성이 없고 2차 감염이 거의 없다.

48 박력분의 설명으로 옳은 것은?

가. 경질소맥을 제분한다.
나. 연질소맥을 제분한다.
다. 글루텐 함량은 12~14%이다.
라. 빵류를 만들 때 사용한다.

tip 강력분은 경질소맥으로 제분하고 박력분은 연질소맥으로 제분한다.

49 여름철에 세균성 식중독이 많이 발생하는데 이에 미치는 영향이 가장 큰것은?

가. 세균의 생육 Aw
나. 세균의 생육 pH
다. 세균의 생육 영양원
라. 세균의 생육 온도

tip 세균성 식중독 식품과 함께 식품 중에 증식한 세균을 먹고 발병하는 식중독이다. 살모넬라, 장염 비브리오, 병원성 대장균 식중독 등이 있고 특히 여름철에는 세균의 생육온도가 식중독의 발병률에 크게 영향을 끼친다.

50 베이킹파우더를 많이 사용한 제품의 결과로 부적당한 것은?

가. 밀도가 크고 부피가 작다.
나. 속결이 거칠다.
다. 오븐스프링이 커서 찌그러지기 쉽다.
라. 속색이 어둡다.

tip 베이킹파우더 과다 사용 시 밀도는 작고 부피가 상대적으로 크다.

51 전분의 노화에 대한 설명 중 틀린 것은?

가. 노화는 -18℃에서 잘 일어나지 않는다.
나. 노화된 전분은 소화가 잘된다.
다. 노화란 α-전분이 β-전분으로 되는 것을 말한다.

라. 노화는 전분 분자끼리의 결합이 전분과 물 분자의 결합보다 크기 때문에 일어난다.

tip 호화된 전분은 소화가 잘된다.

52 고율배합 케이크와 비교하여 저율배합 케이크의 특징은?

가. 믹싱 중 공기 혼입량이 많다.
나. 굽는 온도가 높다.
다. 반죽의 비중이 낮다.
라. 화학 팽창제 사용량이 적다.

tip 고율배합 케이크와 비교하였을 때 저율배합 케이크가 굽는 온도가 높다.

53 엔테로톡신의 독소에 의해 식중독을 일으키는 균은?

가. 아리조나균
나. 프로테우스균
다. 장염비브리오균
라. 포도상구균

tip 엔테로톡신: 포도상구균

54 다음 중 신선한 달걀은?

가. 8% 식염수에 뜬다.
나. 흔들었을 때 소리가 난다.
다. 난황계수가 0.1 이하이다.
라. 껍질에 광택이 없고 거칠다.

55 파운드케이크 제조에 있어 배합률에 달걀 사용량을 증가시킬 때 다른 재료의변화에 대한 설명으로 맞는 것은?

가. 소금은 감소한다.
나. 베이킹파우더는 증가한다.
다. 우유는 증가한다.
라. 쇼트닝은 증가한다.

tip 달걀의 양이 증가하면 쇼트닝 양도 증가시켜 구조형성의 재료와 균형을 맞추어야 한다.

56 탄저, 브루셀라증과 같이 사람과 가축의 양쪽에 감염되는 전염병은?

가. 법정전염병
나. 경구전염병
다. 인축공통전염병
라. 급성전염병

tip 인축공통전염병은 사람과 가축이 같은 병원체에 의해 발생하는 전염병이다.

57 스펀지케이크의 부피가 작아진 경우 그 원인에 해당하지 않는 것은?

가. 낮은 온도의 오븐에 넣고 구운 경우
나. 달걀을 기포할 때 기구에 기름기가 많은 경우
다. 급속한 냉각으로 수축이 일어난 경우
라. 최종 믹싱 속도가 너무 빠른 경우

tip 사용하는 기구에 기름기가 많은 경우 기포성이 안 좋아져 부피가 작아지며 급속한 냉각으로 수축이 일어나면 부피는 작아진다. 거품형 케이크는 초기 단계에서는 고속 믹싱을 하지만 최종단계에서 고속으로 할 경우 부피가 작아짐에 따라 저속으로 한다.

58 버터크림을 만드는 공정 중 공기를 포집하는 유지의 기능은?

가. 팽창기능
나. 윤활기능
다. 호화기능
라. 안정기능

tip 공기를 포집하는 기능을 팽창기능이라 한다.

59 화학적 식중독을 유발하지 않는 것은?

가. 식품첨가물
나. 중금속의 섭취
다. 불량한 포장용기
라. 농약에 오염된 식품

tip 허가되지 않은 유해식품 첨가물이 화학적 식중독을 일으킨다.

60 다음 물질 중 '이타이이타이병'을 발생시키는 것은?

가. 카드뮴(Cd)
나. 구리(Cu)
다. 수은(Hg)
라. 납(Pb)

tip 카드뮴: 이타이이타이병(골연화증), 수은: 미나마타병

정답

01 나	02 라	03 가	04 나	05 다	06 가	07 다	08 라	09 가	10 가
11 다	12 가	13 가	14 다	15 라	16 다	17 라	18 다	19 다	20 다
21 나	22 다	23 라	24 나	25 나	26 라	27 나	28 라	29 라	30 다
31 라	32 나	33 가	34 다	35 가	36 다	37 라	38 나	39 가	40 나
41 나	42 나	43 라	44 가	45 다	46 라	47 가	48 나	49 라	50 가
51 나	52 나	53 라	54 라	55 라	56 다	57 가	58 가	59 가	60 가

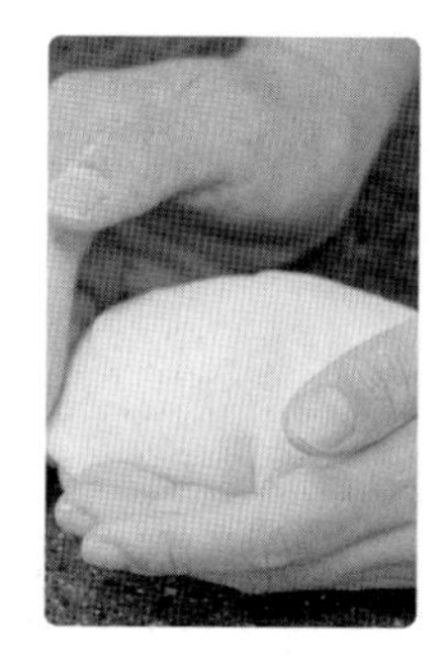

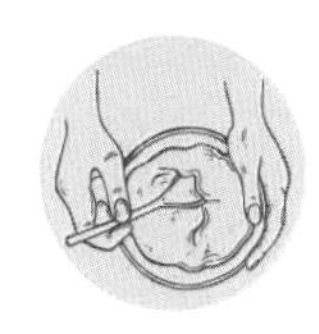
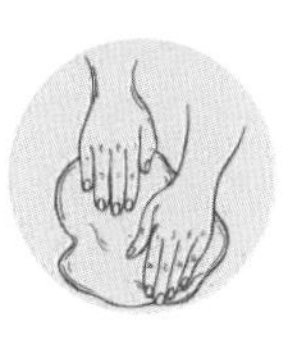

제빵기능사 예상 문제풀이와 해설

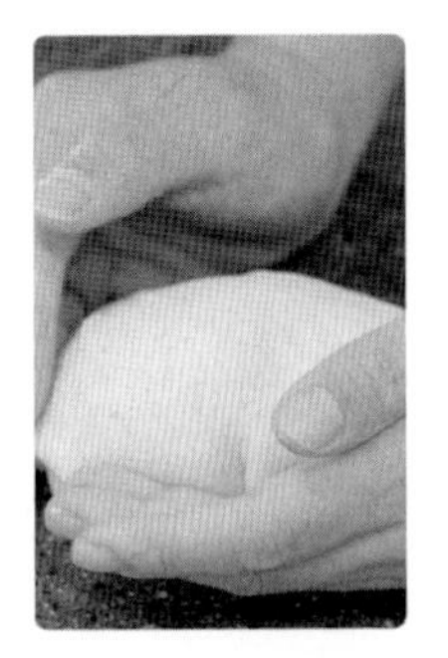

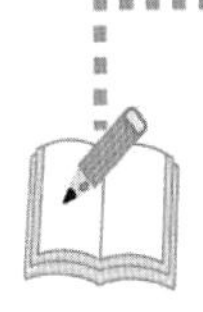

1회 제빵기능사 예상 문제풀이와 해설

제과 제빵학

01 제빵 반죽할 때 유지를 투입하는 반죽의 단계는?

가. 픽업 단계

나. 클린업 단계

다. 발전 단계

라. 최종 단계

tip 믹싱의 6단계: 픽업 단계 → 클린업단계 → 발전단계 → 최종 단계 → 렛다운단계 → 파괴 단계가 있으며, 대부분 유지는 클린업 단계에 넣는다.

02 제빵에 있어서 발효의 주된 목적은?

가. 가스를 포용할 수 있는 상태로 글루텐을 연화시키는 것이다.

나. 탄산가스와 메틸알코올을 생성시키는 것이다.

다. 이스트를 증식시키기 위한 것이다.

라. 분할 및 성형이 잘 되도록 하기 위한 것이다.

tip 발효는 탄수화물이 이스트에 의하여 탄산가스와 알코올로 전환된다.

03 식빵 배합을 할 때 반죽의 온도 조절에 가장 크게 영향을 미치는 원료는?

가. 밀가루

나. 설탕

다. 물

라. 이스트

tip 물은 빵 반죽의 온도조절에 가장 큰 영향을 미친다.

04 빵의 노화 방지를 위해 사용하는 첨가물은?

가. 모노글리세라이드

나. 탄산암모늄

다. 이스트 푸드

라. 산성탄산나트륨

tip 빵의 노화 방지를 위해서 모노글리세라이드를 첨가한다. 이 첨가물은 한 분자의 글리세롤과 한 분자 지방산이 에스테르 반응에 의해 만들어진 글리세라이드 상태를 말한다.

05 펀치의 효과와 가장 거리가 먼 것은?

가. 반죽의 온도를 균일하게 한다.

나. 이스트의 활성을 돕는다.

다. 반죽에 산소공급으로 산화, 숙성을 진전시킨다.

라. 성형을 용이하게 한다.

tip 펀치란 빵 반죽을 하여 1차 발효 중에 충격을 줘 이스트를 활성화시켜 주고 반죽의 온도를 균일하게 하며, 발효를 촉진시키는 것을 말한다.

06 2차 발효실의 온도범위로 가장 적합한 것은?

가. 20~26℃ 나. 32~40℃

다. 50~64℃ 라. 66~75℃

tip 2차 발효실의 적정한 온도범위는 32~40℃이다.

07 굽기 중 일어나는 변화로 가장 높은 온도에서 발생하는 것은?

가. 이스트의 사멸

나. 전분의 호화

다. 탄산가스 용해도 감소

라. 단백질 변성

tip 단백질의 변성은 단백질이 화합물이나 외부 스트레스에 의해 단백질의 본래 상태에서 가지고 있던 2차, 3차 또는 4차 구조를 잃어버리는 과정을 말하며, 높은 온도의 가열에 의해 밀가루의 단백질 변성을 일으킨다.

08 식빵 제조 시 낮은 부피의 제품이 되는 원인은?

가. 오븐 온도가 낮을 경우

나. 이스트 사용량이 부족한 경우

다. 2차 발효가 다소 초과하였을 경우

라. 소금량이 약간 부족하였을 경우

tip 이스트 사용량이 부족하면 적정한 발효가 이루어지지 않아 부피가 작다.

09 다음 중 빵의 노화속도가 가장 빠른 온도는?

가. 0~8℃ 나. 15~20℃

다. 21~35℃ 라. −18℃ 이하

tip 빵은 냉장온도에서 보관할 때가 노화가 제일 빠르다(0~5℃)

10 스펀지법에서 스펀지에 사용하는 일반적인 재료가 아닌 것은?

가. 이스트

나. 밀가루

다. 이스트푸드

라. 소금

tip 스펀지에 사용하는 재료는 물, 밀가루, 이스트, 이스트푸드

11 식빵의 믹싱공정 중 반죽의 신장성이 최대가 되는 단계는?

가. 픽업(Pick Up) 단계

나. 클린업(Clean Up) 단계

다. 최종(Final) 단계

라. 렛다운(Let-Down) 단계

tip 최종단계: 탄력성과 신장성이 최대가 되는 단계이다.

12 빵의 포장재 특성으로 부적합한 것은?

가. 위생성 나. 보호성

다. 작업성 라. 단열성

tip 포장용기특성은 방수성, 위생성, 작업성, 보호성, 통기성

13 소맥분의 등급은 무엇을 기준으로 하는가?

가. 회분 나. 단백질
다. 지방 라. 탄수화물

tip 밀가루의 품질등급판정은 회분함량을 기준으로 한다.

14 빵 제조 시 밀가루를 체로 치는 이유가 아닌 것은?

가. 제품의 착색
나. 입자의 균질
다. 지방
라. 탄수화물

tip 밀가루를 체치는 이유 중 제품의 색깔을 내는 것과는 관계가 없다.

15 우유의 성분 중 제품의 껍질색을 개선시켜 주는 것은?

가. 수분 나. 유지방
다. 유당 라. 칼슘

tip 우유 속의 유당이 제품의 껍질색을 개선한다.

16 활성 건조이스트를 수화시킬 때 발효력을 증가시키기 위하여 밀가루에 기준하여 1~3%를 물에 풀어 넣을 수 있는 재료는?

가. 설탕 나. 소금
다. 분유 라. 밀가루

tip 설탕을 넣고 수화시켜 발효력을 상승시킨다.

17 일시적 경수에 대하여 바르게 설명한 것은?

가. 끓임으로 물의 경도가 제거되는 물
나. 황산염에 기인하는 물
다. 끓여도 제거되지 않는 물
라. 보일러에 쓰면 좋은 물

tip 일시적 경수: 끓이면 불용성 탄산염으로 분해되고 가라앉아 연수가 되는 물이다.

18 이스트푸드의 구성성분 중 칼슘염의 주 기능은?

가. 이스트 성장에 필요하다.
나. 반죽에 탄성을 준다.
다. 오븐팽창이 커진다.
라. 물조절제의 역할을 한다.

tip 칼슘염 → 물조절제 역할

19 패리노그래프에 의한 측정으로 알 수 있는 반죽 특성과 거리가 먼 것은?

가. 반죽 형성시간
나. 반죽의 흡수
다. 반죽의 내구성
라. 반죽의 효소력

tip 패리노그래프: 밀가루의 점탄성을 측정하며, 반죽 흡수율, 반죽의 내구성, 반죽 시간을 측정한다.

20 제빵에서 탈지분유를 1% 증가하면 추가되는 물량으로 가장 적당한 것은?

가. 0.7% 나. 5.2%
다. 10% 라. 15.5%

tip 밀가루 흡수율이(분유 1% 증가하면 물 1% 증가) 증가한다.

21 스펀지 & 도우법에서 스펀지의 표준온도는 얼마인가?

가. 20~21℃ 나. 23~24℃
다. 26~27℃ 라. 29~30℃

tip 스펀지 도우 만들 때 반죽 시간은 4~6분, 반죽온도는 22~24℃ 정도가 바람직하다.

22 제빵 시 베이커스 퍼센트(Baker's %)에서 기준이 되는 재료는?

가. 설탕 나. 물
다. 밀가루 라. 유지

tip 베이커스 퍼센트란 베이커리업계에서 사용하고 있는 퍼센트로 밀가루 사용량 100을 기준으로 한 비율이다.

23 건포도 식빵을 구울 때 주의할 점은?

가. 윗불을 약간 약하게 한다.
나. 윗불을 약간 강하게 한다.
다. 굽는 시간을 줄인다.
라. 오븐 온도를 높게 한다.

tip 건포도 식빵을 구울 때는 건포도의 당도가 있기 때문에 윗불을 약간 약하게 굽는다.

24 제품이 오븐에서 갑자기 팽창하는 오븐 스프링의 요인이 아닌 것은?

가. 탄산가스 나. 알코올
다. 가스압 라. 단백질

tip 오븐 스프링은 이스트의 활력이 살아있는 온도(약 60℃ 이하)에서 탄산가스와 알코올의 생성으로 가스압에 의해서 부피가 팽창한다.

25 제빵의 제품평가에 있어서 외부평가 기준이 아닌 것은?

가. 굽기의 균일함
나. 조직의 평가
다. 터짐과 찢어짐
라. 껍질의 성질

tip 제품의 평가에 있어서 내부평가는 빵의 조직과 기공을 본다.

26 빵의 부피가 가장 크게 되는 것은?

가. 숙성이 안 된 밀가루의 사용
나. 물을 적게 사용
다. 반죽이 아주 지나치게 믹싱 되었음
라. 발효가 약간 더 되었음

tip 발효를 많이 하면 빵의 부피가 커진다.

27 스트레이트법에 의한 제빵 반죽 시 유지는 보통 어느 단계에서 첨가하는가?

가. 픽업 단계
나. 클린업 단계
다. 발전 단계
라. 렛 다운 단계

tip 유지가 아주 많이 들어가는 특별한 반죽 외에는 제빵 반죽시 클린업 단계에서 유지를 넣는다.

28 액체 발효법에서 가장 적당한 발효점 측정법은?

가. 부피증가
나. 거품의 상태

다. 산도측정
라. 액의 색변화

tip 반죽의 산도를 측정하면 발효된 정도를 알 수 있다.

29 스트레이트법에서 스펀지법으로 배합표를 전환할 때 다음 중 사용량이 감소하지 않는 재료는?

가. 소금
나. 이스트
다. 물
라. 설탕

tip 스트레이트법에서 스펀지법으로 배합표를 전환할 때 소금의 사용량은 감소하지 않는다.

30 같은 크기의 틀에 넣어 같은 체적의 제품을 얻으려고 할 때 가장 반죽의 분할량이 적은 제품은?

가. 밀가루 식빵
나. 호밀 식빵
다. 옥수수 식빵
라. 건포도 식빵

tip 밀가루 식빵의 팽창률이 가장 크기 때문에 반죽의 분할량은 적어도 된다.

31 냉동반죽의 장점이 아닌 것은?

가. 노동력 절약
나. 작업 효율의 극대화
다. 설비와 공간의 절약
라. 이스트푸드의 절감

tip 냉동 반죽의 장점은 생산인력감소, 기계설비비감소, 생산시간 감소, 보관용이, 매출에 따른 생산량 편리, 대량생산 및 빠른 생산에 적절한 반죽이다.

32 다당류에 대한 설명으로 틀린 것은?

가. 일반적으로 전분은 아밀로오스(Amylose)와 아밀로펙틴(Amylopectin)으로 이루어져 있다.
나. 전분은 소화효소에 의해 가수분해될 수 있다.
다. 섬유소는 사람의 소화액으로는 소화되지 않는다.
라. 펙틴은 단순 다당류에 속한다.

tip 펙틴은 다당류에 유리산, 암모늄, 칼륨, 나트륨염이 결합된 복합다당류이다.

33 제2차 발효실의 온도와 습도로 적합한 것은?

가. 온도 27~29℃, 습도 90~100%
나. 온도 38~40℃, 습도 90~100%
다. 온도 38~40℃, 습도 80~90%
라. 온도 27~29℃, 습도 80~90%

tip 2차 발효실의 적정온도 범위는 34~40℃, 습도는 80~90%이다.

34 빵을 구워낸 직후의 수분함량과 냉각 후 포장 직전의 수분 함량으로 가장 적합한 것은?

가. 35%, 27%
나. 45%, 38%
다. 60%, 52%
라. 68%, 60%

tip 오븐에서 나온 직후 수분함량 40~45% 냉각 후 빵 속의 수분함량은 38%가 적정하며, 이때 포장을 한다.

35 α 전분이 β 전분으로 되돌아가는 현

상은?

가. 호화　　나. 호정화

다. 노화　　라. 산화

tip 노화란 빵의 껍질과 속에서 일어나는 물리·화학적 변화. 제품의 맛, 향기가 변화되며, 완제품의 수분손실로 딱딱해지는 현상

36 2차 발효의 상대습도를 가장 낮게 하는 제품은?

가. 옥수수 식빵

나. 데니시 페이스트리

다. 우유 식빵

라. 단팥빵

tip 유지의 함량이 높은 데니시 페이스트리 반죽은 2차 발효실 온도와 습도를 상대적으로 낮게 해야 제품의 완성도가 높다.

37 제빵 제조 시 물의 기능이 아닌 것은?

가. 글루텐 형성을 돕는다.

나. 반죽온도를 조절한다.

다. 이스트 먹이 역할을 한다.

라. 효소활성화에 도움을 준다.

tip 이스트의 먹이는 탄수화물이며, 물의 기능과는 관계가 없다.

38 달걀의 난황계수를 측정한 결과가 다음과 같을 때 가장 신선하지 않은 것은?

가. 0.1　　나. 0.2

다. 0.3　　라. 0.4

tip 난황계수 = 높이÷직경으로 구한 값으로 난황계수의 값이 적을수록 노른자가 옆으로 퍼지며, 신선하지 않다.

39 다음 중 신선한 달걀은?

가. 8% 식염수에 뜬다.

나. 흔들었을 때 소리가 난다.

다. 난황계수가 0.1 이하이다.

라. 껍질에 광택이 없고 거칠다.

tip 달걀의 신선도 검사 외관법 → 껍질이 까칠까칠하다.

40 다음 당류 중 제빵용 이스트에 의하여 분해되지 않는 것은?

가. 자당　　나. 맥아당

다. 과당　　라. 유당

tip 유당은 이스트에 분해되지 않는다.

41 전분의 호화 현상에 대한 설명으로 틀린 것은?

가. 전분의 종류에 따라 호화특성이 달라진다.

나. 전분현탁액에 적당량의 수산화나트륨(NaOH)을 가하면 가열하지 않아도 호화될 수 있다.

다. 수분이 적을수록 호화가 촉진된다.

라. 알칼리성일 때 호화가 촉진된다.

tip 호화는 수분이 많을수록, pH가 높을수록 빨리 일어난다.

42 이스트푸드에 관한 사항 중 틀린 것은?

가. 물 조절제－칼슘염

나. 이스트 조절제－암모늄염

다. 반죽 조절제－산화제

라. 이스트 조절제－글루텐

tip 이스트푸드는 이스트 활성을 돕는 물질로 글루텐과는 관계가 없다.

43 칼슘염의 설명으로 부적당한 것은?

가. 글루텐을 강하게 하여 반죽을 되고 건조하게 한다.

나. 인산칼슘염은 반응 후 산성이 된다.

다. 곰팡이와 로프(Rope)박테리아의 억제효과가 있다.

라. 이스트 성장을 위한 질소공급을 한다.

tip 소금은 글루텐 성분을 위축시켜 반죽의 탄력성을 키워 반죽 시간이 길어지게 된다.

44 다음 중 제빵에서 감미제의 기능이 아닌 것은?

가. 이스트의 먹이

나. 갈변반응(캐러멜화)으로 껍질색 형성

다. 수분보유로 노화지연

라. 퍼짐성이 조절

tip 설탕의 기능은 이스트의 에너지원, 제품의 수분 보유력, 노화지연, 제품의 껍질색을 도와준다.

45 빵 반죽이 발효되는 동안 이스트는 무엇을 생성하는가?

가. 물, 초산

나. 산소, 알데히드

다. 수소, 젖산

라. 탄산가스, 알코올

tip 이스트 ⇒ CO_2 + CH_2OH + 산 + 열발생

46 수용성 향료(Essence)의 특징으로 옳은 것은?

가. 제조 시 계면활성제가 반드시 필요하다.

나. 기름(Oil)에 쉽게 용해된다.

다. 내열성이 강하다.

라. 고농도의 제품을 만들기 어렵다.

tip 수용성 향료는 에센스에 향 물질을 용해시켜 만든 향신료로 열에 의한 휘발성이 크다.

47 반죽의 신장성과 신장 저항성을 측정하는 데 알맞은 기기는?

가. 패리노 그래프(Farino Graph)

나. 익스텐소 그래프(Extenso Graph)

다. 아밀로 그래프(Amylo Graph)

라. 레오메터(Rheometer)

tip
- 패리노 그래프 = 믹싱시간, 믹싱의 내구력, 믹싱 시간을 측정한다.
- 아밀로 그래프 = 반죽의 점도와 호화력을 측정한다.
- 익스텐소 그래프 = 반죽의 신전성을 측정한다.

48 다음 중 튀김용 기름으로 사용할 수 있는 것은?

가. 거품이 일지 않는 것

나. 색깔이 있고, 자극적인 냄새가 나는 것

다. 점도의 변화가 높은 것

라. 발연점이 낮은 것

tip 튀김용 기름은 발연점이 높고 점도의 변화는 낮아야 하며, 거품이 일어나지 않는 것이 좋다.

49 **데니시 페이스트리에 사용하는 유지에서 가장 중요한 성질은?**

가. 유화성

나. 가소성

다. 안정성

라. 크림성

tip 외력에 의해 형태가 변하고 외력을 하지 않아도 원래의 형태로 돌아오지 않는 물질의 성질을 말하며, 유지의 가소성이 중요하다.

50 **이스트푸드의 구성 성분이 아닌 것은?**

가. 암모늄염

나. 질산염

다. 칼슘염

라. 전분

tip 이스트 푸드는 물의 경도를 조절하는 "칼슘염", 이스트의 영양을 공급하는 "암모늄염", 반죽의 탄력성을 주는 "전분"

정답

01 나	02 나	03 다	04 가	05 라	06 나	07 라	08 나	09 가	10 라
11 다	12 라	13 가	14 가	15 다	16 가	17 가	18 라	19 라	20 가
21 나	22 다	23 가	24 라	25 나	26 라	27 나	28 다	29 가	30 가
31 라	32 라	33 다	34 나	35 다	36 나	37 다	38 가	39 라	40 라
41 다	42 라	43 라	44 라	45 라	46 라	47 나	48 가	49 나	50 나

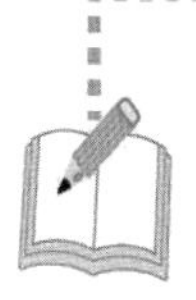

2회 제빵기능사 예상 문제풀이와 해설

01 다음 중 감미도가 가장 높은 당은?

가. 유당(Lactose)

나. 포도당(Glucose)

다. 설탕(Sucrose)

라. 과당(Fructose)

tip 감미도 높은 순서: 과당 175, 전화당 132, 설탕 100, 포도당 75, 맥아당 32, 유당 16

02 우유의 단백질 중에서 열에 응고되기 쉬운 단백질은?

가. 카세인

나. 락토알부민

다. 리포프로테인

라. 글리아딘

tip 락토알부민은 모유와 초유에 함유된 영양소가 풍부한 단백질로 열에 응고가 되기 쉽다.

03 함께 사용한 재료들에 향미를 제공하고 껍질색 형성을 빠르게 하여 색상을 진하게 하는 것은?

가. 지방 나. 소금

다. 우유 라. 유화제

tip 소금은 당류의 열 반응을 촉진시켜 빵 껍질의 색상을 진하게 한다.

04 제빵 시 소금 사용량이 적량보다 많을 때 나타나는 현상이 아닌 것은?

가. 부피가 작다.

나. 과 발효가 일어난다.

다. 껍질색이 검다.

라. 발효 손실이 적다.

tip 빵 반죽을 할 때 소금의 사용량이 적량보다 많으면 발효가 억제된다.

05 팬 오일의 조건이 아닌 것은?

가. 발연점이 130℃ 정도 되는 기름을 사용한다.

나. 산패되기 쉬운 지방산이 적어야 한다.

다. 보통 반죽무게의 0.1~0.2%를 사용한다.

라. 면실유, 대두유 등의 기름이 이용된다.

tip 팬 오일의 조건은 발연점이 높아야 한다(210℃). 발연점이란 연기가 나기 시작한 온도를 말하며, 따라서 발연점이 높을수록 좋다.

06 어린 반죽(발효부족)으로 만든 빵 제품의 특징과 거리가 먼 것은?

가. 기공이 고르지 않고 내상의 색상이 검다.
나. 세포벽이 두껍고 결이 서지 않는다.
다. 신 냄새가 난다.
라. 껍질의 색상이 진하다.

tip 발효가 과다하면 반죽에서 신 냄새가 난다

07 다음 중 반죽의 목적이라 할 수 없는 것은?

가. 탄산가스 생성
나. 각 재료를 균일하게 혼합
다. 밀가루의 글루텐 발전
라. 밀가루의 수화

tip 탄산가스 생성은 발효과정에서 일어나는 것으로 반죽의 목적과는 관계가 없다.

08 중간발효의 목적이 아닌 것은?

가. 반죽의 휴지
나. 기공의 제거
다. 탄력성 제공
라. 반죽에 유연성 부여

tip 둥글리기 후 이어지는 공정으로 생지의 유연성을 부여하여 성형 공정에 유리하도록 하기 위함이다.

09 반죽단계에서 수화는 완료되고 글루텐 일부가 결합된 상태는?

가. 클린업 상태(Clean Up)
나. 픽업 상태(Pick Up)
다. 발전 상태(Development)
라. 렛다운 상태(Let-Down)

tip 클린업 단계: 물기가 밀가루에 완전히 흡수되고 한 덩어리의 반죽이 만들어지는 단계로 이때 밀가루의 수화가 끝나고 글루텐이 조금씩 결합하기 시작한다.

10 다음 중 빵제품이 가장 빨리 노화되는 온도는?

가. −18℃ 나. 3℃
다. 27℃ 라. 40℃

tip 냉장 온도에서 노화가 가장 빠르다(냉장온도 0~5℃).

11 액체 발효법에서 발효점을 찾는 가장 좋은 기준이 되는 것은?

가. 냄새 나. pH
다. 거품 라. 시간

tip 빵 반죽의 산도가 얼마인지 측정하면 발효된 정도를 알 수 있다.

12 냉동반죽의 사용 재료에 대한 설명 중 틀린 것은?

가. 유화제는 냉동반죽의 가스 보유력을 높이는 역할을 한다.
나. 물은 일반 제품보다 3~5% 줄인다.
다. 일반 제품보다 산화제 사용량을 증가시킨다.
라. 밀가루는 중력분을 10% 정도 혼합한다.

tip 냉동반죽 시 반죽의 가스보유력을 최대한 증가시키기 위해 단백질 함량이 높은 강력 밀가루 12~14.5% 사용한다.

13 스펀지 & 도우법에서 스펀지 반죽의 재료가 아닌 것은?

가. 설탕 나. 물
다. 이스트 라. 밀가루

tip 스펀지 반죽은 밀가루 일부 또는 전체, 물, 이스트, 이스트푸드를 섞어 2시간 이상 발효시킨 것이다.

14 반죽의 내부 온도가 60℃에 도달하지 않은 상태에서 온도상승에 따른 이스트의 활동으로 부피의 점진적인 증가가 진행되는 현상은?

가. 호화(Gelatinization)
나. 오븐 스프링(Oven Spring)
다. 오븐 라이즈(Oven Rise)
라. 캐러멜화(Caramelization)

tip 오븐 라이즈: 이스트가 활동하여 반죽 속에 가스가 만들어지는 단계

15 새로운 팬의 처리방법 중 옳은 것은?

가. 코팅되지 않은 팬은 250℃ 이하의 오븐에서 1시간 정도 굽는다.
나. 실리콘으로 코팅된 팬은 고온으로 굽는다.
다. 팬은 물로 씻고 그늘에서 보관한다.
라. 팬은 사용 후에는 수세미로 깨끗이 씻어 이물질을 제거한다.

tip 코팅이 안 된 팬은 높은 온도에서 코팅이 된 팬은 낮은 온도에서 굽는다.

16 소규모 제과점용으로 가장 많이 사용되며 반죽을 넣는 입구와 제품을 꺼내는 출구가 같은 오븐은?

가. 컨벡션오븐
나. 터널오븐
다. 릴오븐
라. 데크오븐

tip 데크오븐: 소규모 베이커리에서 가장 많이 사용하는 대중적인 오븐

17 식빵 제조 시 반죽온도에 가장 큰 영향을 주는 재료는?

가. 설탕
나. 밀가루
다. 소금
라. 반죽개량제

tip 반죽제조 시 반죽온도에 가장 영향을 주는 재료는 물과 밀가루이다.

18 다음 제빵 냉각법 중 바르지 않은 것은?

가. 급속냉각
나. 자연냉각
다. 터널식 냉각
라. 에어컨디션식 냉각

tip 급속냉각에 적정한 것은 제과류이다.

19 다음 중 밀가루에 대한 설명으로 틀린 것은?

가. 밀가루는 회분 함량에 따라 강력분, 중력분, 박력분으로 구분한다.

나. 전체 밀알에 대해 껍질은 13~14%, 배아는 2~3%, 내배유는 83~85% 정도 차지한다.

다. 제분 직후의 밀가루는 제빵 적성이 좋지 않다.

라. 숙성한 밀가루는 글루텐의 질이 개선되고 흡수성을 좋게 한다.

tip 밀가루는 단백질 함량에 따라서 강력분, 중력분, 박력분으로 구분한다.

20 밀가루를 용도별로 나눌 때 일반적으로 회분함량이 가장 낮은 것은?

가. 제빵용

나. 제과용

다. 페이스트리용

라. 크래커용

tip 회분함량이 낮은 것은 제과용 밀가루이다.

21 전화당에 대한 설명 중 부적당한 것은?

가. 수분 보유력이 강하다.

나. 착색을 지연시킨다.

다. 포도당 50%와 과당 50%로 되어 있다.

라. 설탕의 결정화 방지효과로 저장성을 연장시킨다.

tip 착색과 전화당은 관계가 없다.

22 달걀흰자의 고형분 함량은?

가. 12% 나. 24%

다. 30% 라. 40%

tip
- 전란 – 수분(75%), 고형분(25%)
- 노른자 – 수분(50%), 고형분(50%)
- 흰자 – 수분(88%), 고형분(12%)

23 마요네즈를 만드는 데 노른자가 500g 필요하다. 껍질포함 60g짜리 달걀을 몇 개 준비해야 하는가?

가. 10개 나. 14개

다. 28개 라. 56개

tip 달걀은 껍질 10% 노른자 30% 흰자 60%
500÷(600x0.3) = 27.7 ∴ 28개

24 냉동반죽의 제조공정에 관한 설명 중 옳은 것은?

가. 반죽의 유연성 및 기계성을 향상시키기 위하여 반죽 흡수율을 증가시킨다.

나. 반죽 혼합 후 반죽온도는 18~24℃가 되도록 한다.

다. 혼합 후 반죽의 발효시간은 1시간 30분이 표준발효 시간이다.

라. 반죽을 −40℃까지 급속 냉동시키면 이스트의 냉동에 대한 적응력이 커지나 글루텐의 조직이 약화된다.

tip 냉동반죽은 수분은 감소시키고, 이스트 양을 증가시킨다. 반죽온도는 18~23℃

25 반죽온도에 미치는 영향이 가장 적은 것은?

가. 훅(Hook) 온도

나. 실내온도

다. 밀가루 온도

라. 물 온도

tip 빵제조 시 반죽온도의 영향인자는 밀가루 온도, 물 온도, 실내온도이다.

26 소규모 베이커리에서 주로 사용하는 믹서로서 거품형 케이크 및 빵 반죽이 모두 가능한 믹서는?

가. 수직믹서(Vertical Mixer)

나. 스파이럴 믹서(Spiral Mixer)

다. 수평 믹서(Horizontal Mixer)

라. 핀 믹서(Pin Mixer)

tip 규모가 작은 베이커리에서는 수직믹서(버티컬믹서)를 이용하여 빵과 케이크를 제조한다.

27 다음 중 식빵의 껍질색이 너무 옅은 결점의 원인은?

가. 연수 사용

나. 설탕 사용 과다

다. 과도한 굽기

라. 과도한 믹싱

tip 껍질색이 옅은 원인은 설탕 사용량이 적은 경우, 2차 발효 과다, 과도한 믹싱, 오븐 온도가 낮거나 단시간 굽기

28 포장 전 빵의 온도가 너무 낮을 때는 어떤 현상이 일어나는가?

가. 노화가 빨라진다.

나. 썰기(Slice)가 나쁘다.

다. 포장지에 수분이 응축된다.

라. 곰팡이, 박테리아의 번식이 용이하다.

tip 빵을 너무 많이 냉각시키면 노화가 빠르게 진행된다. 빵 포장온도는 32~35℃가 적당하다

29 일반적으로 풀먼식빵의 굽기 손실은 얼마나 되는가?

가. 약 2~3%　　나. 약 4~6%

다. 약 7~9%　　라. 약 11~13%

tip 식빵의 굽기 손실은 일반적으로 10~12% 정도며, 풀먼 식빵은 굽기 손실이 일반 식빵에 비해 조금 낮다.

30 다음의 제품 중에서 믹싱을 가장 적게 해도 되는 것은?

가. 불란서빵

나. 식빵

다. 단과자빵

라. 데니시 페이스트리

tip 믹싱은 제품의 특징 및 형태에 따라 조금 차이가 있다. 불란서 빵 70~75%, 식빵 100%, 단과자빵 85%, 데니시 페이스트리 50~60%

31 미국식 데니시 페이스트리 제조 시 반죽무게에 대한 충전용 유지(롤인 유지)의 사용 범위로 가장 적합한 것은?

가. 10~15%　　나. 20~40%

다. 45~60%　　라. 60~80%

tip 데니시 페이스트리 충전용 유지는 총반죽의 20~40% 충전

32 식빵의 일반적인 비용적은?

가. $0.36cm^2/g$　　나. $1.36cm^2/g$

다. $3.36cm^2/g$　　라. $5.36cm^2/g$

tip 식빵의 비용적은 3.2~3.4

33 **식빵의 껍질이 연한 색이 되는 원인이 아닌 것은?**

가. 설탕 사용량 부족

나. 높은 오븐온도

다. 불충분한 굽기

라. 2차 발효실의 습도 부족

tip 껍질색이 연한 원인은 설탕 사용량이 적은 경우, 2차 발효 오버, 연수 사용, 오븐 온도가 낮거나 단시간 굽기

34 **달걀흰자 540g을 얻으려고 한다. 달걀 한 개의 평균 무게가 60g이라면 몇 개의 달걀이 필요한가?**

가. 10개　　나. 15개

다. 20개　　라. 13개

tip 달걀은 보통 무게의 60%가 흰자로 구성되어 있다. 60g의 달걀은 약 36g의 흰자를 포함하고 있으므로 필요한 달걀의 수 = 540÷36 = 15개

35 **냉동반죽(Frozen Dough)을 만들 때 정상반죽에서의 양보다 증가시키는 것은?**

가. 물　　나. 소금

다. 이스트　　라. 환원제

tip 냉동반죽을 할 때는 수분은 감소시키고, 이스트 양은 증가시킨다.

36 **오븐에서 구워 나온 빵을 냉각할 때 적정한 수분함유량은?**

가. 15%　　나. 20%

다. 38%　　라. 45%

tip 냉각 시점에 빵 속의 수분함량은 38% 정도가 적당하며, 이 상태에서 포장한다.

37 **빵을 구웠을 때 갈변이 되는 것은 어느 반응에 의해서인가?**

가. 비타민 C의 산화에 의하여

나. 효모에 의한 갈색(Brown) 반응에 의하여

다. 마이야르(Maillard) 반응과 캐러멜 반응이 동시에 일어나서

라. 클로로필(Chloropyll) 반응에 의하여

tip 온도 160℃가 넘으면 당과 아미노산이 마이야르(Maillard) 반응을 일으켜 멜라노이징을 생산하며, 당은 분해, 중합하여 캐러멜을 형성한다.

38 **환원당과 아미노화합물의 축합이 이루어질 때 생기는 갈색 반응은?**

가. 마이야르(Maillard) 반응

나. 캐러멜(Caramel)화 반응

다. 효소적 갈변

라. 아스코르빈산(Ascorbic Acid)의 산화에 의한 갈변

tip 마이야르 반응은 잔당이 아미노산과 환원당으로 반응하여 껍질색을 내는 것이다.

39 **식빵에 있어 적당한 CO_2 생산을 하는 데 필요한 설탕의 적정 사용량은?**

가. 약 4%　　나. 약 10%

다. 약 15%　　라. 약 23%

tip 식빵에 있어 적당한 CO_2(이산화탄소) 생산을 하는 데 필요한 설탕의 적정 사용량은 4% 정도이다.

40 우유 단백질의 응고에 관여하지 않는 것은?

가. 산　　나. 레닌
다. 가열　　라. 리파아제

tip 우유 단백질의 변성요소는 열, 산, 효소(레닌)에 의해 응고한다. 리파아제는 지방 분해 효소이다.

41 제빵 중 설탕 사용목적과 가장 거리가 먼 것은?

가. 노화방지
나. 빵표피의 착색
다. 유해균의 발효억제
라. 효모의 번식

tip 제빵에서 설탕을 사용하는 목적은 노화를 방지하고 빵 표피의 착색을 도와주며, 효모의 번식을 도와준다.

42 달걀에 들어있는 성분 중 빵의 노화를 지연시키는 천연 유화제는?

가. 레시틴
나. 알부민
다. 글리아딘
라. 타아민

tip 달걀의 노른자에 들어있는 레시틴 성분은 유화제 역할과 노화를 지연시킨다.

43 식빵배합률 합계가 180%, 밀가루 총사용량이 3,000g일 때 총반죽의 무게는? (단, 기타손실은 없음)

가. 1620g　　나. 3780g
다. 5400g　　라. 5800g

tip 총반죽무게 공식 = (총배합률 × 밀가루 무게) ÷ 밀가루 비율 = (180% × 3,000g) ÷ 100% = 5,400g

44 달걀 40%를 사용하여 만든 커스터드크림과 비슷한 되기로 만들기 위하여 달걀 전량을 옥수수 전분으로 대체한다면 얼마 정도가 가장 적합한가?

가. 10%　　나. 20%
다. 30%　　라. 40%

tip 달걀의 성분 중 고형분만큼 옥수수 전분으로 대체하면 고형분은 25%, 40%x0.25 = 10%

45 활성 건조 이스트를 수화시킬 때 적당한 물의 온도는?

가. 10~13℃　　나. 20~23℃
다. 30~33℃　　라. 40~43℃

tip 온수의 온도가 40~43℃일 때 녹여 사용하며, 효소의 활성을 높이기 위해서 한다.

46 다음 중 물의 경도를 잘못 나타낸 것은?

가. 10ppm－연수
나. 70ppm－아연수
다. 100ppm－아연수
라. 190ppm－아경수

tip 빵 반죽에 가장 알맞은 물은 아경수로 12~180ppm이다.

47 이스트푸드의 구성성분이 아닌 것은?

가. 암모늄염
나. 질산염
다. 칼슘염
라. 전분

tip 이스트푸드의 구성성분은 암모늄염, 칼슘염, 전분이며, 이스트푸드의 역할은 물 조절, 발효조절, 반죽조절, pH조절을 한다.

48 아밀로펙틴의 특성이 아닌 것은?

가. 요오드테스트를 하면 자주빛 붉은색을 띤다.

나. 노화되는 속도가 빠르다.

다. 결사슬 구조이다.

라. 대부분의 천연전분은 아밀로펙틴 구성비가 높다.

tip 아밀로오스보다 분자량이 크고 요오드 용액에 적자색 반응을 나타내며, 노화가 늦게 된다.

49 다음 중 전분의 노화가 가장 잘 일어나는 온도는?

가. −50℃	나. −20℃
다. 2℃	라. 30℃

tip 전분의 노화가 가장 잘 일어나는 온도는 0~5℃이다.

50 전분의 호화 현상에 대한 설명으로 틀린 것은?

가. 전분의 종류에 따라 호화특성이 달라진다.

나. 전분현탁액에 적당량의 수산화나트륨(NaOH)을 가하면 가열하지 않아도 호화될 수 있다.

다. 수분이 적을수록 호화가 촉진된다.

라. 알칼리성일 때 호화가 촉진된다.

tip 호화는 수분이 많을수록, pH가 높을수록 빨리 일어난다.

정답

01 라	02 나	03 나	04 나	05 가	06 다	07 가	08 나	09 가	10 나
11 나	12 라	13 가	14 다	15 가	16 라	17 나	18 가	19 가	20 나
21 나	22 가	23 다	24 나	25 가	26 가	27 라	28 가	29 다	30 라
31 나	32 다	33 나	34 나	35 다	36 다	37 다	38 가	39 가	40 라
41 다	42 가	43 다	44 가	45 라	46 라	47 나	48 나	49 다	50 다

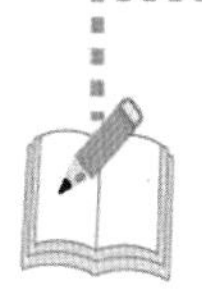

3회 제빵기능사 예상 문제풀이와 해설

01 패리노그래프로 알 수 있는 사항이 아닌 것은?

가. 흡수율
나. 믹싱 내구성
다. 믹싱시간
라. 전분의 점도

tip 패리노그래프는 밀가루의 흡수율(단백질 흡수율) 믹싱의 내구성, 믹싱시간을 알 수 있다.

02 알파 아밀라아제(α-Amlylase)에 대한 설명으로 틀린 것은?

가. 베타 아밀라아제(β-Amlylase)에 비하여 열 안정성이 크다.
나. 당화효소라고도 한다.
다. 전분의 내부 결합을 가수분해할 수 있어 내부 아밀라아제라고도 한다.
라. 액화효소라고도 한다.

tip 당화효소는 다당을 가수분해하여 환원당을 생성하는 효소의 총칭이다.

03 표준 스트레이트법 식빵을 비상스트레이트법 식빵으로 변경시킬 때 필수적인 조치가 아닌 것은?

가. 수분흡수율을 1% 감소시킨다.
나. 이스트 양을 2배로 증가시킨다.
다. 반죽온도를 30℃로 높인다.
라. 껍질색을 내기 위하여 설탕을 1% 증가시킨다.

tip 설탕을 1% 감소한다(삼투압 때문에 이스트의 활성에 영향)

04 스펀지법으로 제빵 시 본 반죽을 만들 때의 온도로 가장 적합한 것은?

가. 22℃ 나. 27℃
다. 33℃ 라. 40℃

tip 본 반죽의 반죽온도는 27℃이다.

05 일반적으로 강력분으로 만드는 것은?

가. 소프트 롤케이크
나. 스펀지케이크
다. 엔젤푸드케이크
라. 식빵

tip 제빵을 만들 때에는 단백질 함량이 많은 강력분을 사용하며, 제과인 케이크와 쿠키를 만들 때는 박력분을 사용한다.

06 달걀흰자의 기포성과 안정성에 도움이 되는 재료가 아닌 것은?

가. 주석산크림　나. 레몬즙
다. 설탕　라. 버터

tip 흰자의 기포성과 안정성에 도움이 되는 재료: 주석산크림, 레몬즙, 식초, 과일즙, 소금

07 밀가루의 반죽에 관여하는 단백질은?

가. 라이소자임
나. 글루텐
다. 알부민
라. 글로불린

tip 빵 반죽을 하면 밀가루에 들어있는 글루테닌과 글리아딘 단백질이 물과 결합하여 글루텐이 되는 반죽의 과정이다.

08 제빵에 있어 2차 발효실의 습도가 너무 높을 때 일어날 수 있는 결점은?

가. 겉껍질 형성이 빠르다.
나. 오븐 팽창이 적어진다.
다. 껍질색이 불균일해진다.
라. 수포생성, 질긴 껍질이 되기 쉽다.

tip 습도가 높으면 수분이 많아져 수포가 생성되고 질긴 껍질이 되기 쉽다.

09 식빵의 노화가 가장 잘 일어나는 온도는?

가. -20℃　나. 5℃
다. 20℃　라. 30℃

tip 빵의 노화가 가장 잘 일어나는 온도는 냉장온도(0–5℃)

10 발효가 부패와 다른 점은?

가. 미생물이 작용한다.
나. 생산물을 식용으로 한다.
다. 단백질의 변화반응이다.
라. 성분의 변화가 일어난다.

tip 발효와 부패가 다른 점은 식용이 가능한가의 여부이며, 같은 점은 균에 의하여 분해된다는 점이다.

11 바게트(Baguette)의 통상적인 분할 무게는?

가. 50g　나. 200g
다. 350g　라. 600g

tip 프랑스 전통 바게트의 분할 무게는 350g이다.

12 동일한 분할량의 식빵반죽을 25분 동안 주어진 온도에서 구웠을 때 수분함량이 가장 많은 것은?

가. 190℃　나. 200℃
다. 210℃　라. 220℃

tip 오븐의 온도가 높을수록 수분함량이 적어지고 온도가 낮을수록 수분함량이 많아진다.

13 빵 포장의 목적에 부적합한 것은?

가. 빵의 저장성 증대
나. 빵의 미생물오염 방지
다. 수분증발 촉진과 노화 방지
라. 상품의 가치 향상

tip 포장의 목적은 빵의 수분증발을 억제하여 저장성을 증가시켜주며, 상품의 가치를 향상시킨다.

14 새로운 팬의 처리방법 중 틀린 것은?

가. 깨끗한 물에 2시간 정도 담근 후 꺼내어 그늘에서 말린다.

나. 강판은 230~250℃의 고온으로 50분 정도 굽는다.

다. 굽기 후 기름칠을 하여 보관한다.

라. 실리콘이 코팅된 팬은 가볍게 태우는 정도로 처리한다.

tip 팬은 물에 씻지 않는다.

15 열풍을 강제 순환시키면서 굽는 타입으로 굽기의 편차가 극히 적은 오븐은?

가. 턴넬오븐

나. 컨벡션오븐

다. 트레이오븐

라. 스파이럴 컨베어오븐

tip 컨벡션 오븐은 안에 있는 팬이 돌아가면서 열풍을 강제 순환시키면서 굽는 타입의 오븐이다.

16 제빵용 계량기구로 부적당한 것은?

가. 부등비 저울

나. 선별저울

다. 접시저울

라. 전자저울

tip 현장에서는 대부분 전자저울을 사용하며, 선별저울은 사용하지 않는다.

17 냉동 반죽법에서 1차 발효시간이 길어질 경우 일어나는 현상은?

가. 냉동 저장성이 짧아진다.

나. 제품의 부피가 커진다.

다. 이스트의 손상이 작아진다.

라. 반죽온도가 낮아진다.

tip 반죽의 발효가 길어지면 이스트의 생존기간이 짧아진다.

18 전분의 노화에 대한 설명 중 틀린 것은?

가. 노화는 −18℃에서 잘 일어나지 않는다.

나. 노화된 전분은 소화가 잘 된다.

다. 노화란 α−전분이 β−전분으로 되는 것을 말한다.

라. 노화는 전분 분자끼리의 결합이 전분과 물 분자의 결합보다 크기 때문에 일어난다.

tip 노화는 제품이 오븐에서 나온 직후부터 서서히 진행된다. 내부조직이 단단해지고 소화가 잘 되지 않으며, 노화된 전분은 향이 없어진다.

19 냉동 반죽법에 대한 설명 중 틀린 것은?

가. 저율배합 제품은 냉동 시 노화의 진행이 비교적 빠르다.

나. 고율배합 제품은 비교적 완만한 냉동에 견딘다.

다. 저율배합 제품일수록 냉동 처리에 더욱 주의해야 한다.

라. 프랑스빵 반죽은 비교적 노화의 진행이 느리다.

tip 프랑스빵은 대부분 저율배합의 제품이며, 고율제품에 비하여 노화가 빠르다.

20 스펀지 도우법에 비하여 스트레이트법의 장점이 아닌 것은?

가. 기계내성과 발효 내구성이 좋고, 볼륨이 크다.

나. 향미나 식감이 좋지 않다.

다. 제조 공정이 단순하고, 장비가 간단하다.

라. 발효 손실이 적다.

tip 스펀지도우법은 시간이 많이 소요되는 제빵법으로 발효시간을 충분히 가짐으로써 좋은 향을 가질 수 있고 식감이 좋으며, 볼륨이 크다.

21 식빵 제조 시 결과 온도 33℃, 밀가루 온도 23℃, 실내온도 26℃, 수돗물 온도 22℃, 희망온도 27℃, 사용물량 5kg일 때 마찰계수는?

가. 19　　나. 22

다. 24　　라. 28

tip 마찰계수공식: 반죽결과온도×3-(실내온도+밀가루온도+수돗물온도)
33×3-(23 + 26 + 22) = 28

22 소맥분에 관한 관계 가장 바른 것은?

가. 식빵-초박력분

나. 단과자빵-박력분

다. 제과-강력분

라. 제면-중력

26 빵에서 탈지분유의 역할이 아닌 것은?

가. 흡수율 감소

나. 조직 개선

다. 완충제 역할

라. 껍질색 개선

tip 탈지분유는 빵의 부피를 증가시키고 분유속의 유당이 껍질색을 개선하며, 기공과 결이 좋아 조직을 개선시키고 완충제 역할을 한다.

27 유지의 산패를 가속화하는 요인은?

가. 수소　　나. 탄소

다. 산소　　라. 질소

tip 유지의 산패는 산소에 의해서 일어난다.

28 다음 중 튀김용 기름으로 사용할 수 있는 것은?

가. 거품이 일지 않는 것

나. 색깔이 있고 자극적인 냄새가 나는 것

다. 점도의 변화가 높은 것

라. 발연점이 낮은 것

tip 튀김기름의 조건은 거품이 일지 않고 자극적인 냄새가 없어야 하며, 점도의 변화가 낮고 발연점이 높은 것이 좋다.

29 식용유지로 튀김요리를 반복할 때 발생하는 현상이 아닌 것은?

가. 발연점 상승

나. 유리지방산 생성

다. 카르보닐화합물 생성

라. 점도 증가

tip 튀김기름을 반복적으로 사용하면 유리지방산이 생성되어 발연점은 점점 낮아진다.

30 제빵에서 탈지분유를 밀가루 대비 4~6%를 사용할 때의 영향이 아닌 것은?

가. 믹싱 내구성을 높인다.
나. 발효 내구성을 높인다.
다. 흡수율을 증가시킨다.
라. 껍질색을 여리게 한다.

tip 분유 속의 유당은 껍질색을 개선시킨다.

31 빵의 굽기에 대한 설명 중 옳은 것은?

가. 고배합의 경우 낮은 온도에서 짧은 시간으로 굽기
나. 고배합의 경우 높은 온도에서 긴 시간으로 굽기
다. 저배합의 경우 낮은 온도에서 긴 시간으로 굽기
라. 저배합의 경우 높은 온도에서 짧은 시간으로 굽기

tip 저배합인 하드계열의 빵은 높은 온도 약 220~250℃에서 짧은 시간으로 구워야 한다.

32 빵제품의 제조공정에 대한 설명으로 올바르지 않은 것은?

가. 반죽은 무게 또는 부피에 의하여 분할한다.
나. 둥글리기에서 과다한 덧가루를 사용하면 제품에 줄무늬가 생성된다.
다. 중간발효시간은 보통 10~20분이며, 27~29℃에서 실시한다.
라. 성형은 반죽을 일정한 형태로 만드는 1단계 공정으로 이루어져 있다.

tip 빵을 만들 때 성형은 1단계 공정으로 만들어지지 않고 몇 단계의 공정으로 이루어진다.

33 주로 독일빵, 불란서빵 등 유럽빵이나 토스트브레드(Toast Bread) 등 된 반죽을 치는 데 사용하는 믹서는?

가. 수평형 믹서
나. 수직형 믹서
다. 나선형 믹서
라. 혼합형 믹서

tip 제빵전용 반죽믹서인 스파이럴믹서(나선형 믹서)는 강한 힘을 가진 기계로 하드계열 빵류인 유럽빵 등 된 반죽을 할 때 많이 사용한다.

34 중간발효에 대한 설명으로 틀린 것은?

가. 글루텐 구조를 재정돈한다.
나. 가스발생으로 반죽의 유연성을 회복한다.
다. 오버 헤드 프루프(Over Head Proof)라고 한다.
라. 탄력성과 신장성에는 나쁜 영향을 미친다.

tip 중간발효는 둥글리기 다음 단계로 반죽의 탄력성과 신장성에 좋은 영향을 갖게 하며, 글루텐의 구조를 재정돈해주고 반죽의 기공을 고르게 유지해준다.

35 팽창제에 대한 설명 중 틀린 것은?

가. 가스를 발생시키는 물질이다.
나. 반죽을 부풀게 한다.
다. 제품에 부드러운 조직을 부여해 준다.

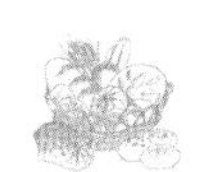

라. 제품에 질긴 성분을 준다.

tip 팽창제는 가스를 발생시키고, 반죽을 부풀게 하며, 제품의 부드러운 조직을 부여해 준다.

36 다음 향신료 중 대부분의 피자소스에 필수적으로 들어가는 향신료는?

가. 오레가노 나. 계피

다. 정향 라. 넛메그

tip 오레가노는 마조람의 일종으로 톡 쏘는 향기가 특징이며, 피자소스에 반드시 필요하다.

37 다당류에 속하지 않는 것은?

가. 섬유소 나. 전분

다. 글리코겐 라. 맥아당

tip 맥아당은 포도당 두 분자가 결합된 것으로 이당류이며, 맥아당, 과당, 갈락토오스는 단당류에 속한다.

38 바닐라 에센스가 우유에 미치는 영향은?

가. 생취를 감소시킨다.

나. 마일드 감을 감소시킨다.

다. 단백질의 영양가를 증가시키는 강화제 역할을 한다.

라. 색감을 좋게 하는 착색료 역할을 한다.

tip 우유 본래의 냄새를 생취라고 한다.

39 수용성 향료(Essence)의 특징으로 옳은 것은?

가. 제조시 계면활성제가 필요하다.

나. 기름(Oil)에 쉽게 용해된다.

다. 내열성이 강하다.

라. 고농도의 제품을 만들기 어렵다.

tip 수용성 향료의 단점은 내열성이 약하고, 고농도 제품을 만들기가 어렵다.

40 일반적으로 양질의 빵속을 만들기 위한 아밀로그래프의 수치는 어느 범위가 가장 적당한가?

가. 0~150 B.U

나. 200~300 B.U

다. 400~600 B.U

라. 800~1000 B.U

tip 온도변화에 따라 점도에 미치는 밀가루 알파 아밀라아제의 효과를 측정하고 밀가루의 호화 정도를 알 수 있는 기계로 곡선 4수치는 400~-600B.U이다.

41 더운 여름에 얼음을 사용하여 반죽 온도 조절 시 계산 순서로 적합한 것은?

가. 마찰계수 → 물 온도 계산 → 얼음 사용량

나. 물 온도 계산 → 얼음 사용량 → 마찰계수

다. 얼음 사용량 → 마찰계수 → 물 온도 계산

라. 물 온도 계산 → 마찰계수 → 얼음 사용량

tip 먼저 마찰계수를 구하고 사용할 물 온도를 구해야 하며, 필요시 얼음 사용량을 구해서 사용한다.

42 전분의 노화에 대한 설명 중 틀린 것은?

가. 노화는 -18℃에서 잘 일어나지 않는다.

나. 노화된 전분은 소화가 잘 된다.

다. 노화란 α-전분이 β-전분으로 되는 것을 말한다.

라. 노화는 전분 분자끼리의 결합이 전분과 물 분자의 결합보다 크기 때문에 일어난다.

tip 호화된 전분은 소화가 잘 된다.

43 다음 중 감미도가 가장 높은 당은?

가. 유당(Lactose)

나. 포도당(Glucose)

다. 설탕(Sucrose)

라. 과당(Fructose)

tip 상대적 감미도 순: 과당(175) 〉 전화당(130) 〉 자당(100) 〉 포도당(75) 〉 맥아당, 갈락토오스(32) 〉 유당(16)

44 당류의 감미도가 강한 순서부터 나열된 것은?

가. 설탕 - 포도당 - 맥아당 - 유당

나. 포도당 - 설탕 - 맥아당 - 유당

다. 설탕 - 포도당 - 유당 - 맥아당

라. 유당 - 맥아당 - 포도당 - 설탕

tip 상대적 감미도 순: 과당(175) 〉 전화당(130) 〉 자당(100) 〉 포도당(75) 〉 맥아당, 갈락토오스(32) 〉 유당(16)

45 설탕의 구성성분은?

가. 포도당과 과당

나. 포도당과 갈락토오스

다. 포도당 2분자

라. 포도당과 맥아당

tip 발효 중에 일어나는 생화학적 변화
설탕(인베르타아제) → 포도당 + 과당(치마아제) → 이산화탄소(= 탄산가스) + 알코올

46 다음 중 제빵용 효모에 함유되어 있지 않은 효소는?

가. 프로테아제

나. 말타아제

다. 사카라아제

라. 인베르타아제

tip 수크라아제는 설탕분해 효소로서 사카라아제라고도 불리며, 설탕에 작용하면 포도당과 과당(치마아제)으로 분해된다.

47 이스트의 가스 생산과 보유를 고려할 때 제빵에 가장 좋은 물의 경도는?

가. 0~60ppm

나. 120~180ppm

다. 180ppm 이상(일시)

라. 180ppm 이상(영구)

tip 제빵 반죽에 가장 적정한 물은 이스트의 활성을 좋게 하는 120~180ppm 아경수이다.

48 물의 경도를 높여 주는 작용을 하는 재료는?

가. 이스트푸드 나. 이스트

다. 설탕 라. 밀가루

tip 물의 경도를 높여주는 작용을 하는 재료에는 이스트푸드가 있다.

49 다음 제품 제조 시 2차 발효실의 습도를 가장 낮게 유지하는 것은?

가. 풀먼 식빵
나. 햄버거빵
다. 과자빵
라. 빵도넛

tip 빵도넛은 2차 발효실 습도를 낮게 한다. 높으면 반죽 표면에 습기가 많아 튀기기에 부적합하다.

50 분유의 종류에 대한 설명으로 틀린 것은?

가. 혼합분유: 연유에 유청을 가하여 분말화한 것
나. 전지분유: 원유에서 수분을 제거하여 분말화한 것
다. 탈지분유: 탈지유에서 수분을 제거하여 분말화한 것
라. 가당분유: 원유에 당류를 가하여 분말화한 것

tip 혼합분유는 전지분유나 탈지분유에 쌀가루, 밀가루, 유청 분말, 코코아 가공품 등의 식품이나 식품첨가물을 섞어 가공, 분말화한 것이다.

정답

01 라	02 나	03 라	04 나	05 라	06 라	07 나	08 라	09 나	10 다
11 다	12 가	13 다	14 가	15 나	16 나	17 가	18 나	19 라	20 가
21 라	22 라	23 나	24 나	25 다	26 가	27 다	28 가	29 가	30 라
31 라	32 라	33 다	34 라	35 라	36 가	37 라	38 가	39 라	40 다
41 가	42 나	43 라	44 가	45 가	46 다	47 나	48 가	49 라	50 가

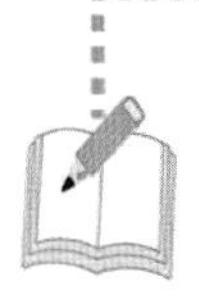

4회 제빵기능사 예상 문제풀이와 해설

01 식빵 배합에서 소맥분대비 4%의 탈지분유를 사용 시 다음 중 틀린 것은?

가. 발효를 촉진시킨다.

나. 믹싱 내구성을 높인다.

다. 표피색을 진하게 한다.

라. 흡수율을 증가시킨다.

tip 빵에 분유를 첨가하면 풍미를 향상시키고, 노화를 방지한다. 그러나 빵의 부피는 증가하거나 감소하게 하며, 발효를 촉진 시키지는 못한다.

02 하루 2,400kcal를 섭취하는 사람의 이상적인 탄수화물의 섭취량은 약 얼마인가?

가. 140~150g

나. 200~230g

다. 260~320g

라. 330~420g

tip 탄수화물 하루 권장량은 328~340g

03 우유에서 산에 의해 응고되는 물질은?

가. 단백질 나. 유당

다. 유지방 라. 회분

tip 우유에서 산에 의해 응고되는 물질은 우유의 단백질인 카세인이다.

04 우유 가공품과 가장 거리가 먼 것은?

가. 치즈 나. 마요네즈

다. 연유 라. 생크림

tip 마요네즈는 식물성 오일과 달걀노른자, 식초, 그리고 약간의 소금과 후추를 넣어 만든 것으로 우유와는 관계가 없다.

05 빵의 노화를 지연시키는 방법 중 잘못된 것은?

가. −18℃에서 밀봉 보관한다.

나. 2~10℃에서 보관한다.

다. 노화 방지제를 사용한다.

라. 방습 포장지로 포장한다.

tip 빵의 노화는 냉장온도에서 가장 빠르게 온다.

06 팬에 칠하는 팬오일로 유지를 사용할 때 다음 중 가장 중요한 성질은?

가. 가소성 나. 크림성

다. 발연점 라. 비등점

tip 팬에 사용하는 팬 오일은 발연점이 높을수록 좋다.

07 다음 중 pH가 중성인 것은?

가. 식초
나. 수산화나트륨 용액
다. 중조
라. 증류수

tip 증류수는 pH가 중성이다.

08 프랑스빵에서 스팀을 사용하는 이유로 부적당한 것은?

가. 거칠고 불규칙하게 터지는 것을 방지한다.
나. 겉껍질에 광택을 내 준다.
다. 얇고 바삭거리는 껍질이 형성되도록 한다.
라. 반죽의 흐름성을 크게 증가시킨다.

tip 반죽의 흐름성과 스팀을 사용하는 목적과는 관계가 없다.

09 식빵은 보통 내부 온도가 35~40℃ 정도 될 때까지 냉각시킨다. 식빵의 온도를 28℃까지 냉각한 후 포장하였다고 가정할 때 식빵에 미치는 영향으로 올바른 것은?

가. 노화가 일어나서 빨리 딱딱해진다.
나. 빵에 곰팡이가 쉽게 발생한다.
다. 빵의 모양이 찌그러지기 쉽다.
라. 식빵을 슬라이스하기 어렵다.

tip 식빵을 너무 오래 냉각시켜 포장하면 빵 속의 수분이 부족하여 노화가 빠르게 진행되고 빨리 딱딱해진다.

10 반죽 과정 중 탄력성이 약해지고 신전성이 최대가 되는 단계는?

가. 발전 단계
나. 최종 단계
다. 렛다운 단계
라. 브레이크다운 단계

tip 신전성이 최대가 되는 단계는 렛다운 단계로 빵은 납작한 빵으로 부풀림을 적게 하는 것으로 햄버거 빵과 잉글리시 머핀을 만들 때 여기까지 반죽한다.

11 발효의 목적이 아닌 것은?

가. 공정시간 단축
나. 풍미 향상
다. 반죽의 신장성 향상
라. 가스 보유력 증대

tip 발효의 목적과 공정시간 단축과는 관계가 없다.

12 냉동빵 반죽 시 흔히 사용하고 있는 제법으로 시스테인(Cystein)을 사용하는 제법은?

가. 스트레이트법
나. 스펀지법
다. 액체발효법
라. 노타임법

tip 액체발효법은 1차 발효 없이 빵을 만드는 방법으로 공정시간을 단축시키고자 시스테인과 아스코브산으로 글루텐 구조를 형성을 위해 산화·환원제를 사용하며, 대형공장에서 사용하는 제법이다.

13 냉장, 냉동, 해동, 2차발효를 프로그래밍에 의하여 자동적으로 조절하는 기계는?

가. 도우 컨디셔너(Dough Conditioner)

나. 믹서(Mixer)

다. 라운더(Rounder)

라. 오버헤드 프루퍼(Overhead Proofer)

tip 도우 컨디셔너는 냉장, 냉동, 해동을 프로그램에 입력하면 자동으로 조절이 가능한 기계이므로 필요에 따라 바로 빵을 구워낼 수 있다.

14 젤라틴에 대한 설명이 아닌 것은?

가. 순수한 젤라틴은 무취, 무미, 무색이다.

나. 해조류인 우뭇가사리에서 추출된다.

다. 끓는 물에만 용해되며 냉각되면 단단한 젤(Gel) 상태가 된다.

라. 설탕량이 많을 때면 젤 상태가 단단하나 산용액 중에서 가열하면 젤 능력이 줄거나 없어진다.

tip 해조류인 우뭇가사리에서 추출된 재료는 한천으로 주로 양갱제조에 많이 사용된다.

15 강력분의 특성으로 틀린 것은?

가. 중력분에 비해 단백질 함량이 높다.

나. 박력분에 비해 글루텐 함량이 적다.

다. 박력분에 비해 점탄성이 크다.

라. 경질소맥을 원료로 한다.

tip 강력분은 경질소맥으로 제분되며, 제분수율은 80% 초자질로 구성되어 있고 단백질 함량은 12~14% 정도이고 글루텐 함량이 높다.

16 시유의 탄수화물 중 함량이 가장 많은 것은?

가. 포도당

나. 과당

다. 맥아당

라. 유당

tip 시유는 시중에서 판매하는 우유를 뜻하는 것으로 탄수화물 중 유당이 가장 많다.

17 시유의 일반적인 수분과 고형질 함량은?

가. 물 68%, 고형질 38%

나. 물 75%, 고형질 25%

다. 물 88%, 고형질 12%

라. 물 95%, 고형질 5%

tip 우유(시유) 성분은 수분과 고형물로 나누며, 그 비율은 수분 88%, 고형물 12%이다.

18 다음 중 포화지방산을 가장 많이 함유하고 있는 식품은?

가. 올리브유

나. 버터

다. 콩기름

라. 홍화유

tip 포화지방산: 버터, 마가린
불포화지방산: 대두유, 올리브유 등

19 이스트의 기능이 아닌 것은?

가. 팽창 역할

나. 향 형성

다. 윤활 역할

라. 효소 공급

tip 윤활 역할은 유지와 관계가 있으며, 이스트의 기능과는 관계가 없다.

20 스트레이트법으로 일반 식빵을 만들 때 믹싱 후 반죽의 온도로 가장 이상적인 것은?

가. 20℃　　나. 27℃

다. 34℃　　라. 41℃

tip 하드 계열의 빵과 데시쉬류를 제외한 대부분의 빵 반죽온도는 27℃가 이상적이다.

21 빵류의 2차 발효실 상대습도는 품목에 따라 75~90%까지 다양하게 조정된다. 표준습도보다 낮을 때 일어나는 현상이 아닌 것은?

가. 반죽에 껍질 형성이 빠르게 일어난다.

나. 오븐에 넣었을 때 팽창이 저해된다.

다. 껍질색이 불균일하게 되기 쉽다.

라. 수포가 생기거나 질긴 껍질이 되기 쉽다.

tip 2차 발효에서 습도가 높을 때 일어나는 현상은 수포가 생기거나 질긴 껍질이 된다.

22 정형한 식빵 반죽을 팬에 넣을 때 이음매의 위치는?

가. 위　　나. 아래

다. 좌측　　라. 우측

tip 정형한 모든 반죽은 이음매가 벌어지지 않도록 팬의 아래쪽으로 가도록 넣는다.

23 유지를 제외한 전 재료를 넣는 믹싱의 단계는?

가. 픽업 단계(Pick Up Stage)

나. 클린업 단계(Clean Up Stage)

다. 발전 단계(Development Stage)

라. 최종 단계(Final Stage)

tip 전 재료를 넣고 반죽을 처음 시작하는 단계가 픽업단계이다.

24 다음 중 글레이즈(Glaze) 사용 시 적합한 것은?

가. 15℃　　나. 25℃

다. 35℃　　라. 45℃

tip 글레이즈 사용 시 온도는 45~49℃가 적정하다.

25 제빵에서 설탕의 기능으로 틀린 것은?

가. 이스트의 영양분이 됨

나. 껍질색을 나게 함

다. 향을 향상시킴

라. 노화를 촉진시킴

tip 설탕은 연화 재료로서 이스트의 에너지원으로 노화를 지연시킨다.

26 물의 기능이 아닌 것은?

가. 유화 작용을 한다.

나. 반죽 농도를 조절한다.

다. 소금 등의 재료를 분산시킨다.

라. 효소의 활성을 제공한다.

tip 빵 반죽에서 물은 중요한 요소이며, 결합제로 반죽의 되기 조절, 효소작용의 활성화, 재료를 분산시킨다.

27 반죽 개량제에 대한 설명 중 틀린 것은?

가. 반죽개량제는 빵의 품질과 기계성을 증가시킬 목적으로 첨가한다.

나. 반죽 개량제에는 산화제, 환원제, 반죽강화제, 노화지연제, 효소 등이 있다.

다. 산화제는 반죽의 구조를 강화시켜 제품의 부피를 증가시킨다.

라. 환원제는 반죽의 구조를 강화시켜 반죽시간을 증가시킨다.

tip 빵 케이크류에 첨가하여 품질을 개량시키는 것으로 반죽시간에는 영향이 없다.

28 발연점을 고려했을 때 튀김기름으로 가장 좋은 것은?

가. 낙화생유 나. 올리브유

다. 라드 라. 면실유

tip 낙화생유(땅콩기름) 150~160℃, 올리브유 180℃, 라드 190℃, 면실유 230~235℃

29 발효에 영향을 주는 요소로 볼 수 없는 것은?

가. 이스트의 양

나. 쇼트닝의 양

다. 온도

라. pH

tip 온도, 습도, 설탕, 소금, 이스트, pH 등은 발효에 영향을 받지만 유지는 관계가 없다.

30 다음 중 정형공정(Moulding)이 아닌 것은?

가. 밀어펴기 나. 말기

다. 팬에 넣기 라. 봉하기

tip 정형공정에서 만들어지면 이것을 다음 단계인 패닝 공정에 해당하는 팬에 넣는다.

31 반죽법에 대한 설명 중 적합하지 못한 것은?

가. 스펀지법은 반죽을 2번에 나누어 믹싱하는 방법으로 중종법이라고 한다.

나. 직접법은 스트레이트법이라고 하며, 전 재료를 한번에 넣고 반죽하는 방법이다.

다. 비상 반죽법은 제조시간을 단축할 목적으로 사용하는 반죽법이다.

라. 재반죽법은 직접법의 변형으로 스트레이트법의 장점을 이용한 방법이다.

tip 재반죽법은 스펀지반죽법의 장점을 이용한 것이다.

32 전란의 수분 함량은 몇 % 정도인가?

가. 30~35% 나. 50~53%

다. 72~75% 라. 92~95%

tip 달걀의 수분함량은 75~80%이며, 고형질 함량은 20~25% 정도이다.

33 생리기능의 조절작용을 하는 영양소는?

가. 탄수화물, 지방질

나. 탄수화물, 단백질

다. 지방질, 단백질

라. 무기질, 비타민

tip 무기질과 비타민은 소량이 필요하지만 생명과 건강을 유지하는 데 필수적인 영양소이다.

34 우유에서 제품의 껍질색을 진하게 하는 물질은?

가. 젖산　　나. 카세인

다. 무기질　　라. 유당

tip 제품을 오븐에서 구울 때 유당은 갈색을 만드는 성분을 갖고 있다.

35 달걀흰자의 고형분 함량은 약 몇 % 정도인가?

가. 12%　　나. 24%

다. 30%　　라. 40%

tip 달걀흰자는 수분이 88%, 고형분이 12%이다.

36 다음 유지 중 가소성이 가장 좋은 것은?

가. 버터

나. 식용유

다. 쇼트닝

라. 마가린

tip 가소성: 외력에 의해 변한 물체가 외력이 없어져도 원래의 형태로 돌아오지 않는 물질의 성질을 말하며 쇼트닝이 가소성이 가장 좋다.

37 다음 중 쇼트닝을 몇 % 정도 사용했을 때 빵 제품의 최대 부피를 얻을 수 있는가?

가. 2%　　나. 4%

다. 8%　　라. 12%

tip 쇼트닝은 식빵 등 일반적으로 사용되는 유지이며, 쇼트닝을 4% 정도 사용했을 때 최대 부피의 빵 제품을 얻을 수 있다.

38 제조현장에서 제빵용 이스트를 저장하는 현실적인 온도로 가장 적당한 것은?

가. −18℃ 이하　나. 1~5℃

다. 20℃　　라. 35℃ 이상

tip 이스트는 냉장온도에서 보관한다.

39 다음 중 발효시간을 단축시키는 물은?

가. 연수　　나. 경수

다. 염수　　라. 알칼리수

tip 조건이 같은 환경에서는 연수(단물)일 경우 발효시간을 단축시킬 수 있다.

40 자유수를 올바르게 설명한 것은?

가. 당류와 같은 용질에 작용하지 않는다.

나. 0℃ 이하에서도 얼지 않는다.

다. 정상적인 물보다 그 밀도가 크다.

라. 염류, 당류 등을 녹이고 용매로서 작용한다.

tip 빵 반죽에 넣는 물의 일부가 밀가루에 흡착하지 않고 유리된 상태로 남아있어 용매로서의 역할을 할 수 있는데 이것을 자유수라 한다.

41 제빵 시의 가수량, 믹싱 내구성, 믹싱 시간, 믹싱의 최적 시기를 판단하는 데 유용한 기계는?

가. 레오미터(Rheometer)

나. 익스텐소그래프(Extensograph)

다. 패리노그래프(Farinograph)

라. 아밀로그래프(Amylograph)

tip 패리노그래프: 밀가루의 흡수율 측정, 믹싱 시간 측정, 믹싱내구성을 측정하는 기계이다.

42 아스파탐은 감미료로 칼로리가 매우 낮고 감미도는 높다. 아스파탐의 구성 성분은?

가. 아미노산 나. 전분

다. 지방 라. 포도당

tip 곡류 가공품, 분말 청량음료, 탄산음료, 인스턴트커피 및 차 이외의 식품에 사용 불가한 아스파탐의 구성성분은 아미노산이다.

43 달걀흰자의 기포성과 안정성에 도움이 되는 재료가 아닌 것은?

가. 주석산크림

나. 레몬즙

다. 설탕

라. 버터

tip 흰자의 기포성과 안정성에 도움이 되는 재료: 주석산크림, 레몬즙, 식초, 과일즙, 소금

44 지방은 무엇이 축합되어 만들어지는가?

가. 지방산과 글리세롤

나. 지방산과 올레인산

다. 지방산과 리놀레인산

라. 지방산과 팔미틴산

tip 지방은 3대 영양소의 하나로 탄산, 수소, 산소로 구성되어 있다. 3분자의 지방산과 1분자의 글리세린이 결합되어 만들어진 에스테르

45 진한 껍질색의 빵에 대한 대책으로 적합하지 못한 것은?

가. 설탕, 우유 사용량 감소

나. 1차 발효 감소

다. 오븐 온도 감소

라. 2차 발효 습도 조절

tip 발효는 빵의 내상이나 향, 부피, 외부균형, 맛에 관계가 있고, 1차 발효 감소와 껍질색의 관계는 없다.

46 아밀로펙틴의 특성이 아닌 것은?

가. 요오드테스트를 하면 자주빛 붉은색을 띤다.

나. 노화되는 속도가 빠르다.

다. 곁사슬 구조이다.

라. 대부분의 천연전분은 아밀로펙틴 구성비가 높다.

tip 아밀로오스보다 분자량이 크고 요오드 용액에 적자색 반응을 나타내며, 노화가 늦게 된다.

47 연수를 사용했을 때 나타나는 현상이 아닌 것은?

가. 반죽의 점착성이 증가한다.

나. 가수량이 감소한다.

다. 오븐 스프링이 나쁘다.

라. 반죽의 탄력성이 강하다.

tip 연수를 사용했을 때 나타나는 현상이 아닌 것은 반죽의 탄력성이 약해진다.

48 물에 칼슘염과 마그네슘염이 일반적인 양보다 많이 녹아 있을 때의 물의 상태는?

가. 영구적 연수

나. 일시적 연수

다. 일시적 경수
라. 영구적 경수

tip 영구적 경수 - 칼슘염, 마그네슘염이 황산 이온과 결합되어 있다.

49 다음 중 지방분해 효소는?

가. 리파아제　　나. 프로테아제
다. 치마아제　　라. 말타아제

tip 리파아제: 지방을 분해하는 효소이다. 동물의 췌장에서 나오는 췌액에 많이 있고, 식물에서는 아주까리 종자에 많다

50 유당에 대한 설명으로 틀린 것은?

가. 우유에 함유된 당으로 입상형, 분말형, 미분말형 등이 있다.
나. 감미도는 설탕 100에 대하여 16 정도이다.
다. 환원당으로 아미노산의 존재 시 갈변반응을 일으킨다.
라. 포도당이나 자당에 비해 용해도가 높고 결정화가 느리다.

tip 유당은 물에 잘 녹지 않고 단맛이 적다.

정답

01 가	02 라	03 가	04 나	05 나	06 다	07 라	08 라	09 가	10 다
11 가	12 다	13 가	14 나	15 나	16 라	17 다	18 나	19 다	20 나
21 라	22 나	23 가	24 라	25 라	26 가	27 라	28 라	29 나	30 다
31 라	32 다	33 라	34 라	35 가	36 다	37 나	38 나	39 가	40 라
41 다	42 가	43 라	44 가	45 나	46 나	47 라	48 라	49 가	50 라

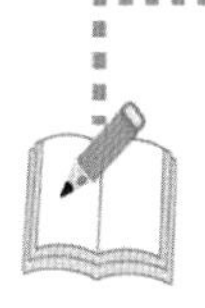

5회 제빵기능사 예상 문제풀이와 해설

01 다음 중 곰팡이 독이 아닌 것은?

가. 아플라톡신

나. 오크라톡신

다. 삭시톡신

라. 파튤린

tip 삭시톡신은 섭조개류의 섭취에서 나타나는 것으로 곰팡이 독과는 관계가 없다.

02 경구전염병의 예방대책 중 전염원에 대한 대책으로 바람직하지 않은 것은?

가. 환자를 조기 발견하여 격리 치료한다.

나. 환자가 발생하면 접촉자의 대변을 검사하고 보균자를 관리한다.

다. 일반 및 유흥음식점에서 일하는 사람들은 정기적인 건강검진이 필요하다.

라. 오염이 의심되는 물건은 어둡고 손이 닿지 않는 곳에 모아 둔다.

tip 경구 전염병 병원체인 미생물이 음식물, 주방기구, 손, 곤충 등을 통하여 입으로 인체에 들어와 감염을 일으킨다.

03 어패류에 오염이 되어서 걸리는 식중독은?

가. 병원성 대장균

나. 살모넬라균

다. 장염 비브리오균

라. 세레우스균

tip 여름에 위로 떠올라서 어패류를 오염시키고 이를 날로 먹은 사람이 감염된다.

04 보툴리누스균이 생성하는 독소는?

가. 테트로도톡신

나. 뉴로톡신

다. 엔테로톡신

라. 베르네톡신

tip 보툴리누스균은 지금까지의 독소 중 가장 강한 독성을 가진 것으로서 68%의 치사율을 나타내며, 연하곤란, 언어장애, 호흡곤란 등을 일으키며, 통조림식품에서 많이 발생한다.

05 세균의 형태학적 분류 명칭과 관계가 먼 것은?

가. 사상균　　나. 나선균

다. 간균 라. 구균

tip 세균의 형태학적 분류 → 구균, 간균, 나선균, 사상균 → 곰팡이

06 비병원성 미생물에 속하는 세균은?

가. 결핵균

나. 이질균

다. 젖산균

라. 살모넬라균

tip 결핵, 이질, 살모넬라는 전염병과 식중독을 일으키는 병원성 미생물이고, 젖산균은 비병원성 미생물에 속한다.

07 바이러스(Virus)에 의해 일어나는 질병은?

가. 유행성 감염

나. 브루셀라병

다. 발진티푸스

라. 탄저병

tip 바이러스에 의해 일어나는 질병은 유행성 간염과 급성회백수염, 폴리오, 홍역 등이 있다.

08 다음 중 병원체가 바이러스인 질병은?

가. 폴리오

나. 결핵

다. 디프테리아

라. 성홍열

tip 바이러스 → 폴리오, 급성회백수염, 홍역 등이 있다.

09 식품의 변질에 관여하는 요인이 아닌 것은?

가. pH 나. 압력

다. 수분 라. 산소

tip 미생물의 번식요인은 온도, 산소, 영양소, 수분, pH가 있다.

10 식품과 부패에 관여하는 주요 미생물의 연결이 옳지 않은 것은?

가. 육류－세균

나. 어패류－곰팡이

다. 통조림－포자형성세균

라. 곡류－곰팡이

tip 어패류의 부패에 관여하는 미생물은 세균이다.

11 단백질 식품이 미생물의 분해 작용에 의하여 형태, 색채, 경도, 맛 등의 본래의 성질을 잃고 악취를 발생하거나 독물을 생성하여 먹을 수 없게 되는 현상은?

가. 변패 나. 산패

다. 부패 라. 발효

tip 단백질 식품이 미생물의 분해 작용에 의하여 악취가 발생하거나 분해되는 현상을 부패라 한다.

12 다음 중 부패로 볼 수 없는 것은?

가. 육류의 변질

나. 달걀의 변질

다. 열에 의한 식용유의 변질

라. 어패류의 변질

tip 부패는 단백질을 주성분으로 하는 식품이 미생물의 혐기성 세균번식에 의해 분해를 일으키는 현상을 말하며, 식용유의 변질은 산패라 한다.

13 미생물 중에서 가장 작은 것은?

가. 곰팡이 나. 세균
다. 바이러스 라. 효모

tip 미생물 중에서 바이러스가 가장 작다.

14 파리의 전파와 관계가 먼 질병은?

가. 장티푸스
나. 콜레라
다. 이질
라. 진균독증

tip 파리에 의한 질병: 장티푸스, 콜레라, 이질, 파라티푸스

15 전염병 발생을 일으키는 3가지 조건이 아닌 것은?

가. 충분한 병원체
나. 숙주의 감수성
다. 예방접종
라. 감염될 수 있는 환경조건

tip 전염병 발생의 3대 요소: 병원체(병인), 환경조건, 인간(숙주)

16 예방접종을 통하여 예방할 수 없는 질병은?

가. 식중독
나. 소아마비
다. 장티푸스
라. 결핵

tip 식중독은 잘못된 음식물 섭취 때문에 발생한다.

17 100℃에서 가열해도 통조림 속에서 번식하는 식중독균은?

가. 보툴리누스균
나. 포도상구균
다. 병원성대장균
라. 장염 비브리오균

tip 보툴리누스균은 식품이 오염되어 생성한 독소가 원인이 되어 중독되며, 지금까지 알려진 독소 중에서 가장 독성이 강하다.

18 살모넬라 중독의 원인식품은?

가. 달걀
나. 과일류
다. 곡류
라. 채소류

tip 살모넬라는 세균성 감염형 식중독이며, 원인이 될 가능성이 큰 식품으로는 어육제품, 유제품, 날고기, 가금류, 달걀성분 등이 있다.

19 감자의 독성분이 가장 많이 들어 있는 것은?

가. 감자즙
나. 노란 부분
다. 겉껍질
라. 싹튼 부분

tip 감자에 함유된 독성물질인 솔라닌은 감자의 싹튼 부분에 가장 많이 들어있다.

20 감자의 싹이 튼 부분에 들어 있는 독소는?

가. 엔테로톡신
나. 삭카린나트륨
다. 솔라닌
라. 아미그달린

tip 감자 → 솔라닌, 엔테로톡신 → 포도상구균

21 다음 중 세균이 분비한 독소에 의해 감염을 일으키는 것은?

가. 감염형 세균성 식중독
나. 독소형 세균성 식중독
다. 화학성 식중독
라. 진균독 식중독

tip 독소형 세균성 식중독은 세균이 분비한 독소에 의해 감염된 것이다.

22 경구전염병의 예방법으로 가장 부적당한 것은?

가. 모든 식품은 일광 소독한다.
나. 감염원이나 오염물을 소독한다.
다. 보균자의 식품취급을 금한다.
라. 주위환경을 청결히 한다.

tip 장티푸스, 이질, 콜레라, 파라티푸스는 병원체가 입을 통해 소화기로 침입하여 일어나는 병이다.

23 엔테로톡신의 독소에 의해 식중독을 일으키는 균은?

가. 아리조나균
나. 프로테우스균
다. 장염 비브리오균
라. 포도상구균

tip 엔테로톡신은 포도상구균의 독소이며, 감염원은 화농성질환자에 의해서 일어난다.

24 다음 중 미나마타(Minamata)병을 발생시키는 것은?

가. 카드뮴(Cd)
나. 구리(Cu)
다. 수은(Hg)
라. 납(Pb)

tip 미나마타병은 수은 때문에 발병하는 병으로 신경장애와 언어장애가 발생한다.

25 식품의 부패에 관여하는 인자가 아닌 것은?

가. 대기압　　나. 온도
다. 습도　　라. 산소

tip 식품의 부패에 관여하는 인자는 온도, 산소, 습도, 열 또는 햇빛 등이다.

26 식중독균 중 잠복기가 가장 짧은 균은?

가. 포도상구균
나. 보툴리누스균
다. 장염 비브리오균
라. 살모넬라균

tip 식중독균 중 포도상구균 잠복기는 아주 짧다(평균 3시간).

27 결핵균의 병원체를 보유하는 주된 동물은?

가. 쥐　　나. 소
다. 말　　라. 돼지

tip 결핵균의 병원체를 보유한 동물은 소와 양이다.

28 조개류 등에 의한 식중독 원인 독소는?

가. 무스카린(Muscarine)

나. 베네루핀(Venerupin)

다. 솔라닌(Solanine)

라. 시트리닌(Citrinin)

tip 베네루핀은 모시조개, 바지락, 굴 등에 존재하는 유독 물질로 잠복기는 보통 1~2일 정도로서 초기 증상은 변비, 구토, 두통, 권태, 피하출혈에 의한 반점 등 치사율은 45~50%로 높다.

29 어패류에서 주로 감염되는 식중독균은?

가. 대장균

나. 살모넬라균

다. 장염 비브리오균

라. 리스테리아균

tip 장염 비브리오균 식중독은 여름철에 어류, 패류, 해조류 등에 부착해서 이들의 생식으로 인한 급성 장염을 일으킨다.

30 다음 중 포도상구균이 생산하는 독소는?

가. 솔라닌

나. 테트로도톡신

다. 엔테로톡신

라. 뉴로톡신

tip 뉴로톡신 → 보툴리누스균, 솔라닌 → 감자, 엔테로톡신 → 포도상구균, 테트로도톡신 → 복어

31 엔테로톡신의 독소에 의해 식중독을 일으키는 균은?

가. 아리조나균

나. 프로테우스균

다. 장염비브리오균

라. 포도상구균

tip 엔테로톡신: 포도상구균

32 다음 중 독소형 세균성 식중독의 원인균은?

가. 보툴리누스균

나. 살모넬라균

다. 장염비브리오균

라. 대장균

tip 독소형 식중독: 포도상구균, 보툴리누스
감염형 식중독: 살모넬라, 장염비브리오, 대장균

33 일반적으로 여름에 세균성 식중독이 많이 발생하는 가장 중요한 이유는?

가. 세균의 생육

나. 세균의 습도

다. 세균의 생육 영양원

라. 세균의 생육 온도

tip 세균성 식중독이 많이 발생하는 가장 중요한 이유는 생육온도이다.

34 다음 중 버섯중독의 원인 독소인 것은?

가. 무스카린(Muscarine)

나. 콜린(Choline)

다. 팔린(Phaline)

라. 시큐톡신(Cicutoxin)

tip 식물성 자연독 독버섯의 독소는 무스카린이다.

35 식품위생의 대상이 아닌 것은?

가. 식품

나. 첨가물

다. 조리방법

라. 기구와 용기, 포장

tip 식품위생의 대상에는 식품, 기구와 용기, 포장, 첨가물 등이 해당된다.

36 다음 경구전염병 중 원인균이 세균이 아닌 것은?

가. 이질　　나. 폴리오

다. 장티푸스　　라. 콜레라

tip 경구 전염병은 소량의 균이라도 숙주 체내에서 증식하여 발생하며, 폴리오는 관계가 없다.

37 자연독 식중독과 그 독성물질을 잘못 연결한 것은?

가. 무스카린 – 버섯중독

나. 베네루핀 – 모시조개중독

다. 솔라닌 – 맥각중독

라. 테트로도톡신 – 복어중독

tip 식중독과 독성물질: 솔라닌 → 감자의 독성분, 에르고톡신 → 맥각중독

38 화농성 질병이 있는 사람이 만든 제품을 먹고 식중독을 일으켰다면 가장 관계 깊은 원인균은?

가. 장염 비브리오균

나. 살모넬라균

다. 보툴리누스균

라. 포도상구균

tip 포도상구균의 원인균은 황색포도상 구균이다.

39 다음 중 경구 전염병이 아닌 것은?

가. 콜레라

나. 이질

다. 발진티푸스

라. 유행성 간염

tip 경구 전염병의 종류는 이질, 콜레라, 유행성 간염, 디프테리아, 성홍열 등이 있다.

40 위생동물은 식품자체의 피해와 인체에 대한 영향이 매우 크다. 다음 중 위생동물의 특성과 거리가 먼 것은?

가. 식성범위가 넓다.

나. 쥐, 진드기, 파리, 바퀴 등이 속한다.

다. 병원 미생물을 식품에 감염시키는 것도 있다.

라. 일반적으로 발육기간이 길다.

tip 위생동물의 특성은 식성범위가 넓고 병원 미생물을 식품에 감염시키며, 발육 기간이 짧고, 쥐, 진드기, 파리, 바퀴 등이 속한다.

41 화학물질에 의한 식중독의 원인이 아닌 것은?

가. 불량 첨가물

나. 농약

다. 테트로도톡신

라. 메탄올

tip 테트로도톡신은 복어의 식중독이다.

42 미생물의 감염을 감소시키기 위한 작업장 위생의 내용과 거리가 먼 것은?

가. 소독액으로 벽, 바닥, 천장을 세척한다.

나. 빵 상자, 수송차량, 매장 진열대는 항상 온도를 높게 관리한다.
다. 깨끗하고 뚜껑이 있는 재료 통을 사용한다.
라. 적절한 환기와 조명시설이 된 저장실에 재료를 보관한다.

tip 매장 진열대 온도는 제품의 종류에 따라 다르게 관리하나 대부분 낮게 한다.

43 다음 중 HACCP에 대한 설명 중 틀린 것은?

가. 식품위생의 수준을 향상시킬 수 있다.
나. 원료로부터 유통의 전 과정에 대한 관리이다.
다. 종합적인 위생관리 체계이다.
라. 사후 처리의 완벽을 추구한다.

tip HACCP은 식품위생, 안전성을 확보라는 예방적 차원의 식품위생관리 방식으로 사후처리와는 관계가 없다.

44 포도상구균에 의한 식중독 예방책으로 가장 부적당한 것은?

가. 조리장을 깨끗이 한다.
나. 섭취 전에 60℃ 정도로 가열한다.
다. 멸균된 기구를 사용한다.
라. 화농성 질환자의 조리업무를 금지한다.

tip 황색포도상구균이 생산한 장독소(Enterotoxin)는 100℃에서 30분간 가열하여도 파괴되지 않는다. 이 독소는 열에 매우 강하여 끓여도 파괴되지 않기 때문에 감염형 식중독과 달리 열처리한 식품을 섭취할 경우에도 식중독이 발생할 수 있다.

45 원인균이 내열성 포자를 형성하기 때문에 병든 가축의 사체를 처리할 경우 반드시 소각 처리하여야 할 인축공통 전염병은?

가. 돈단독
나. 결핵
다. 파상열
라. 탄저병

tip 탄저병은 토양에서 장시간 존재한다.

46 질병 발생의 3대 요소가 아닌 것은?

가. 병인
나. 환경
다. 숙주
라. 항생제

tip 질병 발생의 3대 요소는 병인, 환경, 숙주가 있다.

47 단백질을 많이 함유한 식품의 주된 변질현상은?

가. 부패
나. 발효
다. 산패
라. 갈변

tip 부패는 미생물이 분해 작용에 의해서 형태, 색, 맛을 완전히 잃어 먹을 수 없게 되는 현상을 말한다.

48 부패를 판정하는 방법으로 사람에 의한 관능검사를 실시할 때 검사하는 항목이 아닌 것은?

가. 색　　나. 맛
다. 냄새　　라. 균수

tip 관능검사란 사람의 오감에 의한 검사를 말한다.

49 미생물이 성장하는 데 필수적으로 필요한 요인이 아닌 것은?

가. 적당한 온도

나. 적당한 햇빛

다. 적당한 수분

라. 적당한 영양소

tip 미생물이 성장하는 데 햇빛과는 관계가 없다.

50 육류에 주로 기생하는 O-157은 다음 어느 세균류에 속하는가?

가. 대장균

나. 살모넬라균

다. 리스테리아균

라. 장염 비브리오균

tip 0-157은 대장균에 속한다.

정답

01 다	02 라	03 다	04 나	05 가	06 다	07 가	08 가	09 나	10 나
11 다	12 다	13 다	14 라	15 다	16 가	17 가	18 가	19 라	20 다
21 나	22 가	23 라	24 다	25 가	26 가	27 나	28 나	29 다	30 다
31 라	32 가	33 라	34 가	35 다	36 나	37 다	38 라	39 다	40 라
41 다	42 나	43 라	44 나	45 라	46 라	47 가	48 라	49 나	50 가

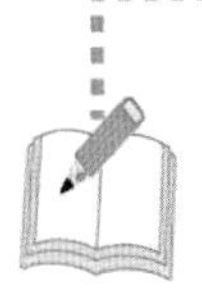

6회 제빵기능사 예상 문제풀이와 해설

01 다음 중 제1군 법정 전염병은?

가. 결핵
나. 디프테리아
다. 장티푸스
라. 말라리아

tip 전염속도가 빠르고 국민보건에 미치는 위해 요소가 높은 전염병
법정 전염병: 장티푸스, 콜레라, 페스트, 세균성이질, 장출혈성 대장균감염증제

02 포도상구균이 생산하는 독소는?

가. 솔라닌
나. 테트로도톡신
다. 엔테로톡신
라. 뉴로톡신

tip 화농성포도상구균 따위의 세균이 장이나 식품 속에서 번식하여 만드는 독소

03 다음 중 병원체가 바이러스인 질병은?

가. 폴리오
나. 결핵
다. 디프테리아
라. 성홍열

tip 병원체가 바이러스: 폴리오, 유행성간염, 홍역, 폴리오, 급성회백수염, 전염성설사증

04 쥐나 곤충류에 의해서 발생될 수 있는 식중독은?

가. 살모넬라 식중독
나. 클로스트리듐 보톨리늄 식중독
다. 포도상구균 식중독
라. 장염비브리오 식중독

tip 살모넬라감염증은 살모넬라라는 균에 감염된 상태를 말한다.

05 식자재의 교차오염을 예방하기 위한 보관방법으로 잘못된 것은?

가. 원재료와 완성품 구분하여 보관
나. 바닥과 벽으로부터 일정거리를 띄워 보관
다. 뚜껑이 있는 청결한 용기에 덮개를 덮어서 보관
라. 식자재와 비식자재를 함께 식품창고에 보관

tip 원재료와 완성품은 구분하여 보관하고, 바닥과 벽 일정한 거리를 띄워 보관한다. 또한 뚜껑이 있는 청결한 용기에 덮개를 덮어서 보관한다.

06 클로스트리듐 보톨리늄 식중독과 관련 있는 것은?

가. 화농성질환의 대표균

나. 저온살균 처리로 예방

다. 내열성포자형성

라. 감염형 식중독

tip 포자가 햄이나 소시지, 통조림 등 혐기성 조건하에 있는 식품 속에서 발아·증식하면 균체외 독소를 생성하며, 이것을 먹으면 매우 중증인 식중독(보툴리누스중독)을 일으킨다.

07 살균이 불충분한 육류 통조림으로 인해 식중독이 발생했을 경우 가장 관련이 깊은 식중독균은?

가. 살모넬라균

나. 시겔라균

다. 황색포도상구균

라. 보툴리누스균

tip 균의 포자가 햄이나 소시지 등의 통조림 등 혐기성 식품 속에서 발아·증식하면 균체외 독소를 생성하고, 먹으면 식중독(보툴리누스중독)을 일으킨다.

08 인수공통전염병에 대한 설명으로 틀린 것은?

가. 인간과 척추동물 사이에 전파되는 질병이다.

나. 인간과 척추동물이 같은 병원체에 의하여 발생되는 전염병이다.

다. 바이러스성 질병으로 발진열, Q열 등이 있다.

라. 세균성 질병으로 탄저, 브루셀라증, 살모넬라증 등이 있다.

tip 인수공통전염병은 사람과 동물이 같은 항체로 전염되는 전염병으로 탄저, 결핵, 블루셀라(파상열),야토병, 돈단독이 있다.

09 인수공통전염병으로만 짝지어진 것은?

가. 폴리오, 장티푸스

나. 탄저, 리스테리아증

다. 결핵, 유행성간염

라. 홍역, 브루셀라증

tip 인수공통전염병은 사람과 동물이 같은 항체로 전염되는 전염병으로 탄저, 결핵, 블루셀라(파상열), 야토병, 돈단독이 있다.

10 사람과 동물이 같은 병원체에 의하여 발생되는 전염병과 거리가 먼 것은?

가. 탄저병

나. 결핵

다. 동양모양선충

라. 브루셀라증

tip 인수공통전염병은 사람과 동물이 같은 항체로 전염되는 전염병이다.

11 부패에 영향을 미치는 요인에 대한 설명으로 맞는 것은?

가. 중온균의 발육적온은 46~60℃

나. 효모의 생육최적 pH는 10 이상

다. 결합수의 함량이 많을수록 부패가 촉진

라. 식품성분의 조직상태 및 식품

의 저장환경

tip 부패는 세균이 번식하기 쉬운 조건에서 일어남. 적당한 온도와 수분의 존재이다. 가장 적당한 온도는 20~40℃이며, 여름철에 부패가 쉽게 일어난다.

12 복어의 독소 성분은?

가. 엔테로톡신(Enterotoxin)

나. 테트로도톡신(Tetrodotoxin)

다. 무스카린(Muscarine)

라. 솔라닌(Solanine)

tip 복어독을 정제하여 결정화한 것을 테트로도톡신(Tetrodotoxin)이라 함. 복어독이 반응하면 구토가 나타나고 중증인 경우는 혈관운동 신경의 마비 및 혈압강하 생명이 위험할 수 있음.

13 다음 중 독소형 세균성 식중독의 원인균은?

가. 황색포도상구균

나. 살모넬라균

다. 장염비브리오균

라. 대장균

tip 독소형: 포도상구균, 보툴리누스
감염형: 살모렐라, 병원성대장균, 장염비브리오균등

14 법정 전염병 중 전파속도가 빠르고 국민건강에 미치는 위해 정도가 커서 발생 즉시 방역대책을 수립해야 하는 전염병은?

가. 제1군전염병

나. 제2군전염병

다. 제3군전염병

라. 제4군전염병

tip 1군전염병: 장티푸스, 콜레라, 페스트 등

15 손에 화농성 염증이 있는 조리자가 만든 김밥을 먹고 감염될 수 있는 식중독은?

가. 비브리오 패혈증

나. 살모넬라 식중독

다. 보툴리누스 식중독

라. 황색포도상구균 식중독

tip 화농성포도상구균은 세균이 장이나 식품 속에서 번식하여 만드는 독소열에 강하여 독소는 120℃ 이상에서도 사멸하지 않는다.

16 다음 중 독버섯 독성분은?

가. 솔라닌(Solanine)

나. 에르고톡신(Ergotoxin)

다. 무스카린(Muscarine)

라. 베네루핀(Venerupin)

tip 솔라닌 → 감자독소, 에르고톡신 → 맥각독, 무스카린 → 독버섯, 베네루핀 → 모시조개, 굴, 바지락

17 다음 중 곰팡이가 생존하기에 가장 어려운 서식처는?

가. 물

나. 곡류 식품

다. 두류식품

라. 토양

tip 곰팡이 생존에 가장 적합한 온도는 30℃ 정도

18 장티푸스에 대한 일반적인 설명으로 잘못된 것은?

가. 잠복기간은 7~14일이다.

나. 사망률은 10~20%이다.

다. 앓고 난 뒤 강한 면역이 생긴다.

라. 예방할 수 있는 백신은 개발되어 있지 않다.

tip 잠복기; 7~14일(3~30일) 발열, 병감, 식욕부진, 근육통, 두통 및 복통이 2~3일에 걸쳐 서서히 시작되며 현재 백신이 개발되어 있다.

19 제1종 전염병으로 소화기계 전염병인 것은?

가. 결핵

나. 화농성피부염

다. 장티푸스

라. 독감

tip 소화기계전염병: 장티푸스, 콜레라, 세균성이질, 대장균 O157, 폴리오, 파라티푸스

20 살모넬라 식중독의 예방대책으로 틀린 것은?

가. 조리된 식품을 냉장고에 장기 보관한다.

나. 음식물을 철저히 가열하여 섭취한다.

다. 개인위생 관리를 철저히 한다.

라. 유해동물과 해충을 방제한다.

tip 개인위생관리 철저히 하며, 유해 해충방제 음식물은 가열하여 섭취한다

21 다음의 식중독 원인균 중 원인식품과의 연결이 잘못된 것은?

가. 장염비브리오균 – 감자

나. 살모넬라균 – 달걀

다. 캠필로박터 – 닭고기

라. 포도상구균 – 도시락

tip 장염비브리오균은 어패류에서 발생되는 감염형식중독

22 식기나 기구의 오용으로 구토, 경련, 설사, 골연화증의 증상을 일으키며, '이타이이타이병'의 원인이 되는 유해성 금속 물질은?

가. 비소(As) 나. 아연(Zn)

다. 카드뮴(cd) 라. 수은(Hg)

tip 카드뮴 중독증상–이타이이타이병: 광산의 폐수에 함유되어 있던 카드뮴에 중독된 것

23 전파속도가 빠르고 국민건강에 미치는 위해 정도가 너무 커서 발생 또는 유행 즉시 방역 대책을 수립하여야 하는 전염병은?

가. 제1군전염병

나. 제2군전염병

다. 제3군전염병

라. 제4군전염병

tip 세균이나 바이러스 등에 의해 발생하는 감염증은 사람과 사람사이에 전파되거나, 먹는 물 등을 통해서 주변사람들에게 빠르게 전파될 수 있다.

24 보툴리누스 식중독균이 생성하는 독소는?

가. 엔테로톡신

나. 엔도톡신

다. 뉴로톡신

라. 테트로도톡신

tip 보툴리눔 식중독의 독소–뉴로톡신이며, 잠복기는 36시간으로 호흡장애 마비증상을 일으킨다.

25 우리나라 식중독 월별 발생 상황 중 환자의 수가 92% 이상을 차지하는 계절은?

가. 1~2월 나. 3~4월
다. 5~9월 라. 10~12월

tip 하절기(여름) 식품부패지수가 높아 식중독 발병확률이 높다.

26 식품취급에서 교차오염을 예방하기 위한 행위 중 옳지 않은 것은?

가. 칼, 도마를 식품별로 구분하여 사용한다.
나. 고무장갑을 일관성 있게 하루에 하나씩 사용한다.
다. 조리 전의 육류와 채소류는 접촉되지 않도록 구분한다.
라. 위생복을 식품용과 청소용으로 구분하여 사용한다.

tip 교차오염방지로 육류, 채소와 구분해서 도마 및 칼을 사용하며, 항상 청결한 환경 및 개인위생을 지킨다.

27 다음 중 발병 시 전염성이 가장 낮은 것은?

가. 콜레라 나. 장티푸스
다. 납중독 라. 폴리오

tip 법정전염병으로 관리되고 있는 항목은 전염성이 강하며, 납중독은 화학성 식중독으로 전염력은 약하다.

28 보존료의 이상적인 조건과 거리가 먼 것은?

가. 독성이 없거나 매우 적을 것
나. 저렴한 가격일 것
다. 사용방법이 간편할 것
라. 다량으로 효력이 있을 것

tip 식품의 보존성을 높이기 위해 첨가하는 화학물질이다.

29 화농성 질병이 있는 사람이 만든 제품을 먹고 식중독을 일으켰다면 가장 관계가 깊은 원인균은?

가. 장염비브리오균
나. 살모넬라균
다. 보툴리누스균
라. 황색포도상구균

tip 화농성포도상구균 따위의 세균이 장이나 식품 속에서 번식하여 만드는 독소

30 식품 등의 표시기준을 수록한 공전을 작성, 보급하여야 하는 자는?

가. 식품의약품안전처장
나. 보건소장
다. 시, 도지사
라 식품위생감시원

tip 식품첨가물의 기준 및 규격을 기록해 놓은 것을 공전이라 하고, 이는 식품의약품안전처장이 정한다.

31 식품위생법상 수입식품 검사의 종류가 아닌 것은?

가. 서류검사
나. 관능검사
다. 정밀검사
라. 종합검사

tip 식품위생법상 수입식품 검사의 종류에는 서류검사, 관능검사, 정밀검사가 있다.

tip 식품위생법상 식품을 검사할 목적으로는 무상 수거를 할 수 있다.

32 식품위생법상 허위표시, 과대광고, 비방광고 및 과대포장의 범위에 해당하지 않는 것은?

가. 허가 · 신고 또는 보고한 사항이나 수입 신고한 사항과 다른 내용의 표시 · 광고

나. 제조방법에 관하여 연구하거나 발견한 사실로서 식품학 · 영양학 등의 분야에서 공인된 사항의 표시

다. 제품의 원재료 또는 성분과 다른 내용의 표시 · 광고

라. 제조연월일 또는 유통기한을 표시함에 있어서 사실과 다른 내용의 표시 · 광고

tip 제조방법에 관한 표시, 연월일을 명시하는 표시·광고는 허위표시 및 과대광고에 해당되지 않는다.

33 식품위생 법규상 무상수거 대상 식품은?

가. 도 · 소매업소에서 판매하는 식품 등을 시험검사용으로 수거할 때

나. 식품 등의 기준 및 규격 제정을 위한 참고용으로 수거할 때

다. 식품 등을 검사할 목적으로 수거할 때

라. 식품 등의 기준 및 규격 개정을 위한 참고용으로 수거할 때

34 HACCP 실시단계 7원칙에 해당되지 않는 것은?

가. 위해 요소 분석

나. HACCP 팀 구성

다. 한계기준설정

라. 기록유지 및 문서 관리

tip HACCP 실시단계 7가지 원칙: 위해분석, 중요관리점 설정, 허용한계기준 설정, 모니터링 방법의 결정, 시정조치의 결정, 검증 방법의 설정, 기록 유지

35 다음 중 HACCP에 대한 설명 중 틀린 것은?

가. 식품위생의 수준을 향상 시킬 수 있다.

나. 원료로부터 유통의 전 과정에 대한 관리이다.

다. 종합적인 위생관리 체계이다.

라. 사후 처리의 완벽을 추구한다.

tip HACCP은 위해요소 중점관리 제도를 의미하며, 식품위생, 안전성을 확보라는 예방적 차원의 식품위생관리 방식이다.

36 다음에서 HACCP의 제2절차 중 제품(원재료 포함)에 관한 기술 내용으로 부적합한 것은?

가. 제품의 사용방법

나. 제품의 성분조성

다. 물리적/화학적 특성

라. 미생물학적 처리

tip 재품(원재료 포함)에 대한 기술: 제품에 대한 명칭 및 종류, 원재료, 특성, 포장형 등을 분류한다.

37 위해요소의 예방, 제거 및 감소를 위해 엄정한 관리가 요구되는 단계를 무엇이라 하는가?

가. GMP　나. HA
다. CCP　라. HACCP

tip CCP(Critical Control Point 중요관리지점): 위해 요소의 예방, 제거 및 감소를 위해 엄정한 관리가 요구되는 공정이나 단계를 말한다.

38 다음 중에서 HACCP의 실천단계로 부적합한 것은?

가. 검증방법 설정
나. CCP의 설정
다. 위해분석
라. 한계기준 설정

tip HACCP의 실천단계(7원칙): ① 위해 요소 분석, ② CCP(중요관리지점) 설정, ③ CCP(중요관리지점) 한계 기준 설정 ④ CCP(중요관리지점) 모니터링 방법 설정, ⑤ 개선 조치 설정, ⑥ 검증 방법 설정, ⑦ 기록 및 문서 관리

39 식품위해요소 중점관리기준(HACCP)은 누가 고시하는가?

가. 보건복지부장관
나. 국립보건원장
다. 식품의약품안전처장
라. 국립검역소장

tip 식품위해요소 중점관리기준(HACCP)은 식품의약품안전처장이 고시한다.

40 식품위해요소 중점관리기준(HACCP)에 대한 설명 중 가장 거리가 먼 것은?

가. 안전성 확보의 예방적 차원의 관리이다.
나. 원료 생산부터 최종제품 생산에 대한 관리이다.
다. 저장 및 유통 단계까지 관리이다.
라. 소비자의 식습관과 만족도까지 관리한다.

tip HACCP는 식품의 원료, 생산과정과 유통의 전 과정을 관리하며, 최종 소비자가 먹기 전까지 관리함으로써 식품의 안정성을 보증한다.

41 개인 위생관리에 해당하지 않는 것은?

가. 조리 종사자의 건강진단은 1년에 한 번씩 실시하고 보건증을 반드시 보관한다.
나. 개인 위생관리에는 건강관리, 복장 관리, 행동 관리가 해당된다.
다. 건강에 대한 아무런 자각 증상과 질병이 없으면 건강진단은 필요 없으며 보건증을 재확인하지 않아도 된다.
라. 사람의 피부 온도는 미생물 생육에 적합하며 모든 분비물은 미생물에게 필요한 영양분을 제공하고 있다.

tip 개인위생에는 건강에 아픈 증상이 없어도 건강진단은 필수며, 보건증은 반드시 보관한다.

42 조리 업무를 함에 있어서 위생 관리

기준에 적합하지 않은 사항은?

가. 조리복, 조리모, 앞치마, 조리 안전화 착용, 두발, 손톱, 손등, 신체 청결 유지에 신경 써야 한다.

나. 작업 시 위생습관에 유의 하며, 근무 중의 흡연, 음주, 취식 등에 대한 수칙을 반드시 지켜야 한다.

다. 위생 습관은 작업장에 따라 다르므로, 소규모 작업장에서는 건강진단서나 보건증을 요구할 수는 없다.

라. 위생관련 법규에 따라 질병, 건강 검진등 건강 상태 관리 및 보고는 필수 사항이다.

tip 식품위생법상 조리업무에 근무하는 자는 반드시 건강진단을 받고 보건증을 보관하고 요구 시 제시하여야 한다.

43 **개인위생 점검 일지 항목에 적합하지 않는 내용은?**

가. 점검자, 점검 날짜

나. 점검 장소명, 평가 방법

다. 개선 조치 사항

라. 청소도구 관리 구입 날짜

tip 개인위생 점검일지에 청소도구 관리 구입날짜는 항목에 필요하지 않다.

44 **다음 중 식품위생 행정의 목적인 것은?**

가. 식품위생의 위해 방지

나. 식품의 판매 촉진

다. 식품포장의 간편화

라. 식품의 안전한 유통

tip 식품위생 행정의 목적: 국민보건의 증진에 이바지함을 목적으로 상품으로 인한 위생상의 위해를 방지, 식품영양의 질적 향상을 도모한다.

45 **경구전염병과 비교할 때 세균성 식중독의 특징은?**

가. 2차 감염이 잘 일어난다.

나. 경구전염병보다 잠복기가 길다.

다. 발병 후 면역이 매우 잘 생긴다.

라. 많은 양의 균으로 발병한다.

tip 세균성 식중독이 경구전염병보다 많은 양의 균으로도 감염된다.

46 **탄저, 브루셀라증과 같이 사람과 가축의 양쪽에 이환되는 전염병은?**

가. 법정전염병

나. 경구전염병

다. 인축공통전염병

라. 급성전염병

tip 인·축공통전염병 → 사람과 가축이 같은 병원체에 의해 발생하는 전염병

47 **인축공통전염병인 것은?**

가. 탄저병　　나. 콜레라

다. 이질　　라. 장티푸스

tip 소화기계 전염병 → 장티푸스, 콜레라, 이질
인수공통전염병 → 탄저병

48 **산양, 양, 돼지, 소에게 감염되면 유산을 일으키고, 인체 감염 시 고열이 주기적으로 일어나는 인수공통**

전염병은?

가. 광우병
나. 공수병
다. 파상열
라. 신증후군출혈열

tip 파상열(브루셀라증)–주기적으로 고열이 일어난다.

49 **동물에게 유산을 일으키며 사람에게는 열병을 나타내는 인수공통전염병은?**

가. 탄저병
나. 리스테리아증
다. 돈단독
라. 브루셀라증

tip 브루셀라증은 소, 돼지, 동물의 젖이나 고기를 거쳐 경구 감염된다(파상열).

50 **생유를 먹었을 때 발생할 수 있는 인축 공통 전염병이 아닌 것은?**

가. 파상열　　나. 결핵
다. Q–열　　라. 야토병

tip 야토병은 토끼나 다람쥐의 고기를 다룰 때 감염된다.

정답

01 다	02 다	03 가	04 가	05 라	06 다	07 라	08 다	09 나	10 다
11 라	12 나	13 가	14 가	15 라	16 다	17 가	18 라	19 다	20 가
21 가	22 다	23 가	24 다	25 다	26 나	27 다	28 라	29 라	30 가
31 라	32 나	33 다	34 나	35 라	36 가	37 다	38 가	39 다	40 라
41 다	42 다	43 라	44 가	45 라	46 다	47 가	48 다	49 라	50 라

7회 제빵기능사 예상 문제풀이와 해설

01 **총원가는 어떻게 구성되는가?**

가. 제조원가 + 판매비 + 일반관리비
나. 직접재료비 + 직접노무비 + 판메비
다. 제조원가 + 이익
라. 직접원가 + 일반관리비

tip 총원가 계산은 제조원가와 판매비, 일반관리비가 포함된다.

02 **일반적인 제빵 작업장의 기준으로 맞지 않는 것은?**

가. 조명은 50Lux 이하가 좋다.
나. 방충, 방서용 금속망은 30메시가 적당하다.
다. 벽면은 매끄럽고 청소하기가 편리해야 한다.
라. 창의 면적은 바닥면적을 기준하여 30%가 좋다.

tip 제빵 작업장의 조명은 50Lux 이상이 좋다.

03 **다음 중에서 조도 한계가 70~150Lux 범위에서 작업해야 하는 공정은?**

가. 포장 나. 굽기
다. 성형 라. 발효

tip 조도한계 발효 → 30~70Lux 굽기 → 70~150Lux 계량, 반죽, 성형 → 150~300Lux 포장 마무리 작업 → 300~700Lux

04 **다음 중에서 제빵 공정상의 조도 기준에서 수작업 및 마무리 작업에 적합한 것은?**

가. 50Lux
나. 100Lux
다. 200Lux
라. 500Lux

tip 포장 마무리 작업 → 300~700Lux

05 **작업장의 방충, 방서용 금서방의 그물로 적당한 크기는?**

가. 5mesh 나. 15mesh
다. 20mesh 라. 30mesh

tip 작업장의 방충, 방서를 위해서 사용하는 그물은 30mesh 정도의 금속망

06 기업 활동의 구성요소로서 2차 관리에 들지 않는 것은?

가. 방법(Method)

나. 기계(Machine)

다. 시장(Market)

라. 재료(Material)

tip • 1차 관리: 재료, 사람, 자금
• 2차 관리: 방법, 기계, 시장

07 기업 경영의 3요소(3M)가 아닌 것은?

가. 사람(Man)

나. 방법(Method)

다. 자본(Money)

라. 재료(Material)

tip 기업 경영의 3대 요소(3M): 사람(Man), 재료(Material), 자본(Money)

08 제빵 공장에서 3명의 작업자가 10시간에 식빵 400개, 케이크 50개, 모카빵 200개를 만들고 있다. 1시간에 직원 1인에게 지급되는 비용이 1,000원이라 할 때, 평균적으로 제품의 개당 노무비는 약 얼마인가?

가. 약 46원　　나. 약 54원

다. 약 60원　　라. 약 73원

tip (3명 × 10시간 × 1,000원) ÷ (400개 + 50개 + 200개) = 46.15원

09 인건비를 생산가치로 나눈 것은 무엇인가?

가. 노동 분배율

나. 생산가치율

다. 가치적 생산성

라. 물량적 생산성

tip 인건비를 생산가치로 나눈 것은 노동 분배율로 (인건비/부가가치) × 100

10 생산관리의 기능이 아닌 것은?

가. 품질보증기능

나. 적시적량기능

다. 원가조절기능

라. 시장개척기능

tip 생산관리에서 시장개척기능은 필요하지 않다. 이것은 영업 관리에 들어간다.

11 원가에 대한 설명 중 틀린 것은?

가. 직접원가는 기초원가에 직접경비를 포함한다.

나. 총원가는 제조원가에 판매비용을 제외한 일반관리비를 포함한다.

다. 기초원가는 직접 노무비, 직접 재료비를 말한다.

라. 제조원가는 간접비를 포함한 것으로 보통 제품의 원가라고 한다.

tip 총원가는 제조원가 + 판매비 + 일반관리비를 포함한다.

12 제품의 판매가격은 어떻게 결정하는가?

가. 총원가 + 이익

나. 제조원가 + 이익

다. 직접재료비 + 직접경비

라. 직접경비 + 이익

tip 제품의 판매가격 측정은 총원가에 이익을 더하여 결정한다.

13 **제품을 생산하는 데 생산 원가요소는?**

가. 재료비, 노무비, 경비
나. 재료비, 용역비, 감가상각비
다. 판매비, 노동비, 월급
라. 광열비, 월급, 생산비

tip 생산원가는 재료비, 노무비, 경비가 포함된다.

14 **노무비를 절감하는 방법으로 바람직하지 않은 것은?**

가. 표준화
나. 단순화
다. 설비휴무
라. 공정 시간단축

tip 제조방법을 단순화, 표준화, 생산소요시간, 공정시간 단축하고, 생산기술 측면에 제조방법을 개선하고 향상시킨다.

15 **원가의 절감방법이 아닌 것은?**

가. 구매 관리를 엄격히 한다.
나. 제조 공정 설계를 최적으로 한다.
다. 창고의 재고를 최대로 한다.
라. 불량률을 최소화한다.

tip 창고의 재고를 최저로 줄여야 한다.

16 **제과·제빵 공정상 작업 내용에 따라 조도 기준을 달리한다면 표준조도를 가장 높게 하여야 할 작업내용은?**

가. 마무리 작업
나. 계량, 반죽 작업
다. 굽기, 포장 작업
라. 발효 작업

tip 제품의 마무리 작업은 매우 중요하므로 최대한 밝게 한다.

17 **제품의 생산원가를 계산하는 목적에 해당하지 않는 것은?**

가. 원부재료 관리
나. 설비 보수
다. 판매가격 결정
라. 이익 계산

tip 제품의 생산원가를 계산하는 데 설비보수비용은 해당되지 않는다.

18 **주방의 설계와 시공 시 조치사항으로 잘못된 것은?**

가. 환기장치는 대형보다 소형으로 여러 개가 효과적이다.
나. 주방 내의 천장은 낮을수록 좋다.
다. 항상 청결을 유지해야 한다.
라. 냉장고와 발열 기구는 가능한 멀리 배치한다.

tip 주방 내의 천장이 낮으면 소음과 공기의 흐름이 좋지 않아 환기가 안 된다.

19 **오븐의 생산능력은 무엇으로 계산하는가?**

가. 소모되는 전력량
나. 오븐의 크기
다. 오븐의 단열정도
라. 오븐 내 매입 철판 수

tip 오븐의 생산능력은 오븐 내 매입 철판 수에 의해 결정된다.

20 **제빵 공정의 4대 중요 관리항목에**

속하지 않는 것은?

가. 시간관리

나. 온도관리

다. 공정관리

라. 영양관리

tip 제빵 공정과정에서 영양관리는 하지 않는다.

21 양과자 공장에서 원재료비를 줄이고자 하는 방법에 포함되지 않는 것은?

가. 인원관리

나. 구매관리

다. 손실관리

라. 품질관리

tip 생산 공장에서 인원관리는 노무비에 들어가며, 원재료비와는 관계가 없다.

22 제과, 제빵공장에서 생산 관리하는데 매일 점검할 사항이 아닌 것은?

가. 제품당 평균 단가

나. 설비 가동율

다. 원재료율

라. 출근률

tip 제품당 평균 단가는 매일 점검할 사항이 아니며, 제품을 생산하여 산출한다.

23 다음 중 총원가에 포함되지 않는 것은?

가. 제조설비의 감가상각비

나. 매출원가

다. 직원의 급료

라. 판매이익

tip 총원가는 감가상각비 매출원가 급료 등이며, 판매하여 얻은 이익금은 총수입금에 해당된다.

24 공장 설비 중 제품의 생산능력은 어떤 설비가 가장 중요한 기준이 되는가?

가. 오븐 나. 발효기

다. 믹서 라. 작업 테이블

tip 제품의 생산 능력을 높이는 데 중요한 기준은 얼마나 구워낼 수 있는지를 알아야 한다.

25 생산공장 시설의 효율적 배치에 대한 설명 중 적합하지 않은 것은?

가. 작업용 바닥면적은 그 장소를 이용하는 사람들의 수에 따라 달라진다.

나. 판매장소와 공장의 면적배분(판매 3: 공장 1)의 비율로 구성되는 것이 바람직하다.

다. 공장의 소요면적은 주방설비의 설치면적과 기술자의 작업을 위한 공간면적으로 이루어진다.

라. 공장의 모든 업무가 효과적으로 진행되기 위한 기본은 주방의 위치와 규모에 대한 설계이다.

tip 판매장소와 공장의 면적배분은 2:1 비율이 적정하다.

26 다음 중 제품의 가치에 속하지 않는 것은?

가. 교환가치

나. 귀중가치

다. 사용가치

라. 재고가치

tip 재고는 비용과 같기 때문에 남기면 영업이익을 올릴 수 없어 제품의 가치에 포함되지 않는다.

27 1인당 생산가치는 생산 가치(부가가치)를 무엇으로 나누어 계산하는가?

가. 인원수　　나. 시간
다. 임금　　라. 원재료비

tip 1인당 생산 가치(부가가치) = 생산가치(부가가치)/인원수

28 원가관리 개념에서 식품을 저장하고자 할 때 저장 온도로 부적합한 것은?

가. 상온식품은 15~20℃에서 저장한다.
나. 보냉식품은 10~15℃에서 저장한다.
다. 냉장식품은 5℃ 전후에서 저장한다.
라. 냉동식품은 -40℃이하로 저장한다.

tip 냉동식품은 보통 -18℃ 온도에서 보관하고 급속냉동은 -40℃에서 한다.

29 다음 중 생산관리의 목표는?

가. 재고, 출고, 판매의 관리
나. 재고, 납기, 출고의 관리
다. 납기, 재고, 품질의 관리
라. 납기, 원가, 품질의 관리

tip 생산관리에서 목표는 납기관리, 원가관리, 품질관리, 생산량관리가 있다.

30 제과 제빵 생산관리자가 생산 담당자에게 당일 작업을 배분하여 지시할 때 꼭 필요하지 않은 것은?

가. 생산량과 공정표
나. 품목과 배합률
다. 원가 계산서
라. 시간 계획서

tip 작업 배분 시 필요한 것은 생산량과 공정표, 품목과 배합률, 시간 계획서이며, 원가 계산서는 제품을 생산하기 전 작성해 놓는다.

정답

01 가	02 가	03 나	04 라	05 라	06 라	07 나	08 가	09 가	10 라
11 나	12 가	13 가	14 다	15 다	16 가	17 나	18 나	19 라	20 라
21 가	22 가	23 라	24 가	25 나	26 라	27 가	28 라	29 라	30 다

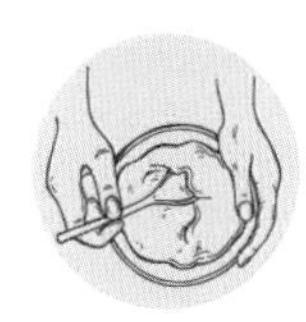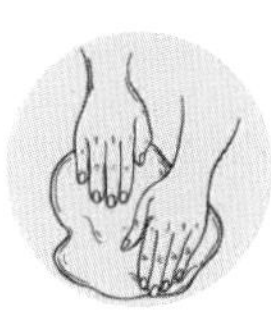

제과 · 제빵기능사 필기 최근 기출 문제

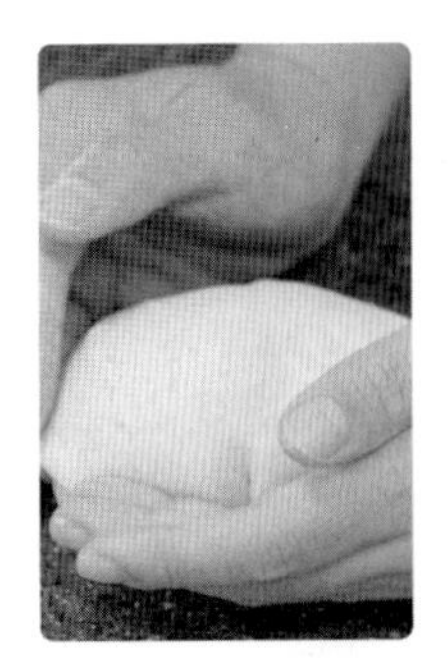

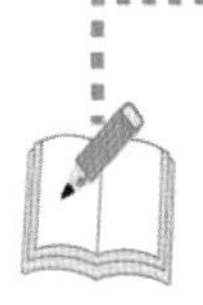

1회 제과 · 제빵기능사 필기 최근 기출문제

01 파운드케이크를 패닝할 때 밑면의 껍질 형성을 방지하기 위한 팬으로 가장 적합한 것은?

가. 일반팬 나. 이중팬
다. 은박팬 라. 종이팬

02 반죽형 케이크의 특성에 해당되지 않는 것은?

가. 일반적으로 밀가루가 달걀보다 많이 사용된다.
나. 많은 양의 유지를 사용한다.
다. 화학 팽창제에 의해 부피를 형성한다.
라. 해면 같은 조직으로 입에서의 감촉이 좋다.

03 반죽형 쿠키의 굽기 과정에서 퍼짐성이 나쁠 때 퍼짐성을 좋게 하기 위해서 사용할 수 있는 방법은?

가. 입자가 굵은 설탕을 많이 사용한다.
나. 반죽을 오래 한다.
다. 오븐의 온도를 높인다.
라. 설탕의 양을 줄인다.

04 파이를 만들 때 충전물이 흘러나왔을 경우 그 원인이 아닌 것은?

가. 충전물 양이 너무 많다.
나. 충전물에 설탕이 부족하다.
다. 껍질에 구멍을 뚫어 놓지 않았다.
라. 오븐 온도가 낮다.

05 먼저 밀가루와 유지를 넣고 믹싱하여 유지에 의해 밀가루가 피복되도록 한 후 나머지 재료를 투입하는 방법으로 유연감을 우선으로 하는 제품에 사용되는 반죽법은?

가. 1단계법 나. 별립법
다. 블렌딩법 라. 크림법

06 좋은 튀김기름의 조건이 아닌 것은?

가. 천연의 항산화제가 있다.
나. 발연점이 높다.

다. 수분이 10% 정도이다.

라. 저장성과 안정성이 높다.

07 파이를 냉장고에 휴지시키는 이유와 가장 거리가 먼 것은?

가. 전 재료의 수화 기회를 준다.

나. 유지와 반죽의 굳은 정도를 같게 한다.

다. 반죽을 경화 및 긴장시킨다.

라. 끈적거림을 방지하여 작업성을 좋게 한다.

08 반죽의 비중과 관련이 없는 것은?

가. 완제품의 조직

나. 기공의 크기

다. 완제품의 부피

라. 팬 용적

09 제빵 공장에서 5인이 8시간 동안 옥수수식빵 500개, 바게트빵 550개를 만들었다. 개당 제품의 노무비는 얼마인가? (단, 시간당 노무비는 4,000원이다.)

가. 132원　　나. 142원

다. 152원　　라. 162원

10 반죽온도가 정상보다 낮을 때 나타나는 제품의 결과로 틀린 것은?

가. 부피가 작다.

나. 큰 기포가 형성된다.

다. 기공이 조밀하다.

라. 오븐에 굽는 시간이 약간 길다.

11 컵에 반죽을 담았을 때 90g, 물을 담았을 때 110g이었다. 이때 컵 무게가 40g이었다면 반죽의 비중은?

가. 0.6　　나. 0.7

다. 0.8　　라. 0.9

12 카스타드 푸딩을 컵에 채워 몇 도의 오븐에서 중탕으로 굽는 것이 가장 적당한가?

가. 160 ~ 170℃

나. 190 ~ 200℃

다. 210 ~ 220℃

라. 230 ~ 240℃

13 제과용 포장재로 적합하지 않은 것은?

가. P.E(Polt Ethylene)

나. O.P.P(Oriented Poly Propylene)

다. P.P(Polt Propylene)

라. 흰색의 형광 종이

14 단순 아이싱(Flat Icing)을 만드는데 들어가는 재료가 아닌 것은?

가. 분당　　나. 달걀

다. 물　　라. 물엿

15 아이싱에 이용되는 퐁당(Fondant)은 설탕의 어떤 성질을 이용하는가?

가. 보습성

나. 재결정성

다. 용해성

라. 전화당으로 변하는 성질

16 빵 제품의 모서리가 예리하게 된 것은 다음 중 어떤 반죽에서 오는 결과인가?

가. 발효가 지나친 반죽
나. 과다하게 이형유를 사용한 반죽
다. 어린 반죽
라. 2차 발효가 지나친 반죽

17 지나친 반죽(과발효)이 제품에 미치는 영향을 잘못 설명한 것은?

가. 부피가 크다.
나. 향이 강하다.
다. 껍질이 두껍다.
라. 팬 흐름이 적다.

18 식빵의 가장 일반적인 포장 적온은?

가. 15℃　　나. 25℃
다. 35℃　　라. 45℃

19 제빵용 밀가루의 적정 손상 전분의 함량은?

가. 1.5 ~ 3%
나. 4.5 ~ 8%
다. 11.5 ~ 14%
라. 15.5 ~ 17%

20 빵을 오븐에 넣으면 빵속의 온도가 높아지면서 부피가 증가한다. 이때 일어나는 현상이 아닌 것은?

가. 가스압이 증가한다.
나. 이산화탄소 가스의 용해도가 증가한다.
다. 이스트의 효소활성이 60℃까지 계속된다.
라. 79℃부터 알콜이 증발하여 특유의 향이 발생한다.

21 발효의 목적이 아닌 것은?

가. 반죽을 숙성시킨다.
나. 글루텐을 강화시킨다.
다. 풍미성분을 생성시킨다.
라. 팽창작용을 한다.

22 내부에 팬이 부착되어 열풍을 강제 순환시키면서 굽는 타입으로 굽기의 편차가 극히 적은 오븐은?

가. 터널오븐
나. 컨벡션오븐
다. 밴드오븐
라. 래크오븐

23 정형한 식빵 반죽을 팬에 넣을 때 이음매의 위치는 어느 쪽이 가장 좋은가?

가. 위　　나. 아래
다. 좌측　　라. 우측

24 식빵 반죽을 분할할 때 처음에 분할한 반죽과 나중에 분할한 반죽은 숙성도의 차이가 크므로 단시간 내에 분할해야 한다. 몇 분 이내로 완료하는 것이 가장 좋은가?

가. 2 ~ 7분　　나. 8 ~ 13분
다. 15 ~ 20분　　라. 25 ~ 30분

25 **2차 발효 시 상대습도가 부족할 때 일어나는 현상은?**

가. 질긴 껍질　나. 흰 반점
다. 터짐　라. 단단한 표피

26 **일반적인 스펀지 도우법으로 식빵을 만들 때 도우의 가장 적당한 온도는?**

가. 17℃　나. 27℃
다. 37℃　라. 47℃

27 **건포도 식빵, 옥수수식빵, 야채식빵을 만들 때 건포도, 옥수수, 야채는 믹싱의 어느 단계에 넣는 것이 좋은가?**

가. 최종 단계 후
나. 클린업 단계 후
다. 발전 단계 후
라. 렛 다운 단계 후

28 **밀가루 온도 25℃, 실내온도 24℃, 수돗물 온도 20℃, 결과온도 30℃, 희망온도 27℃, 마찰계수 24일 때 사용할 물 온도는?**

가. 2℃　나. 6℃
다. 8℃　라. 17℃

29 **노무비를 절감하는 방법으로 바람직하지 않은 것은?**

가. 표준화
나. 단순화
다. 설비 휴무
라. 공정시간 단축

30 **냉동반죽에 사용되는 재료와 제품의 특성에 대한 설명 중 틀린 것은?**

가. 일반 제품보다 산화제 사용량을 증가시킨다.
나. 저율배합인 프랑스빵이 가장 유리하다.
다. 유화제를 사용하는 것이 좋다.
라. 밀가루는 단백질 양과 질이 좋은 것을 사용한다.

31 **패리노그래프와 관계가 적은 것은?**

가. 흡수율 측정
나. 믹싱시간 측정
다. 믹싱 내구성 측정
라. 호화특성 측정

32 **다음 중 점도계가 아닌 것은?**

가. 비스코아밀로그래프(Viscoamyl Ograph)
나. 익스텐소그래프(Extensograph)
다. 맥미카엘(MacMichael) 점도계
라. 브룩필드(Brookfield) 점도계

33 **단백질 분해 효소는?**

가. 치마아제
나. 말타아제
다. 프로테아제
라. 인버타아제

34 **이스트푸드의 구성성분 중 칼슘염**

의 주요 기능은?

가. 이스트 성장에 필요하다.
나. 반죽에 탄성을 준다.
다. 오븐 팽창이 커진다.
라. 물 조절제 역할을 한다.

35 우유 단백질의 응고에 관여하지 않는 것은?

가. 산 나. 레닌
다. 가열 라. 리파아제

36 커스터드크림에서 달걀의 주요 역할은?

가. 영양가 나. 결합제
다. 팽창제 라. 저장성

37 제조현장에서 제빵용 이스트를 저장하는 현실적인 온도로 적당한 것은?

가. -18℃ 이하
나. -1 ~ 5℃
다. 20℃
라. 35℃ 이상

38 다음 중 지방분해 효소는?

가. 리파아제 나. 프로테아제
다. 치마아제 라. 말타아제

39 강력분의 특성으로 틀린 것은?

가. 중력분에 비해 단백질 함량이 높다.
나. 박력분에 비해 글루텐 함량이 적다.
다. 박력분에 비해 점탄성이 크다.
라. 경질소맥을 원료로 한다.

40 다음 중 글레이즈(Glaze) 사용 시 적합한 것은?

가. 15℃ 나. 25℃
다. 35℃ 라. 45℃

41 제빵에서 설탕의 기능으로 틀린 것은?

가. 이스트의 영양분이 됨
나. 껍질색을 나게 함
다. 향을 향상시킴
라. 노화를 촉진시킴

42 물의 기능이 아닌 것은?

가. 유화 작용을 한다.
나. 반죽 농도를 조절한다,
다. 소금 등의 재료를 분산시킨다.
라. 효소의 활성을 제공한다.

43 반죽 개량제에 대한 설명 중 틀린 것은?

가. 반죽개량제는 빵의 품질과 기계성을 증가시킬 목적으로 첨가한다.
나. 반죽 개량제에는 산화제, 환원제, 반죽강화제, 노화지연제, 효소 등이 있다.

다. 산화제는 반죽의 구조를 강화시켜 제품의 부피를 증가시킨다.
라. 환원제는 반죽의 구조를 강화시켜 반죽시간을 증가시킨다.

44 **발연점을 고려했을 때 튀김기름으로 가장 좋은 것은?**
가. 낙화생유
나. 올리브유
다. 라드
라. 면실유

45 **다음 중 이당류(Disaccharides)에 속하는 것은?**
가. 포도당(Glucose)
나. 과당(Fructose)
다. 갈락토오스(Galactose)
라. 설탕(Sucrose)

46 **소화기관에 대한 설명 중 틀린 것은?**
가. 위는 강알칼리의 위액을 분비한다.
나. 이자(췌장)는 당 대사호르몬의 내분비선이다.
다. 소장은 영양분을 소화 흡수한다.
라. 대장은 수분을 흡수하는 역할을 한다.

47 **아미노산과 아미노산과의 결합은?**
가. 글리코사이드 결합
나. 펩타이드 결합
다. $\alpha-1$, 4결합
라. 에스테르 결합

48 **칼슘 흡수를 방해하는 인자는?**
가. 위액
나. 유당
다. 비타민 C
라. 옥살산

49 **다음 중 필수지방산이 아닌 것은?**
가. 리놀렌산(Linolenic Acid)
나. 리놀레산(Linoleic Acid)
다. 아라키돈산(Arachidonic Acid)
라. 스테아르산(Stearic Acid)

50 **열량 영양소의 단위 g당 칼로리의 설명으로 옳은 것은?**
가. 단백질은 지방보다 칼로리가 많다.
나. 탄수화물은 지방보다 칼로리가 적다.
다. 탄수화물은 단백질보다 칼로리가 적다.
라. 탄수화물은 단백질보다 칼로리가 많다.

51 **부패의 진행에 수반하여 생기는 부패산물이 아닌 것은?**
가. 암모니아
나. 황화수소
다. 메르캅탄

라. 일산화탄소

52 법정 전염병 중 전파속도가 빠르고 국민건강에 미치는 위해 정도가 커서 발생 즉시 방역대책을 수립해야 하는 전염병은?

가. 제1군 전염병
나. 제2군 전염병
다. 제3군 전염병
라. 제4군 전염병

53 손에 화농성 염증이 있는 조리자가 만든 김밥을 먹고 감염될 수 있는 식중독은?

가. 비브리오 패혈증
나. 살모넬라 식중독
다. 보툴리누스 식중독
라. 황색 포도상구균 식중독

54 다음 중 독버섯 독성분은?

가. 솔라닌(Solanine)
나. 에르고톡신(Ergotoxin)
다. 무스카린(Muscarine)
라. 베네루핀(Venerupin)

55 다음 중 밀가루 개량제가 아닌 것은?

가. 과산화벤조일
나. 과황산암모늄
다. 염화칼슘
라. 이산화염소

56 식품보존료로서 갖추어야 할 요건으로 적합한 것은?

가. 공기, 광선에 안정할 것
나. 사용방법이 까다로울 것
다. 일시적으로 효력이 나타날 것
라. 열에 의해 쉽게 파괴될 것

57 다음 중 곰팡이가 생존하기에 가장 어려운 서식처는?

가. 물
나. 곡류식품
다. 두류식품
라. 토양

58 장티푸스에 대한 일반적인 설명으로 잘못된 것은?

가. 잠복기간은 7 ~ 14일이다.
나. 사망률은 10 ~ 20%이다.
다. 앓고 난 뒤 강한 면역이 생긴다.
라. 예방할 수 있는 백신은 개발되어 있지 않다.

59 제1종 전염병으로 소화기계 전염병인 것은?

가. 결핵
나. 화농성피부염
다. 장티푸스
라. 독감

60 **살모넬라 식중독의 예방대책으로 틀린 것은?**

가. 조리된 식품을 냉장고에 장기 보관한다.

나. 음식물을 철저히 가열하여 섭취한다.

다. 개인위생관리를 철저히 한다.

라. 유해동물과 해충을 방제한다.

정답

01 나	02 라	03 가	04 나	05 다	06 다	07 다	08 라	09 다	10 나
11 나	12 가	13 라	14 나	15 나	16 다	17 라	18 다	19 나	20 나
21 나	22 나	23 나	24 다	25 다	26 나	27 가	28 다	29 다	30 나
31 라	32 나	33 다	34 라	35 라	36 나	37 나	38 가	39 나	40 라
41 라	42 가	43 라	44 라	45 라	46 가	47 나	48 라	49 라	50 나
51 라	52 가	53 라	54 다	55 다	56 가	57 가	58 라	59 다	60 가

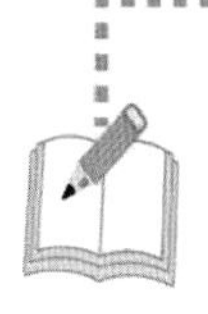

2회 제과 · 제빵기능사 필기 최근 기출문제

01 아이싱의 끈적거림 방지 방법으로 잘못된 것은?

가. 액체를 최소량으로 사용한다.
나. 40℃ 정도로 가온한 아이싱 크림을 사용한다.
다. 안정제를 사용한다.
라. 케이크 제품이 냉각되기 전에 아이싱 한다.

02 파운드케이크 제조 시 윗면이 터지는 경우가 아닌 것은?

가. 굽기 중 껍질 형성이 느릴 때
나. 반죽 내의 수분이 불충분할 때
다. 설탕 입자가 용해되지 않고 남아 있을 때
라. 반죽을 팬에 넣은 후 굽기까지 장시간 방치할 때

03 밤과자를 성형한 후 물을 뿌려주는 이유가 아닌 것은?

가. 덧가루의 제거
나. 굽기 후 철판에서 분리용이
다. 껍질색의 균일화
라. 껍질의 터짐 방지

04 도넛의 흡유량이 높았을 때 그 원인은?

가. 고율배합 제품이다.
나. 튀김시간이 짧다.
다. 튀김온도가 높았다.
라. 휴지시간이 짧다.

05 슈 껍질의 굽기 후 밑면이 좁고 공과 같은 형태를 가졌다면 그 원인은?

가. 밑불이 윗불보다 강하고 팬에 기름칠이 적다.
나. 반죽이 질고 글루텐이 형성된 반죽이다.
다. 온도가 낮고 팬에 기름칠이 적다.
라. 반죽이 되거나 윗불이 강하다.

06 다음 유당(Lactose)의 설명 중 틀린 것은?

가. 포유동물의 젖에 많이 함유되어 있다.
나. 사람에 따라서 유당을 분해하는 효소가 부족하여 잘 소화시키지 못하는 경우가 있다.
다. 비환원당이다.
라. 유산균에 의하여 유산을 생성한다.

07 반죽형 과자반죽의 믹싱법고 장점이 잘못 짝지어진 것은?

가. 크림법 – 제품의부피를 크게 함
나. 블렌딩법 – 제품의 내상이 부드러움
다. 설당/물법 – 계량의 정확성과 운반의 편리성
라. 1단계법 – 사용 재료의 절약

08 다음 중 반죽의 pH가 가장 낮아야 좋은 제품은?

가. 화이트레이어케이크
나. 스펀지케이크
다. 엔젤푸드케이크
라. 파운드케이크

09 푸딩의 제법에 관한 설명으로 틀린 것은?

가. 모든 재료를 섞어서 체에 거른다.
나. 푸딩 컵에 부어 중탕으로 굽는다.
다. 우유와 설탕을 섞어 설탕이 캐러멜화 될 때까지 끓인다.
라. 다른 그릇에 달걀, 소금 나머지 설탕을 넣어 혼합하고 우유를 섞는다.

10 비용적이 2.5(㎤/g)인 제품을 다음과 같은 원형팬을 이용하여 만들고자 한다. 필요한 반죽의 무게는? (단, 소수점 첫째 자리에서 반올림하시오.)

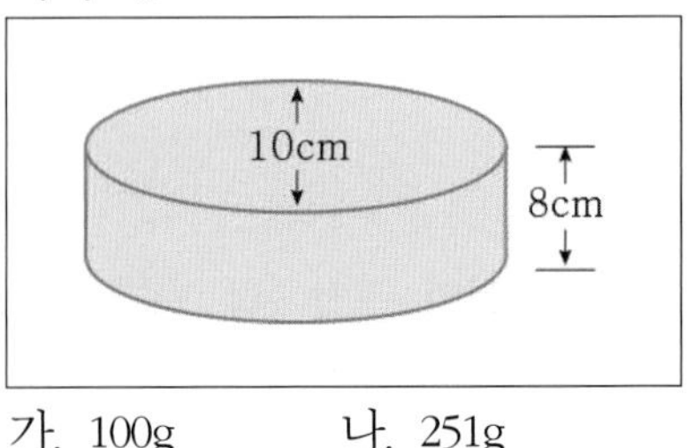

가. 100g 나. 251g
다. 628g 라. 1570g

11 케이크 제조 시 비중의 효과를 잘못 설명한 것은?

가. 비중이 낮은 반죽은 기공이 크고 거칠다.
나. 비중이 낮은 반죽은 냉각 시 주저앉는다.
다. 비중이 높은 반죽은 부피가 커진다.
라. 제품별로 비중을 다르게 하여야 한다.

12 데코레이션 케이크 하나를 완성하는 데 한 작업자가 5분이 걸린다고 한다. 작업자 5명이 500개를 만드는 데 몇 시간 몇 분이 걸리는가?

가. 약 8시간 15분
나. 약 8시간 20분

다. 약 8시간 25분

라. 약 8시간 30분

13 도넛과 케이크의 글레이즈(Glaze) 사용 온도로 가장 적합한 것은?

가. 23℃ 나. 34℃

다. 49℃ 라. 68℃

14 젤리를 만드는 데 사용되는 재료가 아닌 것은?

가. 젤라틴 나. 한천

다. 레시틴 라. 알긴산

15 젤리롤케이크를 말아서 성형할 때 표면이 터지는 결점에 대한 보완사항이 아닌 것은?

가. 노른자 함량을 증가시키고 전란 함량은 감소시킨다.

나. 화학적 팽창제 사용량을 감소시킨다.

다. 배합의 점성을 증가시킬 수 있는 덱스트린을 첨가한다.

라. 설탕의 일부를 물엿으로 대체한다.

16 빵의 원재료 중 밀가루의 글루텐 함량이 많을 때 나타나는 결함이 아닌 것은?

가. 겉껍질이 두껍다.

나. 기공이 불규칙하다.

다. 비대칭성이다.

라. 윗면이 검다.

17 제빵 배합율 작성 시 베이커스 퍼센트(Baker's %)에서 기준이 되는 재료는?

가. 설탕 나. 물

다. 밀가루 라. 유지

18 다음 표에 나타난 배합 비율을 이용하여 빵 반죽 1802g을 만들려고 한다. 다음 재료 중 계량된 무게가 틀린 것은?

순서	재료명	비율(%)	무게(g)
1	강력분	100	1000
2	물	63	(가)
3	이스트	2	20
4	이스트푸드	0.2	(나)
5	설탕	6	(다)
6	쇼트닝	4	40
7	분유	3	(라)
8	소금	2	20
합계		180.2	1802

가. (가) 630g 나. (나) 2.4g

다. (다) 60g 라. (라) 30g

19 오븐 내에서 뜨거워진 공기를 강제 순환시키는 열전달 방식은?

가. 대류 나. 전도

다. 복사 라. 전자파

20 프랑스빵에서 스팀을 사용하는 이유로 부적당한 것은?

가. 거칠고 불규칙하게 터지는 것을 방지한다.

나. 겉껍질에 광택을 내준다.

다. 얇고 바삭거리는 껍질이 형성되도록 한다.

라. 반죽의 흐름성을 크게 증가시킨다.

21 생산된 소득 중에서 인건비와 관련된 부분은?

가. 노동분배율
나. 생산가치율
다. 가치적 생산성
라. 물량적 생산성

22 팬에 바르는 기름은 다음 중 무엇이 높은 것을 선택해야 하는가?

가. 산가　　나. 크림성
다. 가소성　　라. 발연점

23 데니시 페이스트리의 일반적인 반죽 온도는?

가. 0~4℃　　나. 8~12℃
다. 18~22℃　　라. 27~30℃

24 굽기 후 빵을 썰어 포장하기에 가장 좋은 온도는?

가. 17℃　　나. 27℃
다. 37℃　　라. 47℃

25 ppm을 나타낸 것으로 옳은 것은?

가. g당 중량 백분율
나. g당 중량 만분율
다. g당 중량 십만분율
라. g당 중량 백만분율

26 성형 시 둥글리기의 목적과 거리가 먼 것은?

가. 표피를 형성시킨다.
나. 가스포집을 돕는다.
다. 끈적거림을 제거한다.
라. 껍질색을 좋게한다.

27 펀치의 효과와 거리가 먼 것은?

가. 반죽의 온도를 균일하게 한다.
나. 이스트의 활성을 돕는다.
다. 산소공급으로 반죽의 산화숙성을 진전시킨다.
라. 성형을 용이하게 한다.

28 빵반죽의 흡수율에 영향을 미치는 요소에 대한 설명으로 옳은 것은?

가. 설탕 5% 증가 시 흡수율은 1%씩 감소한다.
나. 빵반죽에 알맞은 물은 경수(센물)보다 연수(단물)이다.
다. 반죽온도가 5℃ 증가함에 따라 흡수율이 3% 증가한다.
라. 유화제 사용량이 많으면 물과 기름의 결합이 좋게 되어 흡수율이 감소된다.

29 빵의 노화 방지에 유효한 첨가물은?

가. 이스트푸드
나. 산성탄산나트륨
다. 모노글리세리드
라. 탄산암모늄

30 **냉동반죽을 2차 발효시키는 방법 중 가장 올바른 것은?**

가. 냉장고에서 15~16시간 냉장 해동시킨 후 30~33℃, 상대습도 80%의 2차 발효실에서 발효시킨다.
나. 실온(25℃)에서 30~60분간 자연 해동시킨 후 30℃, 상대습도 85%의 2차 발효실에서 발효시킨다.
다. 냉동반죽을 30~33℃, 상대습도 80%의 2차 발효실에 넣어 해동시킨 후 발효시킨다.
라. 냉동 반죽을 38~43℃, 상대습도 90%의 고온다습한 2차 발효실에 넣어 해동시킨 후 발효시킨다.

31 **상대적 감미도가 올바르게 연결된 것은?**

가. 과당: 135
나. 포도당: 75
다. 맥아당: 16
라. 전화당: 100

32 **젤리 형성의 3요소가 아닌 것은?**

가. 당분　　나. 유기산
다. 펙틴　　라. 염

33 **다음 밀가루 중 빵을 만드는 데 사용되는 것은?**

가. 박력분　　나. 중력분
다. 강력분　　라. 대두분

34 **일반적으로 가소성 유지제품(쇼트닝, 마가린, 버터 등)은 상온에서 고형질이 얼마나 들어있는가?**

가. 20~30%　　나. 50~60%
다. 70~80%　　라. 90~100%

35 **일반적인 생이스트의 적장한 저장 온도는?**

가. −15℃　　나. −10~−5℃
다. 0~5℃　　라. 15~20℃

36 **이스트푸드에 관한 사항 중 틀린 것은?**

가. 물 조절제 – 칼슘염
나. 이스트 영양분 – 암모늄염
다. 반죽 조절제 – 산화제
라. 이스트 조절제 – 글루텐

37 **밀가루를 전문적으로 시험하는 기기로 이루어진 것은?**

가. 패리노그래프, 가스크로마토그래피, 익스텐소그래프
나. 패리노그래프, 아밀로그래프, 파이브로 미터
다. 패리노그래프, 익스텐소그래프, 아밀로그래프
라. 아밀로그래프, 익스텐소그래프, 펑추어 테이터

38 **다음 중 코코아에 대한 설명으로 잘못된 것은?**

가. 코코아에는 천연 코코아와 더치 코코아가 있다.
나. 더치 코코아는 천연 코코아를 알칼리 처리하여 만든다.
다. 더치 코코아는 색상이 진하고 물에 잘 분산된다.
라. 천연 코코아는 중성을, 더치 코코아는 산성을 나타낸다.

39 **바게트 배합률에서 비타민 C 30ppm 사용하려고 할 때 이 용량을 %로 올바르게 타나낸 것은?**

가. 0.3% 나. 0.03%
다. 0.003% 라. 0.0003%

40 **일반적으로 제빵에 사용하는 밀가루의 단백질 함량은?**

가. 7~9% 나. 9~10%
다. 11~13% 라. 14~16%

41 **유장(Whey Products)에 탈지분유, 밀가루, 대두분 등을 혼합하여 탈지분유의 기능과 유사하게 한 제품은?**

가. 시유
나. 농축 우유
다. 대용 분유
라. 전지분유

42 **달걀 흰자가 360g 필요하다고 할 때 전란 60g짜리 달걀은 몇 개 정도 필요한가? (단, 달걀 중 난백의 함량은 60%)**

가. 6개 나. 8개
다. 10개 라. 13개

43 **화이트 초콜릿에 들어 있는 카카오 버터의 함량은?**

가. 70% 이상 나. 20% 이상
다. 10% 이하 라. 5% 이하

44 **제빵용 이스트에 들어있지 않은 효소는?**

가. 치마아제
나. 인버타아제
다. 락타아제
라. 말타아제

45 **다음 중 전화당의 특성이 아닌 것은?**

가. 껍질색의 형성을 빠르게 한다.
나. 제품에 신선한 향을 부여한다.
다. 설탕의 결정화를 감소, 방지한다.
라. 가스 발생력이 증가한다.

46 **콜레스테롤에 관한 설명 중 잘못된 것은?**

가. 담즙의 성분이다.
나. 비타민 D3의 전구체가 된다.
다. 탄수화물 중 다당류에 속한다.
라. 다량 섭취 시 동맥경화의 원인 물질이 된다.

47 다당류 중 포도당으로만 구성되어 있는 탄수화물이 아닌 것은?

가. 셀룰로오스 나. 전분
다. 펙틴 라. 글리코겐

48 건조된 아몬드 100g에 탄수화물 16g, 단백질 18g, 지방 54g, 무기질 3g, 수분 6g, 기타 성분 등을 함유하고 있다면 이 아몬드 100g의 열량은?

가. 약 200kcal 나. 약 364kcal
다. 약 622kcal 라. 약 751kcal

49 성장기 어린이, 빈혈환자, 임산부 등 생리적 요구가 높을 때 흡수율이 높아지는 영양소는?

가. 철분 나. 나트륨
다. 칼륨 라. 아연

50 음식물을 통해서만 얻어야 하는 아미노산과 거리가 먼 것은?

가. 메티오닌(Methionine)
나. 리신(Lysine)
다. 트립토판(Tryptophan)
라. 글루타민(Glutamine)

51 다음 중 인수공통전염병은?

가. 폴리오
나. 이질
다. 야토병
라. 전염성 설사병

52 절대적으로 공기와의 접촉이 차단된 상태에서만 생존할 수 있어 산소가 있으면 사멸되는 균은?

가. 호기성균
나. 편성호기성균
다. 통성혐기성균
라. 편성혐기성균

53 물과 기름처럼 서로 혼합이 잘 되지 않은 두 종류의 액체를 혼합, 분산시켜주는 첨가물은?

가. 유화제 나. 소포제
다. 피막제 라. 팽창제

54 주로 어패류에 의해서 감염되는 식중독균은?

가. 대장균
나. 살모넬라균
다. 장염비브리오균
라. 리스테리아균

55 병원성 대장균의 특성이 아닌 것은?

가. 감염 시 주증상은 급성장염이다.
나. 그람양성균이며 포자를 형성한다.
다. Lactose를 분해하여 산과 가스(CO_2)를 생산한다.
라. 열에 약하며 75℃에서 3분간 가열하면 사멸된다.

56 다음의 경구 전염병을 일으키는 것

으로 바르게 연결되지 않은 것은?

가. 곰팡이에 의한 것 – 아플라톡신
나. 바이러스에 의한 것 – 유행성 간염
다. 원충류에 의한 것 – 아메바성 이질
라. 세균에 의한 것 – 장티푸스

57 페디스토마의 제1중간 숙주는?

가. 돼지고기 나. 쇠고기
다. 참붕어 라. 다슬기

58 식중독에 대한 설명 중 틀린 것은?

가. 클로스트리듐 보툴리눔균은 혐기성 세균이기 때문에 통조림 또는 진공포장 식품에서 증식하여 독소형 식중독을 일으킨다.
나. 장염 비브리오균은 감염형 식중독 세균이며, 원인식품은 식육이나 유제품이다.
다. 리스테리아균은 균수가 적어도 식중독을 일으키며, 냉장온도에서도 증식이 가능하기 때문에 식품을 냉장상태로 보존하더라도 안심할 수 없다.
라. 바실러스 세레우스균은 토양 또는 곡류 등 탄수화물 식품에서 식중독을 일으킬 수 있다.

59 합성감미료와 관련이 없는 것은?

가. 화합적 합성품이다.
나. 아스파탐이 이에 해당한다.
다. 일반적으로 설탕보다 감미 강도가 낮다.
라. 인체 내에서 영양가를 제공하지 않는 합성감미료도 있다.

60 식품과 부패에 관여하는 주요 미생물의 연결이 옳지 않은 것은?

가. 곡류 – 곰팡이
나. 육류 – 세균
다. 어패류 – 곰팡이
라. 통조림 – 포자형성세균

정답

01 라	02 가	03 나	04 가	05 다	06 다	07 라	08 다	09 다	10 나
11 다	12 나	13 다	14 다	15 가	16 라	17 다	18 나	19 가	20 라
21 가	22 라	23 다	24 다	25 라	26 라	27 라	28 가	29 다	30 가
31 나	32 라	33 다	34 가	35 다	36 라	37 다	38 라	39 다	40 다
41 다	42 다	43 나	44 다	45 라	46 다	47 다	48 다	49 가	50 라
51 다	52 라	53 가	54 다	55 나	56 가	57 라	58 나	59 다	60 다

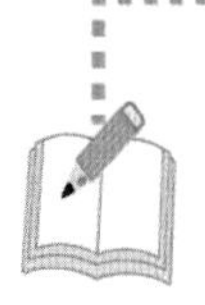

3회 제과 · 제빵기능사 필기 최근 기출문제

01 제과 제품을 평가하는 데 있어 외부 특성에 해당하지 않는 것은?

가. 부피　　나. 껍질색
다. 기공　　라. 균형

02 일반적으로 옐로레이어케이크의 반죽온도는 어느 정도가 가장 적당한가?

가. 10℃　　나. 16℃
다. 24℃　　라. 34℃

03 이탈리안 머랭에 대한 설명 중 틀린 것은?

가. 흰자를 거품으로 치대어 30% 정도의 거품을 만들고 설탕을 넣으면서 50% 정도의 머랭을 만든다.
나. 흰자가 신선해야 거품이 튼튼하게 나온다.
다. 뜨거운 시럽에 머랭을 한꺼번에 넣고 거품을 올린다.
라. 강한 불에 구워 착색하는 제품을 만드는 데 알맞다.

04 다음 중 파운드케이크의 윗면이 자연적으로 터지는 원인이 아닌 것은?

가. 반죽 내에 수분이 불충분한 경우
나. 설탕입자가 용해되지 않고 남아있는 경우
다. 패닝 후 장시간 방치하여 표피가 말랐을 경우
라. 오븐 온도가 낮아 껍질 형성이 늦은 경우

05 에클레어는 어떤 종류의 반죽으로 만드는가?

가. 스펀지 반죽
나. 슈 반죽
다. 비스킷 반죽
라. 파이 반죽

06 다음 중 파이 껍질의 결점이 원인이 아닌 것은?

가. 강한 밀가루를 사용하거나 과도한 밀어 펴기를 하는 경우
나. 많은 파지를 사용하거나 불충분한 휴지를 하는 경우
다. 적절한 밀가루와 유지를 혼합하여 파지를 사용하지 않은 경우
라. 껍질에 구멍을 뚫지 않거나 달걀 물칠을 너무 많이 한 경우

07 어떤 한 종류의 케이크를 만들기 위하여 믹싱을 끝내고 비중을 측정한 결과가 다음과 같을 때, 구운 후 기공이 조밀하고 부피가 가장 작아지는 비중의 수치는?

0.45, 0.55, 0.66, 0.75

가. 0.45 나. 0.55
다. 0.66 라. 0.75

08 다음 중 우유에 관한 설명이 아닌 것은?

가. 우유에 함유된 주 단백질은 카세인이다.
나. 연유나 생크림은 농축우유의 일종이다.
다. 전지분유는 우유 중의 수분을 증발시키고 고형질 함량을 높인 것이다.
라. 우유 교반 시 비중의 차이로 지방입자가 뭉쳐 크림이 된다.

09 도넛의 튀김 기름이 갖추어야 할 조건은?

가. 산패취가 없다.
나. 저장 중 안정성이 낮다.
다. 발연점이 낮다.
라. 산화와 가수분해가 쉽게 일어난다.

10 유화제를 사용하는 목적이 아닌 것은?

가. 물과 기름이 잘 혼합되게 한다.
나. 빵이나 케익을 부드럽게 한다.
다. 빵이나 케익이 노화되는 것을 지연시킬 수 있다.
라. 달콤한 맛이 나게 하는 데 사용한다.

11 핑커 쿠키 성형방법으로 옳지 않은 것은?

가. 원형 깍지를 이용하여 일정한 간격으로 짠다.
나. 철판에 기름을 바르고 짠다.
다. 5~6cm 정도의 길이로 짠다.
라. 짠 뒤에 윗면에 고르게 설탕을 뿌려준다.

12 파운드 케이크의 패닝은 틀 높이의 몇 % 정도까지 반죽을 채우는 것이 가장 적당한가?

가. 50% 나. 70%
다. 90% 라. 100%

13 아이싱에 사용되는 재료 중 다른 세 가지와 조성이 다른 것은?

가. 이탈리안 머랭
나. 퐁당
다. 버터크림
라. 스위스 머랭

14 생산부서의 지난달 원가관련 자료가 아래와 같을 때 생산가치율은 얼마인가?

• 근로자:	100명
• 인건비:	170,000,000원
• 생산액:	1,000,000,000원
• 외부가치:	700,000,000원
• 생산가치:	300,000,000원
• 감가상각비:	20,000,000원

가. 25% 나. 30%
다. 35% 라. 40%

15 케이크에서 설탕의 역할과 거리가 먼 것은?
가. 감미를 준다.
나. 껍질색을 진하게 한다.
다. 수분 보유력이 있어 노화가 지연된다.
라. 제품의 형태를 유지시킨다.

16 어린 생지로 만든 제품의 특성이 아닌 것은?
가. 부피가 적다.
나. 속결이 거칠다.
다. 빵 속 색깔이 희다.
라. 모서리가 예리하다.

17 원가에 대한 설명 중 틀린 것은?
가. 기초원가는 직접 노무비, 직접 재료비를 말한다.
나. 직접원가는 기초원가에 직접 경비를 더한 것이다.
다. 제조원가는 간접비를 포함한 것으로 보통 제품의 원가라고 한다.
라. 총원가는 제조원가에서 판매 비용을 뺀 것이다.

18 빵의 패닝(팬 넣기)에 있어 팬의 온도로 가장 적합한 것은?
가. 0 ~ 5℃
나. 20 ~ 24℃
다. 30 ~ 35℃
라. 60℃ 이상

19 유지가 층상구조를 이루는 파이, 크루아상, 데니시 페이스트리 등의 제품은 유지의 어떤 성질을 이용한 것인가?
가. 쇼트닝성 나. 가소성
다. 안정성 라. 크림성

20 냉동반죽법에서 반죽의 냉동온도와 저장온도의 범위로 가장 적합한 것은?
가. −5℃, 0 ~ 4℃
나. −20℃, −18 ~ 0℃
다. −40℃, −25 ~ −18℃
라. −80℃, −18 ~ 0℃

21 **빵의 관능적 평가법에서 내부적 특성을 평가하는 항목이 아닌 것은?**

가. 기공(Grain)

나. 조직(Texture)

다. 속 색상(Crumb Color)

라. 입안에서의 감촉(Mouth Feel)

22 **식빵 반죽의 제조공정에서 사용하지 않는 기계는?**

가. 분할기(Divider)

나. 라운더(Rounder)

다. 성형기(Moulder)

라. 데포지터(Depositor)

23 **믹서의 종류에 속하지 않는 것은?**

가. 수직 믹서

나. 스파이럴 믹서

다. 수평 믹서

라. 원형 믹서

24 **냉동 반죽법의 냉동과 해동 방법으로 옳은 것은?**

가. 급속냉동, 급속해동

나. 급속냉동, 완만해동

다. 완만해동, 급속해동

라. 완만냉동, 완만해동

25 **스트레이트법에 의해 식빵을 만들 경우 밀가루 온도 22℃, 실내온도 26℃, 수도물온도 17℃, 결과온도 30℃, 희망온도 27℃, 사용물량 1,000g이면 얼음 사용량은 약 얼마인가?**

가. 98g　　나. 93g

다. 88g　　라. 83g

26 **튀김기름의 질을 저하시키는 요인이 아닌 것은**

가. 가열　　나. 공기

다. 물　　라. 토코페롤

27 **빵 제조 시 발효공정의 직접적인 목적이 아닌 것은?**

가. 탄산가스의 발생으로 팽창작용을 한다.

나. 유기산, 알코올 등을 생성시켜 빵 고유의 향을 발달시킨다.

다. 글루텐을 발전, 숙성시켜 가스의 포집과 보유능력을 증대시킨다.

라. 발효성 탄수화물의 공급으로 이스트 세포수를 증가시킨다.

28 **정통 불란서빵을 제조할 때 2차 발효실의 상대습도로 가장 적합한 것은?**

가. 75 ~ 80%

나. 85 ~ 88%

다. 90 ~ 94%

라. 95 ~ 99%

29 **빵의 포장온도로 가장 적합한 것은?**

가. 15 ~ 20℃　　나. 25 ~ 30℃

다. 35 ~ 40℃　　라. 45 ~ 50℃

30 식빵의 밑이 움푹 패이는 원인이 아닌 것은?

가. 2차 발효실의 습도가 높을 때
나. 팬의 바닥에 수분이 있을 때
다. 오븐 바닥열이 약할 때
라. 팬에 기름칠을 하지 않을 때

31 잎을 건조시켜 만든 향신료는?

가. 계피　　나. 넛메그
다. 메이스　　라. 오레가노

32 제분 직후의 숙성하지 않은 밀가루에 대한 설명으로 틀린 것은?

가. 밀가루의 pH는 6.1 ~ 6.2 정도이다.
나. 효소 작용이 활발하다.
다. 밀가루 내의 지용성 색소인 크산토필 때문에 노란색을 띤다.
라. 효소류의 작용으로 환원성 물질이 산화되어 반죽 글루텐의 파괴를 막아준다.

33 제빵에 사용하는 물로 가장 적합한 형태는?

가. 아경수　　나. 알칼리수
다. 증류수　　라. 염수

34 유지의 분해산물인 글리세린에 대한 설명으로 틀린 것은?

가. 자당보다 감미가 크다.
나. 향미제의 용매로 식품의 색택을 좋게 하는 독성이 없는 극소수 용매 중의 하나이다.
다. 보습성이 뛰어나 빵류, 케이크류, 소프트 쿠키류의 저장성을 연장시킨다.
라. 물-기름의 유탁액에 대한 안정 기능이 있다.

35 초콜릿의 팻블룸(Fat Bloom) 현상에 대한 설명으로 틀린 것은?

가. 초콜릿 제조 시 온도 조절이 부적합할 때 생기는 현상이다.
나. 초콜릿 표면에 수분이 응축하며 나타나는 현상이다.
다. 보관 중 온도관리가 나쁜 경우 발생되는 현상이다.
라. 초콜릿의 균열을 통해서 표면에 침출하는 현상이다.

36 밀가루 반죽이 일정한 점도에 도달하는 데 요하는 흡수율과 반죽특성을 측정하는 기계는?

가. 패리노그래프(Farinograph)
나. 아밀로그래프(Amylograph)
다. 믹소그래프(Mixograph)
라. 익스텐소그래프(Extensograph)

37 호밀빵 제조 시 호밀을 사용하는 이유 및 기능과 거리가 먼 것은?

가. 독특한 맛 부여
나. 조직의 특성 부여
다. 색상 향상
라. 구조력 향상

38 이스트의 3대 기능과 가장 거리가 먼 것은?

가. 팽창 작용　나. 향 개발
다. 반죽 발전　라. 저장성 증가

39 흰자를 사용하는 제품에 주석산 크림이나 식초를 첨가하는 이유로 적합하지 않은 것은?

가. 알칼리성의 흰자를 중화한다.
나. pH를 낮춤으로 흰자를 강력하게 한다.
다. 풍미를 좋게 한다.
라. 색깔을 희게 한다.

40 다음 중 향신료가 아닌 것은?

가. 카다몬　나. 오스파이스
다. 카라야검　라. 시너몬

41 아밀로오스(Amylose)의 특징이 아닌 것은?

가. 일반 곡물 전분 속에 약 17~28% 존재한다.
나. 비교적 적은 분자량을 가졌다.
다. 퇴화의 경향이 적다.
라. 요오드 용액에 청색 반응을 일으킨다.

42 제과·제빵에서 유지의 기능이 아닌 것은?

가. 흡수율 증가
나. 연화 작용
다. 공기 포집
라. 보존성 향상

43 글루텐 형성의 주요 성분으로 탄력성을 갖는 단백질은 다음 중 어느 것인가?

가. 알부민
나. 글로불린
다. 글루테닌
라. 글리아딘

44 다음 중 연질 치즈로 곰팡이와 세균으로 숙성시킨 치즈는?

가. 크림(Cream) 치즈
나. 로마노(Romano) 치즈
다. 파머산(Parmesan) 치즈
라. 카망베르(Camembert) 치즈

45 다음 중 전화당에 대한 설명으로 틀린 것은?

가. 전화당의 상대적 감미도는 80 정도이다.
나. 수분 보유력이 높아 신선도를 유지한다.
다. 포도당과 과당이 동량으로 혼합되어 있는 혼합물이다.
라. 케이크와 쿠키의 저장성을 연장시킨다.

46 효소를 구성하는 주요 구성 물질은?

가. 탄수화물 나. 지질
다. 단백질 라. 비타민

47 무기질에 대한 설명으로 틀린 것은?

가. 황(S)은 당질 대사에 중요하며 혈액을 알칼리성으로 유지시킨다.
나. 칼슘(Ca)은 주로 골격과 치아를 구성하고 혈액응고 작용을 돕는다.
다. 나트륨(Na)은 주로 세포 외액에 들어있고 삼투압 유지에 관여한다.
라. 요오드(I)는 갑상선 호르몬의 주성분으로 결핍되면 갑상선종을 일으킨다.

48 다음 중 단당류가 아닌 것은?

가. 포도당 나. 올리고당
다. 과당 라. 갈락토오스

49 동물성 지방을 과다 섭취하였을 때 발생할 가능성이 높아지는 질병은?

가. 신장병 나. 골다공증
다. 부종 라. 동맥경화증

50 다음 중 필수 아미노산이 아닌 것은?

가. 트레오닌 나. 메티오닌
다. 글루타민 라. 트립토판

51 호염성 세균으로서 어패류를 통하여 가장 많이 발생하는 식중독은?

가. 살모넬라 식중독
나. 장염비브리오 식중독
다. 병원성 대장균 식중독
라. 포도상구균 식중독

52 발효가 부패와 다른 점은?

가. 미생물이 작용한다.
나. 생산물을 식용으로 한다.
다. 단백질의 변화반응이다.
라. 성분의 변화가 일어난다.

53 다음 중 감염형 식중독 세균이 아닌 것은?

가. 살모넬라균
나. 장염 비브리오균
다. 황색포도상구균
라. 캠필로박터균

54 다음 중 동종 간의 접촉에 의한 전염이 없는 것은?

가. 세균성이질
나. 조류독감
다. 광우병
라. 구제역

55 다음 중 식품위생법에서 정하는 식품접객업에 속하지 않는 것은?

가. 식품소분업 나. 유흥주점
다. 제과점 라. 휴게음식점

56 전염병 발생의 3대 요인이 아닌 것은?

가. 전염원 나. 전염경로
다. 성별 라. 숙주 감수성

57 다음 중 이형제의 용도는?

가. 가수분해에 사용된 산제의 중화제로 사용된다.
나. 제과/제빵을 구울 때 형틀에서 제품의 분리를 용이하게 한다.
다. 거품을 소멸·억제하기 위해 사용하는 첨가물이다.
라. 원료가 덩어리지는 것을 방지하기 위해 사용한다.

58 유지가 산패되는 경우가 아닌 것은?

가. 실온에 가까운 온도 범위에서 온도를 상승시킬 때
나. 햇빛이 잘 드는 곳에 보관할 때
다. 토코페롤을 첨가할 때
라. 수분이 많은 식품을 넣고 튀길 때

59 식품 등을 통해 전염되는 경구전염병의 특징이 아닌 것은?

가. 원인 미생물은 세균, 바이러스 등이다.
나. 미량의 균량에서도 감염을 일으킨다.
다. 2차 감염이 빈번하게 일어난다.
라. 화학물질이 주요 원인이 된다.

60 다음 세균성 식중독 중 일반적으로 치사율이 가장 높은 것은?

가. 살모넬라균에 의한 식중독
나. 보툴리누스균에 의한 식중독
다. 장염 비브리오균에 의한 식중독
라. 포도상구균에 의한 식중독

정답

01 다	02 다	03 다	04 라	05 나	06 다	07 라	08 다	09 가	10 라
11 나	12 나	13 다	14 나	15 라	16 다	17 라	18 다	19 나	20 다
21 라	22 라	23 라	24 나	25 나	26 라	27 라	28 가	29 다	30 다
31 라	32 라	33 가	34 가	35 나	36 가	37 라	38 라	39 다	40 다
41 다	42 가	43 다	44 라	45 가	46 다	47 가	48 나	49 라	50 다
51 나	52 나	53 다	54 다	55 가	56 다	57 나	58 다	59 라	60 나

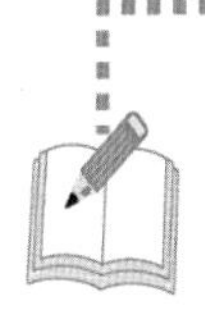

4회 제과 · 제빵기능사 필기 최근 기출문제

01 로-마지팬(Raw Mazipan)에서 '아몬드 : 설탕'의 적합한 혼합비율은?

가. 1:0.5　　나. 1:1.5
다. 1:2.5　　라. 1:3.5

02 다음 중 달걀에 대한 설명이 틀린 것은?

가. 노른자의 수분함량은 약 50% 정도이다.
나. 전란(흰자와 노른자)의 수분함량은 75% 정도이다.
다. 노른자에는 유화기능을 갖는 레시틴이 함유되어 있다.
라. 달걀은 −5 ~ −10℃로 냉동 저장하여야 품질을 보장할 수 있다.

03 같은 용적의 팬에 같은 무게의 반죽을 패닝 하였을 경우 부피가 가장 작은 제품은?

가. 시폰케이크
나. 레이어케이크
다. 파운드케이크
라. 스펀지케이크

04 다크 초콜릿을 템퍼링(Tempering) 할 때 맨 처음 녹이는 공정의 온도 범위로 가장 적합한 것은?

가. 10 ~ 20℃
나. 20 ~ 30℃
다. 30 ~ 40℃
라. 40 ~ 50℃

05 도넛에서 발한을 제거하는 방법은?

가. 도넛에 묻히는 설탕의 양을 감소시킨다.
나. 기름을 충분히 예열시킨다.
다. 결착력이 없는 기름을 사용한다.
라. 튀김 시간을 증가시킨다.

06 다음 중 케이크의 아이싱에 주로 사용되는 것은?

가. 마지팬　　나. 프랄린

다. 글레이즈　　라. 휘핑크림

07 충전물 또는 젤리가 롤케이크에 축축하게 스며드는 것을 막기 위해 조치해야 할 사항으로 틀린 것은?

가. 굽기 조정
나. 물 사용량 감소
다. 반죽시간 증가
라. 밀가루 사용량 감소

08 비중컵의 무게 40g, 물을 담은 비중컵의 무게 240g, 반죽을 담은 비중컵의 무게 180g일 때 반죽의 비중은?

가. 0.2　　나. 0.4
다. 0.6　　라. 0.7

09 다음 믹싱 방법 중 먼저 유지와 설탕을 섞는 방법으로 부피를 우선으로 할 때 사용하는 방법은?

가. 크림법
나. 1단계법
다. 블렌딩법
라. 설탕/물법

10 쿠키 포장지의 특성으로 적합하지 않은 것은?

가. 내용물의 색, 향이 변하지 않아야 한다.
나. 독성 물질이 생성되지 않아야 한다.
다. 통기성이 있어야 한다.
라. 방습성이 있어야 한다.

11 열원으로 찜(수증기)을 이용했을 때의 주 열전달 방식은?

가. 대류　　나. 전도
다. 초음파　　라. 복사

12 쇼트 브레드 쿠키 제조 시 휴지를 시킬 때 성형을 용이하게 하기 위한 조치는?

가. 반죽을 뜨겁게 한다.
나. 반죽을 차게 한다.
다. 휴지 전 단계에서 오랫동안 믹싱한다.
라. 휴지 전 단계에서 짧게 믹싱한다.

13 찜(수증기)을 이용하여 만들어진 제품이 아닌 것은?

가. 소프트롤
나. 찜 케이크
다. 중화 만두
라. 호빵

14 다음 굽기 중 과일 충전물이 끓어 넘치는 원인으로 점검할 사항이 아닌 것은?

가. 배합의 부정확 여부를 확인한다.
나. 충전물 온도가 높은지 점검한다.
다. 바닥 껍질이 너무 얇지 않은지를 점검한다.
라. 껍데기에 구멍이 없어야 하고, 껍질 사이가 잘 봉해져 있는지의 여부를 확인한다.

15 스펀지 젤리롤을 만들 때 겉면이 터지는 결점에 대한 조치사항으로 올바르지 않은 것은?

가. 설탕의 일부를 물엿으로 대치한다.
나. 팽창제 사용량을 감소시킨다.
다. 달걀 노른자를 감소시킨다.
라. 반죽의 비중을 증가시킨다.

16 2차 발효에 대한 설명으로 틀린 것은?

가. 이산화탄소를 생성시켜 최대한의 부피를 얻고 글루텐을 신장시키는 과정이다.
나. 2차 발효실의 온도는 반죽의 온도보다 같거나 높아야 한다.
다. 2차 발효실의 습도는 평균 75~90% 정도이다.
라. 2차 발효실의 습도가 높을 경우 겉껍질이 형성되고 터짐 현상이 발생한다.

17 빵을 포장하려 할 때 가장 적합한 빵의 중심온도와 수분 함량은?

가. 30℃, 30%
나. 35℃, 38%
다. 42℃, 45%
라. 48℃, 55%

18 둥글리기가 끝난 반죽을 성형하기 전에 짧은 시간 동안 발효시키는 목적으로 적합하지 않은 것은?

가. 가스 발생으로 반죽의 유연성을 회복시키기 위해
나. 가스 발생력을 키워 반죽을 부풀리기 위해
다. 반죽표면에 얇은 막을 만들어 성형할 때 끈적거리지 않도록 하기 위해
라. 분할, 둥글리기 하는 과정에서 손상된 글루텐 구조를 재정돈하기 위해

19 냉동빵 혼합(Mixing) 시 흔히 사용하고 있는 제법으로, 환원제로 시스테인(Cysteine)들을 사용하는 제법은?

가. 스트레이트법
나. 스펀지법
다. 액체발효법
라. 노타임법

20 식빵 껍질 표면에 물집이 생긴 이유가 아닌 것은?

가. 반죽이 질었다.
나. 2차 발효실의 습도가 높았다.
다. 발효가 과하였다.
라. 오븐의 윗불이 너무 높았다.

21 빵의 품질평가 방법 중 내부 특성에 대한 평가항목이 아닌 것은?

가. 기공　　나. 속색
다. 조직　　라. 껍질의 특성

22 팬 오일의 조건이 아닌 것은?

가. 발연점이 130℃ 정도 되는 기름을 사용한다.
나. 산패되기 쉬운 지방산이 적어야 한다.
다. 보통 반죽무게의 0.1~0.2 %를 사용한다.
라. 면실유, 대두유 등의 기름이 이용된다.

23 **다음 중 반죽이 매끈해지고 글루텐이 가장 많이 형성되어 탄력성이 강한 것이 특징이며, 프랑스 빵 반죽의 믹싱 완료시기인 단계는?**
가. 클린업 단계
나. 발전단계
다. 최종단계
라. 렛다운 단계

24 **분할된 반죽을 둥그렇게 말아 하나의 피막을 형성되도록 하는 기계는?**
가. 믹서(Mixer)
나. 오버헤드 프루퍼(Overhead Proofer)
다. 정형기(Moulder)
라. 라운더(Rounder)

25 **식빵을 만드는 데 실내온도 15℃, 수돗물 온도 10℃, 밀가루 온도 13℃일 때 믹싱 후의 반죽온도가 21℃가 되었다면 이때 마찰계수는?**
가. 5 나. 10
다. 20 라. 25

26 **빵의 생산 시 고려해야 할 원가요소와 가장 거리가 먼 것은?**
가. 재료비
나. 노무비
다. 경비
라. 학술비

27 **더운 여름에 얼음을 사용하여 반죽온도 조절 시 계산 순서로 적합한 것은?**
가. 마찰 계수 → 물 온도 계산 → 얼음 사용량
나. 물 온도 계산 → 얼음 사용량 → 마찰계수
다. 얼음 사용량 → 마찰계수 → 물 온도 계산
라. 물 온도 계산 → 마찰 계수 → 얼음 사용량

28 **굽기 과정에서 일어나는 변화로 틀린 것은?**
가. 당의 캐러멜화와 갈변반응으로 껍질색이 진해지며 특유의 향을 발생한다.
나. 굽기가 완료되면 모든 미생물이 사멸하고 대부분의 효소도 불활성화가 된다.
다. 전분 입자는 팽윤과 호화의 변화를 일으켜 구조형성으로 한다.
라. 빵의 외부 층에 있는 전분이 내부 층의 전분보다 호화가 덜 진행된다.

29 **대형공장에서 사용되고, 온도조절이 쉽다는 장점이 있는 반면에 넓은 면적이 필요하고 열손실이 큰 결점인 오븐은?**

가. 회전식 오븐(Rack Oven)
나. 데크오븐(Deck Oven)
다. 터널식오븐(Tunnel Oven)
라. 릴 오븐(Reel Oven)

30 **액체 발효법에서 액종 발효 시 완충제 역할을 하는 재료는?**

가. 탈지분유　나. 설탕
다. 소금　라. 쇼트닝

31 **제빵에 가장 적합한 물의 광물질 함량은?**

가. 1 ~ 60ppm
나. 60 ~ 120ppm
다. 120 ~ 180ppm
라. 180ppm 이상

32 **아밀로그래프의 기능이 아닌 것은?**

가. 전분의 점도 측정
나. 아밀라아제의 효소능력 측정
다. 점도를 B.U 단위로 측정
라. 전분의 다소(多小) 측정

33 **다음 중 유지를 구성하는 분자가 아닌 것은?**

가. 질소　나. 수소
다. 탄소　라. 산소

34 **코코아(Cocoa)에 대한 설명 중 옳은 것은?**

가. 초콜릿 리쿠어(Chocolate Liquor)를 압착 건조한 것이다.
나. 코코아 버터(Cocoa Butter)를 만들고 남은 박(Press Cake)을 분쇄한 것이다.
다. 카카오 니브스(Cacao Nibs)를 건조한 것이다.
라. 비터 초콜릿(Butter Chocolate)을 건조 분쇄한 것이다.

35 **다음 중 환원당이 아닌 당은?**

가. 포도당
나. 과당
다. 자당
라. 맥아당

36 **유지의 크림성이 가장 중요한 제품은?**

가. 케이크
나. 쿠키
다. 식빵
라. 단과자빵

37 **제과제빵에서 안정제의 기능이 아닌 것은?**

가. 파이 충전물의 증점제 역할을 한다.
나. 제품의 수분흡수율을 감소시킨다.
다. 아이싱의 끈적거림을 방지한다.
라. 토핑물을 부드럽게 만든다.

38 달걀의 흰자 540g을 얻으려고 한다. 달걀 한 개의 평균 무게가 60g이라면 몇 개의 달걀이 필요한가?

가. 10개 나. 15개
다. 20개 라. 25개

39 다음 당류 중 일반적인 제빵용 이스트에 의하여 분해되지 않는 것은?

가. 설탕 나. 맥아당
다. 과당 라. 유당

40 빵반죽의 특성인 글루텐을 형성하는 밀가루의 단백질 중 탄력성과 가장 관계가 깊은 것은?

가. 알부민(Albumin)
나. 글로불린(Globulin)
다. 글루테닌(Glutenin)
라. 글리아딘(Gliadin)

41 아밀로펙틴이 요오드 정색 반응에서 나타나는 색은?

가. 적자색 나. 청색
다. 황색 라. 흑색

42 설탕을 포도당과 과당으로 분해하는 효소는?

가. 인버타아제(Invertase)
나. 지마아제(Zymaes)
다. 말타아제(Maltase)
라. 알파 아밀라아제(α-Amylase)

43 다음 유제품 중 일반적으로 100g당 열량을 가장 많이 내는 것은?

가. 요구르트 나. 탈지분유
다. 가공치즈 라. 시유

44 패리노 그래프의 기능이 아닌 것은?

가. 산화제 첨가 필요량 측정
나. 밀가루의 흡수율 측정
다. 믹싱시간 측정
라. 믹싱내구성 측정

45 다음 중 식물성 검류가 아닌 것은?

가. 젤라틴 나. 펙틴
다. 구아검 라. 아라비아검

46 팔미트산(16:0)이 모두 아세틸 CoA로 분해되려면 β-산화를 몇 번 반복하여야 하나?

가. 5번 나. 6번
다. 7번 라. 8번

47 비타민의 결핍 증상이 잘못 짝지어진 것은?

가. 비타민 B_1 – 각기병
나. 비타민 C – 괴혈병
다. 비타민 B_2 – 야맹증
라. 나이아신 – 펠라그라

48 질병에 대한 저항력을 지닌 항체를 만드는데 꼭 필요한 영양소는?

가. 탄수화물 나. 지방
다. 칼슘 라. 단백질

49 다음 중 포화지방산을 가장 많이 함유하고 있는 식품은?

가. 올리브유 나. 버터
다. 콩기름 라. 홍화유

50 다음 중 단당류가 아닌 것은?

가. 갈락토오스 나. 포도당
다. 과당 라. 맥아당

51 주로 단백질이 세균에 의해 분해되어 악취, 유해물질을 생성하는 현상은?

가. 발효 나. 부패
다. 변패 라. 산패

52 탄수화물이 많이 든 식품을 고온에서 가열하거나 튀길 때 생성되는 발암성 물질은?

가. 니트로사민(Nitrosamine)
나. 다이옥신(Dioxins)
다. 벤조피렌(Benzopyrene)
라. 아크릴아마이드(Acrylamide)

53 우리나라의 식품위생법에서 정하고 있는 내용이 아닌 것은?

가. 건강기능식품의 검사
나. 건강진단 및 위생교육
다. 조리사 및 영양사의 면허
라. 식중독에 관한 조사보고

54 다음 식품첨가물 중에서 보존제로 허용되지 않은 것은?

가. 소르빈산칼륨
나. 말라카이트 그린
다. 데히드로초산
라. 안식향산나트륨

55 작업장의 방충, 방서용 금서망의 그물로 적당한 크기는?

가. 5mesh 나. 15mesh
다. 20mesh 라. 30mesh

56 병원성 대장균 식중독의 가장 적합한 예방책은?

가. 곡류의 수분을 10% 이하로 조정한다.
나. 어류의 내장을 제거하고 충분히 세척한다.
다. 어패류는 민물로 깨끗이 씻는다.
라. 건강보균자나 환자의 분변 오염을 방지한다.

57 다음 중 제1군 법정전염병은?

가. 결핵
나. 디프테리아
다. 장티푸스
라. 말라리아

58 클로스트리듐 보툴리늄 식중독과 관련 있는 것은?

가. 화농성 질환의 대표균

나. 저온살균 처리로 예방
다. 내열성 포자 형성
라. 감염형 식중독

59 **병원성대장균 식중독의 원인균에 관한 설명으로 옳은 것은?**
가. 독소를 생산하는 것도 있다.
나. 보통의 대장균과 똑같다.
다. 혐기성 또는 강한 혐기성이다.
라. 장내 상재균총의 대표격이다.

60 **다음 중 전염병과 관련 내용이 바르게 연결되지 않은 것은?**
가. 콜레라 - 외래 전염병
나. 파상열 - 바이러스성 인수공통전염병
다. 장티푸스 - 고열 수반
라. 세균성 이질 - 점액성 혈변

정답

01 가	02 라	03 다	04 라	05 라	06 라	07 라	08 라	09 가	10 다
11 가	12 나	13 가	14 라	15 라	16 라	17 나	18 나	19 라	20 다
21 라	22 가	23 나	24 라	25 라	26 라	27 가	28 라	29 다	30 가
31 다	32 라	33 가	34 나	35 다	36 가	37 나	38 나	39 라	40 다
41 가	42 가	43 다	44 가	45 가	46 다	47 다	48 라	49 나	50 라
51 나	52 라	53 가	54 나	55 라	56 라	57 다	58 다	59 가	60 나

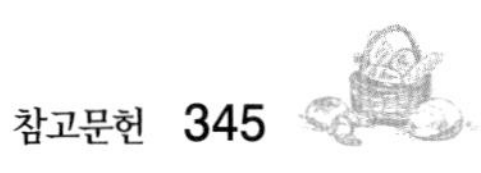

참고문헌

신태화, 제과제빵기능사 실기(2019), 백산출판사

국가직무능력표준 활용패키지 제과(2014), 한국산업인력공단

조병동 외 7인, 제과제빵학(2018), 백산출판사

채동진 · 이명호 · 김남근 · 김성봉, NCS기반의 제빵실기(2019), 도서출판 유강

정은성 · 최옥수, 제과제빵기능사 필기(2019), 백산출판사

이정훈 외, 제과제빵학원론(2011), 지구문화사

기타 국내발간 제과 · 제빵 관련 서적, 인터넷 참고

저자 소개

신태화 백석예술대학교 외식산업학부 전임교수 shinthjw@hanmail.net
김종욱 대림대학교 호텔외식서비스과 교수
이은경 영진전문대학교 조리제과제빵과 교수
이재진 한국관광대학교 호텔제과제빵과 교수
이준열 서정대학교 호텔조리과 교수
장양순 동원대학교 호텔제과제빵과 교수
정양식 계명문화대학교 식품영양조리학부 교수
한장호 배화여자대학교 전통조리과 교수

제과제빵학

2021년 1월 20일 초 판 1쇄 발행
2024년 1월 10일 제2판 1쇄 발행

지은이 신태화 · 김종욱 · 이은경 · 이재진 · 이준열 · 장양순 · 정양식 · 한장호
펴낸이 진욱상
펴낸곳 (주)백산출판사
교 정 박시내
본문디자인 오행복
표지디자인 오정은

저자와의 합의하에 인지첩부 생략

등 록 2017년 5월 29일 제406-2017-000058호
주 소 경기도 파주시 회동길 370(백산빌딩 3층)
전 화 02-914-1621(代)
팩 스 031-955-9911
이메일 edit@ibaeksan.kr
홈페이지 www.ibaeksan.kr

ISBN 979-11-6567-736-7 93590
값 26,000원